面向人机协作的仿人柔性关节与安全避碰技术

张建华　刘振忠　刘　璇　著

本书相关研究工作得到国家自然科学基金项目（项目编号：51575157）的资助。

科　学　出　版　社

北　京

内 容 简 介

全书共6章，由点到面地阐述人机协作机器人的部分关键理论与技术，主要包括连续运动意图识别、关节时变刚度估计、仿人关节柔性生成、安全避障和双臂动力学建模相关研究。首先，通过研究人体肘关节肌肉驱动特性，提出一种基于力矩补偿的关节仿人柔顺控制方法；然后，分别研究了基于主从任务转化的闭环控制避障算法和无外传感器的非预测性碰撞检测算法；最后，提出一种双臂协作机器人动力学建模方法。

本书适合对机器人数学基础、运动学与动力学建模、规划与控制等基础知识有一定了解的高校学生、科研人员或相关行业从业人员参考学习。

图书在版编目(CIP)数据

面向人机协作的仿人柔性关节与安全避碰技术/张建华，刘振忠，刘璇著. —北京：科学出版社，2022.2

ISBN 978-7-03-071417-6

Ⅰ. ①面… Ⅱ. ①张…②刘…③刘… Ⅲ. ①似人机器人-柔性控制-研究 Ⅳ. ①TP242

中国版本图书馆CIP数据核字（2022）第024281号

责任编辑：孙露露 王会明 / 责任校对：王万红

责任印制：吕春珉 / 封面设计：东方人华平面设计部

科学出版社 出版

北京东黄城根北街16号

邮政编码：100717

http://www.sciencep.com

北京九州迅驰传媒文化有限公司 印刷

科学出版社发行 各地新华书店经销

*

2022年2月第 一 版 开本：787×1092 1/16

2023年12月第三次印刷 印张：12 3/4

字数：300 000

定价：119.00元

（如有印装质量问题，我社负责调换〈九州迅驰〉）

销售部电话 010-62136230 编辑部电话 010-62135927-2010

前　言

实现人机协作，使得人机之间的交互活动更加自然柔顺，是目前机器人研究的一个重要方向。本书只针对具有机械臂的协作机器人进行研究讨论，其他类型的机器人暂不做叙述。协作机器人是和人类在共同工作空间中有近距离互动的一类机器人，是在传统工业机器人基础上的进一步提升。根据所具有的机械臂数目，协作机器人可分为单臂协作机器人和双臂协作机器人。本书首先对单臂协作机器人的关键技术进行研究，然后在此基础上对双臂协作机器人协调运动控制算法进行探索。如无特殊说明，本书中提到的协作机器人均指单臂协作机器人，对于双臂协作机器人则在第 6 章进行专门说明。

本书主要内容如下。

第 1 章通过介绍目前协作机器人的研究背景和意义，以及对市场已有协作机器人的讨论，阐述人机协作机器人部分关键理论与关键技术的研究现状，对比分析关于协作机器人的一些研究成果，引出研究协作机器人的重要性。

第 2 章针对关节连续运动的意图识别和关节时变刚度进行研究。关节连续运动意图识别建立了肌电信号与关节角度、关节力矩及时变刚度等连续变量之间的映射关系，在机器人关节柔顺控制中发挥着重要作用。如果仅将关节连续运动的识别结果应用于机器人控制，那么机器人关节运动很难具有柔顺特性。人体关节在日常活动中表现出卓越的柔顺性，尤其是在上肢高精度动作快速转换及下肢步态切换时，人体会潜意识地调节各关节/肌肉刚度。因此，研究相应的人体关节时变刚度识别技术，并将其结果应用于机器人关节运动控制，是实现人机协作高度融合的另一重要内容。

第 3 章根据第 2 章对关节连续运动及关节时变刚度的分析研究，揭示无力/力矩传感器下的关节柔性机理。仿人关节的内部没有增加力/力矩传感器，降低了成本且简化了机构设计的难度和布线的复杂度。但是在关节内部添加了绝对值编码器和增量编码器，以及通过谐波减速器来增加关节柔性，从而提供了一种新的关节设计方案并提出了基于谐波减速器的动力学模型，为后面协作机器人针对外力作用的检测提供了理论支撑。

第 4 章针对协作机器人进行避障技术研究，主要是借助视觉检测的方法来确定障碍物的位置，进行协作机器人的避障规划。视觉检测的功能强大，能够检测协作机器人和工作人员等的位置信息，再将其传递给机器人，使其根据自己的工作状态做出最优决策。针对传统避障算法的不足提出基于主从任务转化的闭环控制避障算法，并以 UR5 协作机器人为实验平台对算法进行实验验证，证明该算法具备末端跟踪精度高、计算量小和躲避速度变化连续等优点。

第 5 章针对协作机器人进行碰撞检测技术研究。因为视觉技术并不是万能的，再多的位置信息和轨迹规划结果也只是位置层面的反馈，一旦协作机器人的避障效果不理想，则可能发生人机碰撞。又因为没有在仿人柔性关节内部增加力/力矩传感器，所以第 3 章中的基于关节输入/输出双位置反馈的关节力矩反馈方法就显得尤为重要。第 5 章除了借用第 3 章的关节设计和模型外，还专门进行了基于广义动量观测器并结合动态阈值的无外力传感器的碰撞检测研究，从而做到协作机器人能够检测到外力，并进行一系列的碰后策略反应。

在进行了前几章一系列的单臂协作机器人的研究后，为了进一步达到人机协作的目的，第 6 章介绍了对双臂协作机器人的初步研究。双臂协作机器人动力学建模是研究双臂协调运动的关键所在，难点在于同一系统中建立两机械臂之间的联系，只有解决这一难题，才能为人机协作提供有价值的研究思路。第 6 章就是对双臂协作机器人的相对动力学模型做了初步分析，在双臂协作机器人两机械臂的协调控制算法方向做出了探索。

综上，协作机器人安全作业技术内容广泛，涉及诸多学科领域，是多学科交叉融合的产物。虽然市面上已有多款产品问世，但目前对协作机器人系统的理论研究尚处于发展阶段，仍有许多问题亟待解决。本书是由作者所在研究团队在国家级和省部级自然科学基金项目支持下，在与人共融协作机器人领域所取得的研究成果上，整理、归纳、撰写而成的。一方面希望能在此基础上与领域内学者展开探讨交流，另一方面也希望能吸引更多的科技工作者投身机器人领域研究工作。

本书由张建华、刘振忠、刘璇撰写，参与本书内容校对、整理工作的有赵岩、李克祥、许晓林、卜必正、蔡灿、田颖、李进、徐永强、娄公飞、王俊辉等。

由于作者水平和经验所限，书中难免存在不妥之处，恳请各位专家和读者批评指正。

目　录

第1章 绪　论

1.1 研究背景和意义

近年来电子消费品市场蓬勃发展，急剧增长的市场需求与行业生产能力之间的矛盾日益突显。随着我国技术工人受教育程度和生活成本的日渐提高，企业承担的人工成本水涨船高，已经成为制约3C（computer，communication，consumer electronics）等行业产能扩张的重要因素。为了解决这个问题，大量的机器人被引进工厂替代工作人员工作。机器人不仅能够取代工作人员完成那些枯燥乏味的工作，而且能够用于比较危险的环境。因此，为了满足高生产节奏要求，传统工业机器人一直在向高效率、高精度的方向发展，相应的机器人质量与体积也十分巨大。但与人协同工作时的安全性问题并不是工业机器人发展的重点，在传统工业生产过程中一般用围栏把机器人和工作人员隔离开，尽量避免人与机器人工作空间的重叠，而不去考虑改变机器人本身的应变机理。例如，汽车生产线上的焊接、喷漆等工序已经实现无人化生产，如图1.1所示。但是在很多需要工人参与的工作中就无法采用传统工业机器人来实现较高程度的自动化。

图1.1　汽车焊接装配生产线人机隔离

为了实现全自动化的生产线，要求机器人更加智能化。自然界的人体具有优良的运动特性，因此人与人协作模式为人机协作模式提供了一个完美的参考。人们通过研究人类自身的关节特性，设计仿生关节来优化传统工业机器人的关节性能。但人机协作对机器人的性能提出了更高的要求，其中的主要问题是安全性和柔顺性。Northwestern大学的Reed等[1]针对人与人交互的具体事件设计了对应实验，重点关注在人体运动过程中双方是如何通过肌肉感觉来控制完成该过程。Reed等采用的对比实验装置是一个自行设计的机器人臂，用其模仿人体运动，在交互环境下与人共同工作。了解人体运动控制机理，研究人与人协作模式，为研究人员对人机协作的研究打开了一扇新的大门，可以使人机协作和人与人协作一样，通过一种更加自然柔顺的方式进行。为了使机器人具有人的特性，需要对人体的运动机理进行研究，总结人体运动系统的运动规律；建立与真实人体运动系统相似的人体运动模型。通过从人体运动系统中提取运动参数，实现协作机器人的仿人跟踪运动。因此，如何定性和定量地对人体运动信息进行分析和估计，是能否实现机器人对人体运动参数跟踪的前提和基础。

随着科学技术的发展，人与机器人的协作逐步成为可能，如图 1.2 所示。要实现安全协作，保证协作过程中机器人自身、协作者和操作对象的安全，机器人必须具备对非结构环境中的意外因素进行主动响应的能力，最低限度要保证碰撞影响可控。这使得机器人避障及相关算法的研究成为研究热点之一。

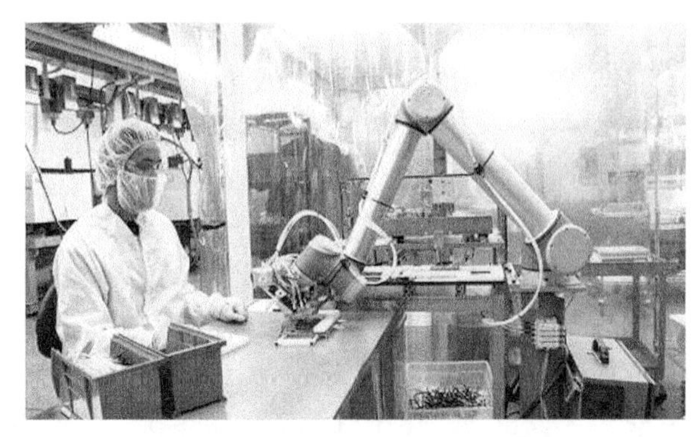

图 1.2　协作机器人与人交互协作

机器人应能够在未知的环境下进行非预测性的避障，即需要机器人有一双发现障碍物的眼睛，这就是机器人的传感技术。应用合适的传感器可以实现对未知环境中的障碍物进行精确的识别、定位。其中，CCD（charge coupled device，电荷耦合器件）摄像机具有价格低和使用方便的优势，使其被广泛应用于制造业中。计算机视觉分为单目视觉和立体视觉，单目视觉只能够获得物体的二维信息，无法获得物体的三维信息，在物体识别、定位方面具有较大的局限性；而立体视觉中应用最多的是双目立体视觉。

除了技术研究方面，机器人本身的物理特性对于避障也有较大影响。冗余度机器人是一类具有运动冗余自由度的机器人，即该类机器人的自由度多于工作空间的自由度，从运动学上解释就是冗余度机器人在完成某一特定任务时具有多余的自由度。另外，是否是冗余度机器人是根据具体任务来判断的，某机器人有可能对某一任务是非冗余度机器人，但是对另一任务就是冗余度机器人。该类机器人在保证末端运动轨迹的同时可以利用其零空间的自运动产生不同的关节位形来完成诸如躲避障碍物、克服奇异性、实现关节力矩或者系统动能的最小化等复杂的操作任务，已经获得了越来越广泛的应用。机器人的工作环境中往往存在障碍物，利用其零空间的自运动来躲避障碍物就是其中的一个重要应用。冗余度机器人灵活性好，在处理避障问题上具有很大的优势，这就使得冗余度机器人的避障应用受到了越来越多的关注。

躲避障碍物是应变普通情况的完美方式，但为了避免在复杂环境下出现安全性问题，人机协作机器人还应能够有效地、准确地检测外界物理碰撞，且能对外界物理碰撞做出相应的安全策略。例如，当工作人员误闯入机器人工作空间时，在进行无意识及非人机协作的意外碰撞情况下，应保证机器人能够精确并快速检测到外界的物理碰撞，并对此做出碰撞逃离行为，如零重力模式、拖动示教或者迅速停止，以最大限度地避免给工作人员和机器人自身带来伤害。除此之外，当机器人与操作空间环境发生碰撞或当机器人自身发生碰撞时，机器人也应能够做出自我保护策略。

同时，为了能够更好地实现生产上的人机交互协作，在保证具有堪比工业机器人运作精度的前提下，协作机器人还应具备力反馈、力控制、避障轨迹规划等功能，其中力反馈和力控制是协作机器人极为重要的功能。在智能制造的大背景下，具备外力反馈能力的协作机器人成为目前热门的研究方向，国际上各大知名机器人厂家推出了各具特点的协作机器人产品，并且很多国内的机器人厂家也已经或准备进入这一人机交互领域。但是，目前市场上具备外力反馈功能的机器人常见的解决方案是在机器人本体基础上加装各种传感器来检测机器人内部和外部作用力矩，并应用一定的算法策略实现机器人的柔顺控制。传感器的使用虽然很大程度上能够比较直观地表征外力，但传感器的安装一方面增加了机器人本体结构的复杂性，提高了机器人成本；另一方面，力/力矩传感器均具有较大的柔性，会降低机器人执行机构的稳定性，影响机器人的控制精度。

1.2　协作机器人国内外研究现状

随着智能机器人的快速发展，人机交互技术成为机器人的关键技术之一，从人机共同完成统一目标的使命级融合，到处于同一工作空间内的相互协作，再到物理触碰的相互合作，还有很多问题亟待解决[2]。协作机器人在此背景下应运而生，协作机器人是和人类在共同工作空间中有近距离互动的机器人，是在原有工业机器人基础上的进一步提升。许多国外知名的机器人生产厂商敏锐地把握到了协作机器人的强大功能和发展前景，很早就对此展开研究，并相继推出各自的协作机器人产品。依据各个系列协作机器人侧重的应用领域和采用的力反馈方法，现对国外代表性协作机器人进行简要对比，如表1.1所示。

表1.1　国外代表性协作机器人对比

公司-型号	外观	自由度	应用领域	力反馈方法	主要特点
ABB-YuMi		7	微小零部件组装	电机电流、力/力矩传感器	配置灵活、结构紧凑、精度高
KUKA-LBR iiwa		7	汽车制造、装配	力/力矩传感器	快速识别接触力

续表

公司-型号	外观	自由度	应用领域	力反馈方法	主要特点
FANUC-Robot CR		6	汽车制造、包装、零部件加工	电机电流	控制便捷、独有手臂设计
YASKAWA-SIA10		7	装配、零部件加工	电机电流	负载大、稳定性高、精度较低
YASKAWA-HC10		6	精密作业、装配	力/力矩传感器	安全性高、兼容性强、易于编程
Universal Robot-UR5		6	焊接、装配	电机电流、谐波减速器	易于安装调试、操作安全、价格较低
Kinova		6	医疗、服务、装配	力/力矩传感器	高负载自重比、结构紧凑、操作灵活
Rethink Robotics-Baxter		7	3C 测试，低容量、高混合工作	力/力矩传感器、SEA	主动适应性好、可重复性高

协作机器人以其高精度、配置灵活、适应性强的特点，已经成为制造业的主力，其应用领域广泛，功能强大，能够保证与人安全协作的同时高效完成作业任务。对协作机器人的研究处于领先地位并具有代表性的机器人系列主要有：诞生了世界上第一台工业机器人的瑞士 ABB 机器人公司推出的 YuMi 智能协作机器人[3-4]，来自德国的 KUKA 机器人公司推出的 LWR[5]和 LBR iiwa[6]系列机器人，坐落于日本富士山下的发那科（FANUC）机器人公司推出的 Robot CR 系协作机器人，日本安川（YASKAWA）机器人公司 SIA 系列 7 轴协作机器人，德国 Gomtec 公司的 Roberta 机器人[7]，Rethink 公司研发的 Sawyer[8]和 Baxter 系列机器人，以及丹麦的 Universal Robot 机器人公司推出的 UR 系列轻量化机器人[9-10]等。这些协作机器人的功能和性能经过长时间的研究和普及使用已经达到了比较完善的程度，产品性能出色、技术体系成熟。为了实现与外界的力/力矩信息交互，国外协作机器人大多在每个机械手臂轴内安装力/力矩传感器，因此价格相对昂贵。

协作机器人具有与人类上肢结构相似的机械手臂，在人机交互工作环境中与工作人员进行任务合作，可借助人机协作来完成复杂的操作任务，适当代替人类完成各项作业，拓展人类的工作能力和应用环境，甚至可以代替人类完成某些危险的或精密的活动，从而减少人类的工作量。仿人协作机器人代表了机器人的尖端技术，在多种工业生产线上均采用协作机器人与工作人员合作完成生产线任务，为人类的科技进步做出了巨大贡献。因此，协作机器人成为一个新的研究热点，国内外学者均对此做了大量研究及突破。

除了单臂协作机器人外，近年来，国外多家机器人公司先后推出了协作双臂机器人，如图 1.3 所示。优傲（UR）公司发行的协作机器人具有轻便、易编程、适应性强、灵活多变的优点，可以集成到多种生产设备中。日本安川 SDA20D 机器人是一款高效节能、性能可靠的双臂机器人。ABB 公司推出了一款具有触觉和视觉的协作机器人——YuMi-IRB 14000。美国百特国际有限公司推出了一款被称为“具有常识”并且具有成本低、操作简单特性的 Rethink Robotics 机器人，该款机器人可以根据不同环境改变自己的运行速度来实现安全性。除此之外，日本研发了一款名为“RI-MAN 机器人”的医用搬运机器人，主要应用于医疗或者服务行业，其通过身上安装的 5 个触觉传感器检测到机器人的接触外力，从而控制和人接触的作用力，大大提高了病人的体验舒适度；其身上还安装了听觉传感器、视觉传感器及嗅觉传感器来完成定位、识别。

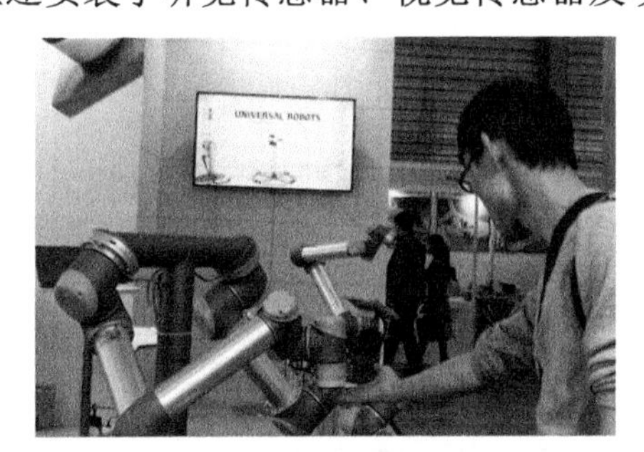

（a）UR 协作机器人

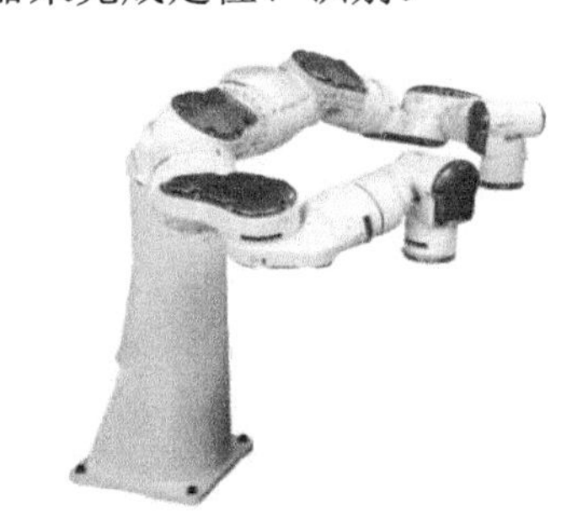

（b）安川 SDA20D 双臂机器人

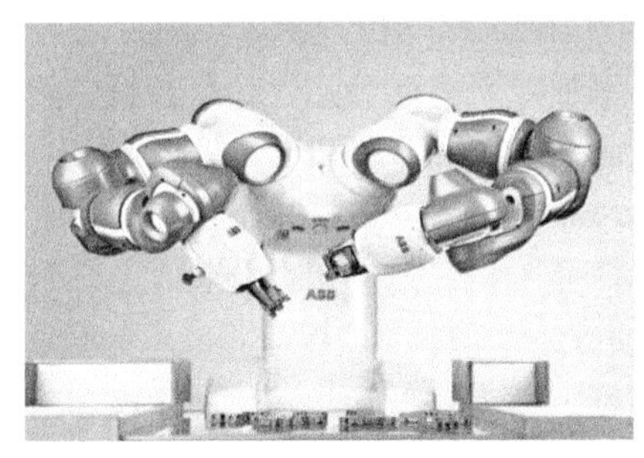

（c）YuMi-IRB 14000 机器人

（d）Rethink Robotics 机器人

图 1.3 国外双臂协作机器人研究进展

综上，国外多家机器人公司均已先后开发了不同功能的双臂协作机器人，大部分采用一定数量的传感器来实现机器人的安全作业及力感知功能，大大增加了设计的复杂度和成本。

国内协作机器人研究起步相对较晚，在各大高校、科研院所和知名企业多年的共同研发和努力下，中国协作机器人技术水平稳步提升，部分国内机器人公司或研究所推出的协作机器人在重复定位精度、力反馈和柔顺控制方面均取得了较大突破，整体性能逐步逼近国际水平。例如，沈阳新松的 SCR5 系列七自由度协作机器人、北京遨博的 AUBO-i5 智能协作机器人，以及猎户星空推出的 7 轴机械手臂 xArm7 等，如图 1.4 所示。这些机器人在轻量化特性和力反馈功能等方面取得了显著成果，但在力矩反馈能力和力控精度方面与国外产品还有一定差距，具有自主产权的高性能协作机器人的研发任重而道远。

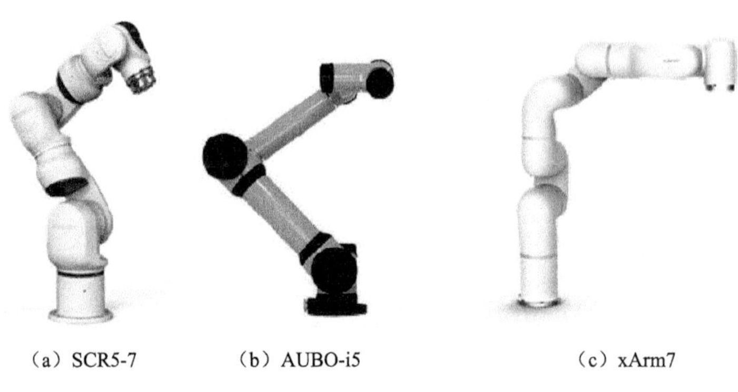

（a）SCR5-7　（b）AUBO-i5　（c）xArm7

图 1.4　三型国产协作机器人

1.2.1　仿人关节机理研究国内外现状

为了使协作机器人具有人体运动系统的灵活性能，需要提取人体运动系统中的运动参数。因此，通过人的运动信息来研究、设计仿人关节就成了机器人对人体运动参数跟踪的前提和基础。仿人关节是指根据人体上肢的关节运动所设计的具有类似于人肘关节运动的机器人关节。

其中，人体关节运动跟踪是提取人体运动系统运动参数的关键。表面肌电信号（surface electromyography，sEMG）作为人体关节运动跟踪的控制指令，通过 sEMG 开展人体运动机理的研究已成为当下协作机器人仿生领域研究的热点[11]。表面肌电的模式识别是要求利用 sEMG 对动作、意图等进行判断识别，常用于后续设备的控制[12]。利用 sEMG 来识别人体运动模式的处理方法主要可分为两类[13]：①贴放几组电极，通过电极测得的 sEMG 来对应一个动作；②对 sEMG 进行信号辨识，从较少的通道信号中识别出不同的运动模式。第一种处理方法存在很多缺点，它只用到了肌电幅值的一个信息，难以实现对复杂运动的控制，因此人们转向专注于 sEMG 的信号识别。sEMG 识别主要从两个角度考虑[14-16]：①从 sEMG 中提取各种特征集；②开发分类方法来区分不同运动的特征集。

从系统的角度来说，人体运动系统是一个非线性的复杂系统，各个子系统间相互影响、相互作用。通过建立神经-肌肉-骨骼的系统模型，使用弹性肌元、容元及阻尼器等力学元件模拟肌肉系统，以神经系统激活函数来模拟神经信号的传递，并对神经信号的传递与反馈、肌肉的舒张和收缩、骨骼的空间运动进行一定程度的数学描述，真正实现神经-肌肉-骨骼系统的相互协调。将肌肉生理模型引入肌电信号的分类算法中来实现连续的 sEMG 识别，进而通过建立生物力学模型的方式实现对关节运动信息的估计。Buchanan 等[17]提出一种基于 sEMG 的正向动力学模型，包括肌肉活性动力学、基于 Hill 的肌肉收缩动力学、肌肉骨骼几何学和关节运动学方程。该模型涉及太多未知的生理参数，因此非常复杂。杨义勇等[18]首先建立人体肘关节系统的生物力学模型，其中包括肌肉和肌腱的动力特性及肌肉力计算等式，然后通过优化控制进行计算。陈江城等[19]考虑了下肢系统的运动生物力学模型，从模型的完整性和动态力矩预测的准确性，对骨骼肌生物电调控、肌肉收缩力学模型及肌肉力到关节力矩等转换过程进行了相应研究。

Hill 肌肉模型是肌肉机理研究中使用最多的肌肉模型。通常 Hill 肌肉模型可以直接从 sEMG 信号中计算关节力矩，但是为了控制机器人与人的协作，需要使用人肢体的连续运动模式，而不是扭矩模式[20]。针对传统使用 Hill 肌肉模型进行的研究，大都是在离体肌肉实验的基础上提出的，当应用于在体肌肉时会存在着某些偏差或者不适用性，同时缺乏从微观上考虑肌肉收缩的运动特性，不能描述活体肌肉下较为完整的生物力学过程[21]。Guo 等[22]基于肌丝滑移理论，研究了肌肉的力学特性，从频率角度对 sEMG 与肌肉力之间的关系进行了分析研究，主要对基于 sEMG 的肌肉力预测结果进行研究，但是并没有对其力矩的预测进行分析。

机器人领域中广泛接受的观点是可以通过捕捉人体的运动学的特征点轨迹来模仿人类运动。大多数机器人的拟人行走是通过采集人体运动数据并进行适当转换来实现的。其中，一种方法是通过机器视觉采集肢体标记特征点的运动轨迹，并还原人体关节的运动角度，最后生成机器人运动的参考数据；另一种方法是通过分布于全身各个肢体部位的惯性模块来采集人体的运动姿态，然后通过人体运动学模型计算身体各个部位的位置和姿态信息[23]。传统的运动捕捉技术主要包括基于机械、电磁、声学、光学或图像设备的运动获取方法，其中绝大多数运动捕捉系统需要特殊或昂贵的运动捕捉设备。传统的捕捉技术往往需要在人体关键部位上捆绑若干感应器件。例如，基于声学方式的运动捕捉需要佩戴声波接收器，基于光学方式的运动捕捉需要佩戴反光材料等。因此，传统的捕捉技术在一定程度上妨碍并限制了人体的自由运动，使得捕捉到的动作不够自然连贯，而且很多动作也根本无法做出。

随着计算机视觉理论的发展，有研究者提出了一种利用计算机视觉技术对视频进行分析从而提取人体运动的方法[24]。对于视觉分析人体关节的运动，通过对视频序列图像的分析，将关节的位姿信息进行处理整合，可以得出视频中的人体关节运动位姿信息[25]。山东大学的马淼[26]给出了实现视频中人体姿态离线估计的多级动态算法结构，提出了全局-局部分层的视频中人体姿态在线估计与跟踪算法，通过视频信息对人体的动作进行信息提取和识别；田国会等[27]提出一种基于关节点信息的人体行为识别新方法，使用了 Kinect 体感设备来获取人体的关节点数据，构造三维空间矢量用于人体行为识别；Girshick 等[28]通过 Kinect 深度信息来研究人体姿态的变化。基于视频的人体运动捕捉不需要人体佩戴额外复杂的设备，不会限制被捕捉者的运动，且对场景没有特殊要求，使得该方法具有灵活的应用场景。但由于人体结构及其运动的复杂性，以及场景的复杂多变性和人体遮挡，都给基于视频的人体运动捕捉带来了艰巨的挑战。

综上，解决机器人关节柔性问题需要揭示相关机理，而人体关节作为机器人关节的基础，深度剖析人体关节柔顺机理将有助于仿人关节的进一步研究。

1.2.2　协作机器人安全避障国内外研究现状

机器人研究中的一个核心问题就是机器人避障路径规划问题，即从起始点到目标点选择一条不与障碍物碰撞的路径[29-30]。由于机器人避障算法的研究起步较早，已经出现了许多种机器人避障算法的分类方式[31-32]，同时相关避障技术也已广泛应用于机器人领域。这些领域的机器人主要由移动机器人和关节式机械臂机器人组成，后者自由度更多，运动灵活性更好，在工业方面应用也更加广泛，因此本书主要研究后者的避障规划问题。

工业机器人的避障规划过程主要分为碰撞检测和安全机制阶段[33-34]，其中碰撞检测包括主动避碰和被动避碰两方面。主动避碰指机器人绕过障碍物到达目标设定点的路径规划过程，该类避碰一般采用避碰算法[35]及外部视觉传感器，还包括采用多种传感器融合的避碰算法。Ebert 等[36]采用在机器人末端安装视觉传感器的方式来判断障碍物的图像信息，推算出障碍物与机器人之间的相对位置，从而判定障碍物是否干涉机器人的运行轨迹。被动避碰是指机器人在接触到障碍物后的碰撞检测及为减小对人机的伤害采取相应的安全反应策略。相比于主动避碰，被动避碰实现成本低，对应用场景要求低，对于降低碰撞损失有显著效果，所以吸引了很多研究者投身其中。

从 20 世纪开始，国内外机器人的研究人员在被动避碰的碰撞检测方面已经取得了一系列研究成果，也有了一些碰撞检测的方法，除了人形机器人外还有很多其他机械设备在避碰领域取得了很大的进步，提高了工厂加工产品及出成品的效率和质量。被动避碰的碰撞检测方法主要分为两种，第一种是利用外界传感器来测量作用在机器人上的外力，传感器的种类主要有手腕式传感器、皮肤传感器、视觉传感器、触觉传感器。而另一种不用传感器的碰撞检测方法指的是在机器人内部添加虚拟传感器（即碰撞检测模型）或者是通过读取机器人内部相关信息来检测碰撞，其中包括采集机器人各关节处电机的电流、相邻时间内的电流是否发生突变、系统的能量是否突变，此外还有自适应偏差滤波（根据机器人的速度及加速度设计的偏差滤波器）、广义动量的偏差观测器（根据关节驱动力矩设计的偏差滤波器）。以上就是两种主要的被动避碰的碰撞检测方法，但是各种方法的难易程度不同，也都有各自的优缺点，以下进行详细的介绍。

第一种方法为借助外部传感器来检测碰撞外力，Lee 等[37]利用自己设置的机器人来进行碰撞检测实验，其将外力分为有意识和无意识碰撞两种，如图 1.5（a）所示。De Luca 等[38]和 Haddadin 等[39-40]研究的机器人应用关节力传感器。其中，Haddadin 以 KUKA 机器人作为研究对象，在该款机器人各关节安装力矩传感器，通过关节力矩的测量值可判定机器人是否受到外力碰撞，如图 1.5（b）所示。

Lu 等[41]通过在机器人末端安装手腕式力传感器来检测碰撞外力的大小，如图 1.6 所示。Phan 等[42]将整个机器人设计为敏感皮肤材质，进而检测机器人全身的外力碰撞。以上利用外部力传感器或力矩传感器进行碰撞检测的灵敏度会有所提高，但其存在不足之处：通过外部传感器进行碰撞检测的方法会增加机器人布线的复杂程度和制造成本。

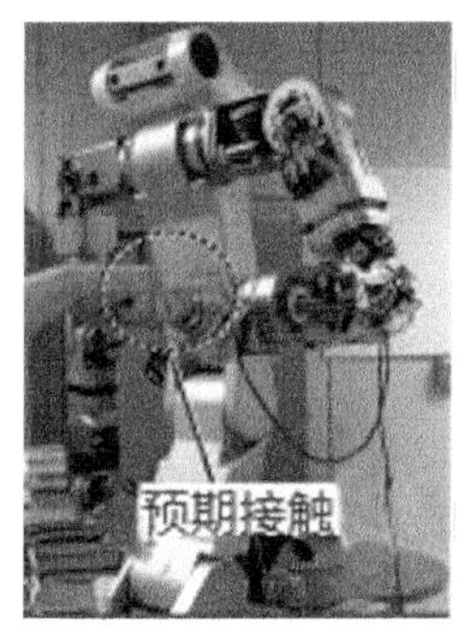

（a）有无意识检测碰撞实验平台

（b）人体模型碰撞检测平台

图 1.5　机器人碰撞检测实验平台

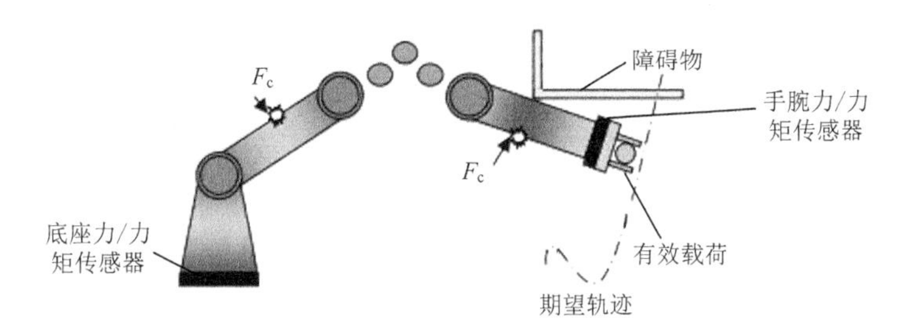

图 1.6　借助力传感器碰撞检测实验平台

另一种碰撞检测方法为不借助外部力传感器或力矩传感器来采集机器人各关节的电流或力矩变化。Je 等[43]通过将测量得到的机器人各关节运行相邻时刻的电流变化差值与设定的阈值进行分析对比来检测机器人是否受到外力干扰，但此方法在机器人执行运动过程中突然换向时容易造成误检测，如图 1.7 所示。Yamada 等[44] 将采集的机器人关节电流转换为关节力矩，将机器人关节内部位置编码器采集的数据代入理论动力学模型中，进而求得运行过程所需时刻的驱动力矩，并将采集的实际力矩与理论力矩进行对比分析，进而判断碰撞情况。该算法模型需要机器人各关节的速度及加速度，因此会引入噪声，进而造成检测不准确。De Luca 等[45]提出一种基于广义动量的外力观测器碰撞检测算法，该算法的不足之处是只能检测外界持续缓慢的力，对高速急剧的外力会漏掉或误检测。此外，虽无须采集加速度能在一定程度上降低造成噪声的概率，但其一阶滤波器的传递函数中所包含的增益数量太少，进而不能保证机器人碰撞检测的准确度。De Luca 等[46]在碰撞检测的同时观测系统能量的变化，该方法的缺点在于只能检测运动过程中的碰撞外力，当机器人处于静止状态时，容易造成误检测，进而降低了碰撞检测的有效性。

随着协作机器人的兴起，不依赖外接传感器实现机器人与障碍物之间的碰撞检测和位置反馈的应用越来越广泛，研究协作机器人避障规划问题成为现阶段机器人避障发展的一个重要主题。为实现紧密的人机协作共融，急需解决人机协作间的安全问题[47-48]。根据功能需求及主要工作环境，人机协作安全性可分为两种：自身安全性和交互安全性。本书聚焦在第二类作业安全上，将集中解决第二种人机协作所面临的安全问题。

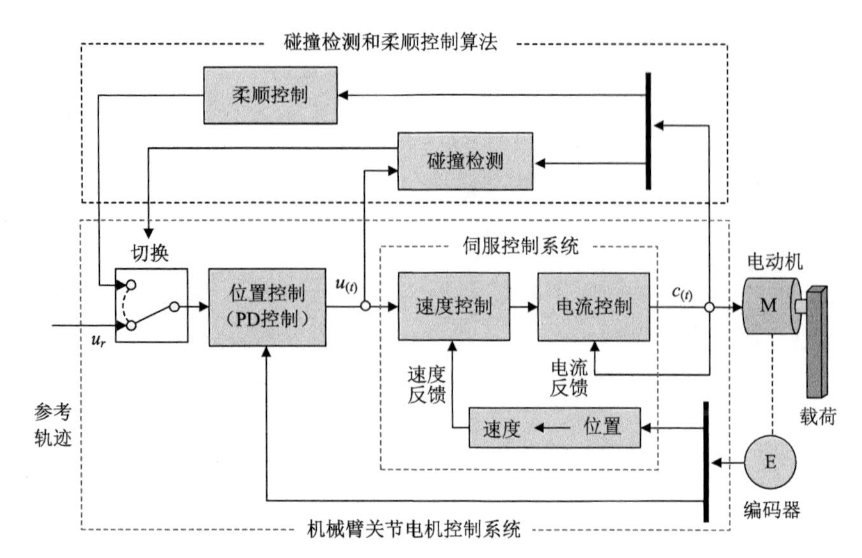

u_r—参数轨迹；$c_{(t)}$—时间 t 的电流水平；$u_{(t)}$—从位置控制器发送到速度控制器的控制输入值。

图 1.7　基于碰撞检测的一致性控制框图

交互安全性[49]指的是人机在工作环境中紧密协作[50]，在保证协作机器人本身正常运行的前提下共同完成任务，还需保证周围工作人员的安全。在这种人机协作工作场景中，若想保证人机的相对安全，必须限制机器人的速度、力量和运动轨迹，还要对机器人进行碰撞检测与安全控制。机器人与工作人员之间的距离直接影响实际操作环境的危险程度。以下总结 5 种碰后策略。

碰后策略 1：在正常运作时受到外界物理碰撞，机器人根本没有反应，并继续运行参考轨迹 q_d，这种情况下无疑给工作人员和机器人带来双重伤害。

碰后策略 2：一旦检测到发生碰撞，机器人就会停止运行，即急停状态。这可以通过设置 $q_d = q_{t_c}$ 实现，其中 t_c 是碰撞检测瞬间的时间。

碰后策略 3：在检测到外界碰撞之后，机器人从位置控制模式切换到零重力扭矩控制模式[51-52]，让机器人表现出合规的方式。

碰后策略 4：与碰后策略 3 相反，通过重力补偿切换到扭矩控制模式，使用关节扭矩反馈信号 r 可以缩小电动机惯性及连杆惯性，从而获得一个更“速度均匀”的机器人。

碰后策略 5：使用估计的外部扭矩来实现一种控制器，通过定义外部扭矩估计 γ 的相反方向运行所需的速度，使得机器人“逃离”这种碰撞干扰。

针对上述所讨论的碰后策略，归纳和总结国内外在机器人避障规划方面所做的研究，其中主要的避障方法如表 1.2 所示。

表 1.2　主要的避障方法

避障传统方法	避障智能方法
基于 C 空间*的几何法	模糊逻辑算法
基于 C 空间的拓扑法	人工神经网络算法
人工势场法	遗传算法

续表

避障传统方法	避障智能方法
栅格法	梯度投影法
模拟退火算法	

* C空间即构型空间（configuration space，C space），机器人中习惯用C空间。

大部分针对避障规划问题的传统算法都可以用表1.2所示的方法或者改进的方法解决，但是由于环境复杂多变，这些传统算法在路径搜索效率、计算效率、智能化和动态避障等方面仍需要进一步提高。智能算法作为近几年的研究热点，在避碰规划方面已有一定成就，但是随着环境复杂度的增加，机器人自由度和障碍物的增多，其计算量和效率方面仍然存在问题，而且得到的解往往是最优解附近的近似解，可靠性不易保证，避碰智能化方面仍然需要进一步提高。

1.2.3　双臂协作机器人协调系统模型国内外研究现状

要建立双臂协作机器人的协调系统，最重要的就是要建立其运动学和动力学模型，两种模型有所不同，又相互联系。机器人的运动学建模是建立机器人基座与末端的关系，即建立首末端连杆位姿的变换矩阵，为之后的雅可比矩阵求解和机器人末端点或末端连杆的轨迹规划奠定基础。机器人的动力学建模是建立机器人关节参数与关节力矩的关系，进一步运用雅可比矩阵，可以建立机器人关节参数与作用力之间的关系。根据利用的不同雅可比矩阵，可以表示机器人上不同位置的作用力。双臂协作机器人的运动学和动力学建模与单机械臂的机器人在本质上有所不同，其目的是建立两机械臂之间的联系，这里的联系不是单纯地将两根独立机械臂的运动学和动力学模型建立在一起，写成一个矩阵形式，而是通过矩阵参数或其他形式建立两者之间的关系。然后，基于双臂协作机器人运动学和动力学模型，研究双臂协调控制方法。机器人的控制算法有很多，如位置控制、力控制、阻抗控制、变结构控制和自适应控制，以及模糊控制和神经网络控制等智能控制。不同的控制算法有不同的优点和缺点，没有任何一种控制算法是完美的，所以很多学者分析不同控制算法的优缺点，将各种算法结合在一起，力图保留其优点，弥补各自的缺点。然而，双臂协作机器人的协调控制算法需要从两机械臂协调的目的出发，以期运用控制算法带动双臂协调作业，而且要符合所建立的双臂运动学和动力学模型。因此，双臂运动学和动力学模型是研究双臂协作机器人装配、搬运、加工等协调作业的核心关键技术，双臂协调控制是在其基础上对双臂协调技术的进一步研究。

1. 双臂协作机器人运动学建模国内外研究现状

机器人关节运动学模型基本是基于D-H参数法建立的，其建立的是机器人各连杆坐标系和变换矩阵，用连杆变换矩阵表示各连杆的位姿状态，用各连杆变换矩阵的乘积表示首末端连杆的变换关系。单臂机器人的运动学模型已经发展成熟，无论是旋转关节还是移动关节，都可以运用D-H参数法建立运动学模型，为之后的雅可比矩阵求解和机器人末端点或末端连杆的轨迹规划提供理论基础。

双臂协作机器人在结构上是由两个单独的机械臂组成的，在建立双臂的运动学模型时，要把两机械臂各连杆坐标系建立在同一运动惯性坐标系下，使各连杆坐标系相互关联，如图 1.8 所示。葛连正等[53]针对一种特殊的仿人双臂机器人，采用 D-H 参数法求解机器人末端连杆在运动惯性坐标系下的位姿，在分析其运动关系的基础上，采用几何法和解析法相结合的算法对六自由度仿人双臂机器人进行运动学分析。李瑞峰等[54]应用 D-H 参数法建立双臂协作机器人的连杆坐标系并确定杆件参数，完成运动学建模，并提出一种几何法结合逆变换求解运动学的新方法。可见，双臂协作机器人的运动学模型都是基于 D-H 参数法建立的，依据连杆坐标系建立的规则，可以在同一运动惯性坐标系下建立两机械臂上各连杆坐标系，再通过连杆变换矩阵求解两机械臂之间的运动参数。所以，建立双臂运动学模型和单臂是相同的，D-H 参数法不仅适用于单机械臂，还普遍适用于两机械臂的运动学建模。

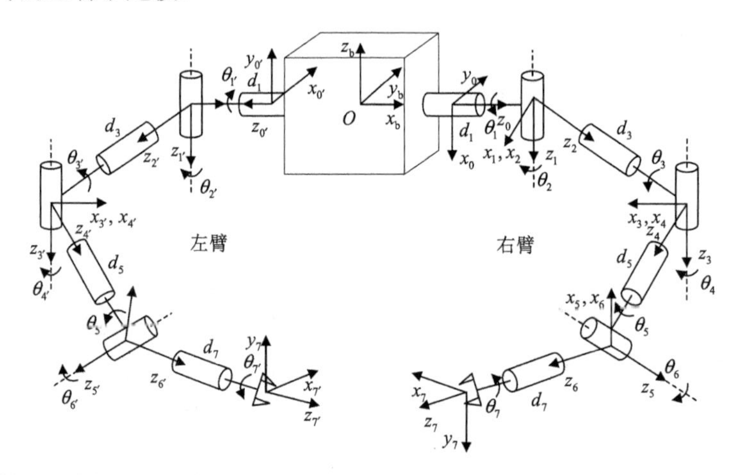

$O-x_b y_b z_b$ —双臂机器人系统惯性坐标系；$\{i\}(i=1,2,3,4,5,6,7)$ —双臂机器人系统右臂坐标系；$\{i'\}(i'=1,2,3,4,5,6,7)$ —双臂机器人系统左臂坐标系；$d_i(i=1,2,3,4,5,6,7)$ —各连杆长度；$\theta_i(i=1,2,3,4,5,6,7)$ —各关节转动角度。其中，$d_2=d_4=d_6=d_2'=d_4'=d_6'=0$；$y_1-y_6$，$y_1'-y_6'$ 方向根据右手定则判断。

图 1.8　双臂协作机器人连杆坐标系

2. 双臂协作机器人动力学建模国内外研究现状

目前，关于双臂动力学模型的研究主要有两种：一是两机械臂捕捉目标物体形成闭链系统的研究。利用目标物体与两机械臂之间相互作用力形成的闭环约束关系，建立目标物体与两机械臂的联系。该研究主要分析夹持物体运动的作用力和夹持内力，建立的双臂协作机器人捕获目标结构如图 1.9 所示。Tao 等[55]和陈志煌等[56]建立了平面双臂及被捕获目标的动力学方程，再利用闭链系统的闭环约束关系，获得了抓持系统合成动力学方程。程靖等[57]和董楸煌等[58]利用拉格朗日第二类方程建立了捕获操作前双臂空间机器人的开环系统动力学模型，利用牛顿-欧拉法建立了目标卫星的系统动力学模型，在此基础上，基于动量守恒定律、力的传递规律，经过积分与简化处理分析，求解了双臂空间机器人捕获目标卫星后受到的碰撞冲击效应，制定了合适的捕获操作策略，并根据闭链系统的闭环约束关系和运动学关系建立了闭链约束方程，推导了捕获目标后闭链混合体系统的动力学模型。Jia 等[59]和 Ge[60]等在存在闭环约束和有效载荷不确定惯性参数的情况下，研究了双臂空间机器人的动力学特性，提出基于 Kane-Husto 方法和螺旋理论建立动力学模型；通过将含有加速度的约束方程结合到无约束系统的 Kane 方程中，导出约束系统降阶形式的双臂动力学模型，推导其与目标物体的约束关系，建立闭链模型。刘佳等[61]基于 Udwadia-Kalaba 方程建模思想，克服传统拉格朗日方程需借助拉格朗日乘子求解动力学方程的缺点，先建立系统不受约束的动力学方程，再根据假设情况建立约束方程，联合建立完整的双臂动力学模型。综上，双臂协作机器人的动力学建模局限于平面模型和两机械臂夹持目标物体，依靠物体与机器人的约束关系，求解机器人的两机械臂与目标物体的闭链系统模型。

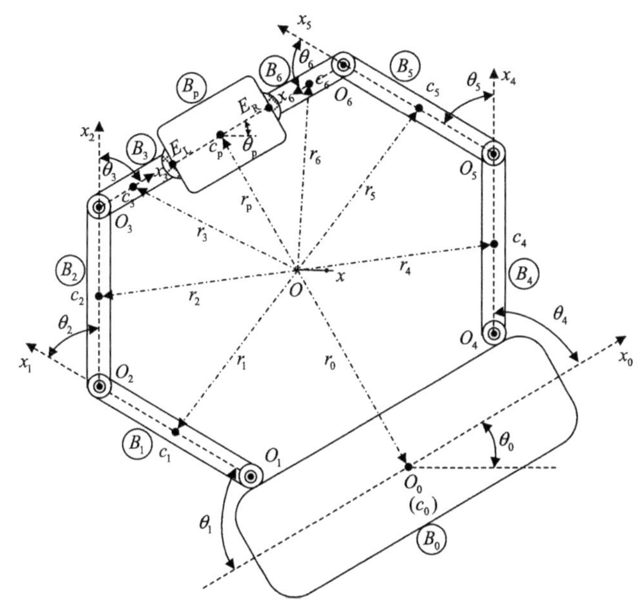

$B_i(i = 0,1,2,3,4,5,6,\mathrm{p})$ —系统各分体；c_i —各分体的质心；E_L —左端执行器；E_R —右端执行器；
θ_i —各分体与相应坐标轴夹角；r_i —惯性坐标系原点 O 到机器人各分体质心 c_i 的矢径。

图 1.9　双臂协作机器人捕获目标结构

二是机器人的两机械臂末端相对力的研究。将双臂末端的相对运动视为单机械臂的运动，基于动力学模型求解两机械臂末端绝对运动参数，主要分析两机械臂末端的接触瞬间作用力与操作物体装配时的接触碰撞力。但该研究方向目前相关成果较少，建立的模型不完善。孔宪仁等[62]为满足无扰动载荷（disturbance free payload，DFP）航天器中非接触式作动器对有效载荷模块（payload module，PM）与支持模块（support module，SM）之间相对运动的要求，建立了 PM 与 SM 之间的六自由度相对运动动力学模型；然后分析作用于 PM 与 SM 的力和力矩，建立了 SM 相对 PM 的相对姿态动力学模型和 PM 相对 SM 的相对平动动力学模型，即构建了惯性系下 PM 质心相对 SM 质心的相对加速度和角加速度方程。该模型主要研究 SM 相对 PM 的位姿状态，是在保证 SM 与 PM 非接触的情况下建立的，没有考虑两者之间的相对力和力矩。Jamisola 等[63-64]利用单臂动力学模型，结合相对雅可比矩阵将两机械臂独立的动力学融合到一起，将两机械臂作为单机械臂处理，视作一个整体，建立双臂模块化动力学模型。上述模型确立了关节力矩与各关节运动参数之间关系，考虑了末端执行器之间的相对运动关系，设计出相对力控制器，然而没有推导两机械臂末端相对力的相关模型。装有末端相对力控制器的双臂协作机器人如图 1.10 所示。Shin 等[65]利用一种虚拟动力学模型（virtual dynamic model，VDM），基于力和力矩（force and torque，FT）传感器检测末端力，使机器人能与环境进行物理交互，控制两机械臂的运动。但是虚拟动力学模型无法求得机器人末端作用力，需在手腕处安装 FT 传感器，配合关节编码器获取当前关节位置检测到的末端力。

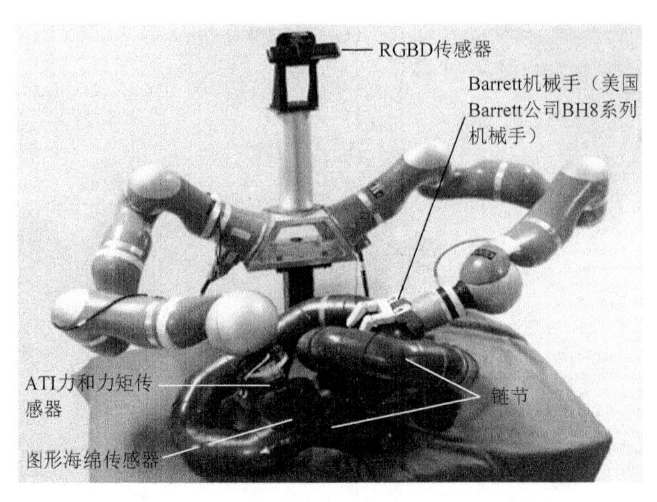

图 1.10　装有末端相对力控制器的双臂协作机器人

综上，现有双臂协作机器人的动力学模型的建立与单机械臂的机器人在本质上没有太多不同，只是单纯地将两根独立机械臂的动力学模型建立在一起，写成一个矩阵形式，而没有通过矩阵参数或其他形式建立两者之间的关系；并且由于双臂动力学模型是研究双臂协作机器人装配、搬运、加工等协调作业的核心关键技术，基于现有的双臂协作机器人动力学模型施加控制，没有从两机械臂协调的目的出发，也就无法期望运用合适的控制算法去解决两机械臂的协调作业。因此，有必要研究双臂动力学模型之间的联系，基于此施加控制也必然符合双臂协调的目的。

1.3　本书概要及展望

本书根据协作机器人的发展需求，对部分关键理论与技术进行系统概况，以典型单臂协作机器人为例，涵盖仿人体关节柔性驱动特性、仿人关节柔性生成和安全避障等相关知识，以满足读者对单臂协作机器人相关技术的学习需求，从而为进一步研究双臂协作机器人奠定基础。本书具体包括如下内容。

1）阐述单臂协作机器人和双臂协作机器人的定义，叙述协作机器人的国内外发展现状。

2）面向协作机器人的柔性关节关键技术研究。从生理特性揭示关节连续运动生成机理，并对关节连续运动有效识别，提出一种基于生物力学的人体上肢关节连续运动意图识别模型。针对连续运动过程中关节刚度变化特性问题，提出了基于短程肌肉刚度的关节时变刚度估计方法。

3）以模块化关节作为研究对象，对其非线性特征进行在线分析和辨识，实现协作机器人控制器参数实时更新，提高机器人末端定位精度。介绍了基于关节刚度和力矩反馈的力矩估算方法，实现了无力矩传感器的关节零力控制，进一步研究协作机器人的参数辨识方法和力控制算法。

4）提出基于主从任务转化的闭环控制避障算法，能够基于平面进行仿真和实验。该算法能解决当障碍物位于机器人末端期望轨迹上时，避障运动和期望轨迹跟踪运动存在的冲突问题，使机器人不仅能够在避障的同时高精度地跟踪末端期望轨迹，而且能够完成多障碍物避障和动态避障。

5）通过 UR5 协作机器人平台验证优化后的外力观测器与动态阈值的有效性，并对协作机器人碰撞外力作用位置的识别进行初步研究。在检测到机器人受到外力碰撞时，能在人机受到最小的伤害前停止运行，进一步提高机器人的精准外力作用方向判断与碰后运动策略机制。

6）基于广义逆求解双臂协作机器人末端相对力的表达式产生的内力项，建立完善的双臂协调动力学模型，然后结合虚位移原理，基于相对雅可比矩阵建立双臂协作机器人相对动力学模型，确立两机械臂末端相对作用力与关节参数之间的关系。该模型能够求解两机械臂末端相对力，可用于进一步探索双臂协调运动控制机理。

相信随着机器人技术的不断发展，协作机器人系统的研究会越来越完善，机器人在生活和工作中的应用也会越来越广泛。届时，人机协调作业问题将会成为研究的新热点，机器人也会向更智能化的方面发展。

参考文献

[1] REED K B, PATTON J, PESHKIN M. Replicating human-human physical interaction[C]// IEEE International Conference on Robotics and Automation. Roma: IEEE, 2007: 3615-3620.

[2] 王天然．机器人技术的发展[J]．机器人，2017，39(4)：385-386．

[3] ABB．ABB YuMi 双臂机器人引领人机协作新时代[J]．金属加工（热加工），2015(8)：3．

[4] http://new.abb.com/products/robotics/industrial-robots/yumi.

[5] ALBU-SCHÄFFER A, HADDADIN S, OTT C, et al. The DLR lightweight robot: Design and control concepts for robots in human environments[J]. Industrial Robot, 2014, 34(5): 376-385.

[6] 欣迪．库卡推出首款轻型人机协作机器人 LBR iiwa[J]．汽车与配件，2014(45)：67．

[7] JOST B, KETTERL M, BUDDE R, et al. Graphical programming environments for educational Robots: Open Roberta-yet another one?[C]// IEEE International Symposium on Multimedia. IEEE, 2014: 381-386.

[8] http://www.rethinkrobotics.com/sawyer/applications.

[9] Universal Robots. Universal robots user manual[Z]. Universal Robots, 2009.

[10] 冯月姮．此机器人非彼机器人：UR 来了[J]．中国机电工业，2012(10)：84-87．

[11] 宋全军．人机接触交互中人体中人体肘关节运动意图与力矩估计[D]．合肥：中国科学技术大学，2017．

[12] 李芳，王人成．肌电信号及其运动模式辨识方法的发展趋势[J]．中国康复医学杂志，2005(7)：492-493．

[13] 王敬章，李芳，王人成，等．人工神经网络在表面肌电信号辨识中的研究进展[J]．中国康复医学杂志，2006(1)：81-83．

[14] DING Q C, XIONG A B, ZHAO X G, et al. A novel EMG-driven state space model for the estimation of continuous joint movements[C]// IEEE International Conference on Systems, Man, and Cybernetics. Anchorage: IEEE, 2011: 2891-2897.

[15] HAN J D, DING Q C, XIONG A B, et al. A state-space EMG model for the estimation of continuous joint movements[J].

IEEE Transactions on Industrial Electronics, 2015, 62(7): 4267-4275.

[16] CHOWDHURY R, REAZ M, ALI M, et al. Surface electromyography signal processing and classification techniques[J]. Sensors, 2013, 13(9): 12431-12466.

[17] BUCHANAN T S, LLOYD D G, MANAL K, et al. Neuromusculoskeletal modeling: Estimation of muscle forces and joint moments and movements from measurements of neural command[J]. Journal of Applied Biomechanics, 2004, 20(4): 367-395.

[18] 杨义勇，王人成，贾晓红，等．人体肘关节复合运动的建模及协调控制[J]．清华大学学报（自然科学版），2004(5)：653-656．

[19] 陈江城，张小栋，李睿，等．利用表面肌电信号的下肢动态关节力矩预测模型[J]．西安交通大学学报，2015，49(12)：26-33．

[20] 丁其川，熊安斌，赵新刚，等．基于表面肌电的运动意图识别方法研究及应用综述[J]．自动化学报，2016，42(1)：13-25．

[21] HILL A. The heat of shortening and the dynamic constants of muscle[J]. Proceedings of the Royal Society of London, 1938, 126(843): 136-195.

[22] GUO Z, FAN Y, ZHANG J, et al. A new 4M model-based human-machine interface for lower extremity exoskeleton robot[C]// International Conference on Intelligent Robotics and Applications. Berlin: Springer, 2012: 545-554.

[23] 孙广彬．仿人机器人运动控制和规划的若干问题研究[D]．沈阳：东北大学，2015．

[24] 付娜．基于视频的运动人体行为捕捉算法研究[D]．北京：北京理工大学，2015．

[25] 凌志刚，赵春晖，梁彦，等．基于视觉的人行为理解综述[J]．计算机应用研究，2008(9)：2570-2578．

[26] 马淼．视频中人体姿态估计、跟踪与行为识别研究[D]．济南：山东大学，2017．

[27] 田国会，尹建芹，韩旭，等．一种基于关节点信息的人体行为识别新方法[J]．机器人，2014，36(3)：285-292．

[28] GIRSHICK R, SHOTTON J, KOHLI P, et al. Efficient regression of general-activity human poses from depth image[C]// IEEE International Conference on Computer Vision. Piscataway: IEEE, 2011: 415-422.

[29] BURHANUDDIN L A, ISLAM M N, YUSOF S M. Evaluation of collision avoidance path planning algorithm[C]// Research and Innovation in Information Systems, ICRIIS, 2013: 360-365.

[30] 郑向阳．自主式移动机器人路径规划研究[D]．杭州：浙江大学，2004．

[31] 黄献龙，梁斌，吴宏鑫．机器人避碰规划综述[J]．航天控制，2002(1)：34-40，46．

[32] 高涵，张明路，张小俊．冗余机械臂空间轨迹规划综述[J]．机械传动，2016，40(10)：176-180．

[33] HADDADIN S, ALBUSCHÄFFER, ALIN, et al. The role of the robot mass and velocity in physical human-robot interaction-part I: Unconstrained blunt impacts[C]// IEEE International Conference on Robotics and Automation. Roma: IEEE, 2008: 1339-1345.

[34] HADDADIN S, DE LUCA A, ALBU-SCHAFFER A. Robot collisions: A survey on detection, isolation, and identification [J]. IEEE Transactions on Robotics, 2017, 33(6): 1292-1312.

[35] 祁若龙，周维佳，王铁军．一种基于遗传算法的空间机械臂避障轨迹规划方法[J]．机器人，2014，36(3)：263-270．

[36] EBERT D M, HENRICH D. Safe human-robot-cooperation: Image-based collision detection for industrial robots[C]// International Conference on Intelligent Robots and Systems. Lausanne: IEEE, 2002(2): 1826-1831.

[37] LEE S D, SONG J B. Collision detection for safe human-robot cooperation of a redundant manipulator[C]// International Conference on Control, Automation and Systems. Seoul: IEEE, 2014: 591-593.

[38] DE LUCA A, FLACCO F. Integrated control for pHRI: Collision avoidance, detection, reaction and collaboration[C]// IEEE RAS/EMBS International Conference on Biomedical Robotics and Biomechatronics. Enschede: IEEE, 2012: 288-295.

[39] ALBU-SCHÄFFER A, HADDADIN S, OTT C, et al. The DLR lightweight robot: Design and control concepts for robots in human environments[J]. Industrial Robot, 2007, 34(5): 376-385.

[40] HADDADIN S, ALBU-SCHÄFFER A, DE LUCA A, et al. Collision detection and reaction: A contribution to safe physical Human-Robot Interaction[C]// IEEE/RSJ International Conference on Intelligent Robots and Systems. Nice: IEEE, 2008: 3356-3363.

[41] LU S, CHUNG J H, VELINSKY S A. Human-robot collision detection and identification based on wrist and base force/torque sensors[C]// IEEE International Conference on Robotics and Automation. Roma: IEEE, 2006: 3796-3801.

[42] PHAN S, QUEK Z F, SHAH P, et al. Capacitive skin sensors for robot impact monitoring[C]// IEEE/RSJ International Conference on Intelligent Robots and Systems. Lausanne: IEEE, 2011: 2992-2997.

[43] JE H W, BAEK J Y, LEE M C. Current based compliance control method for minimizing an impact force at collision of service robot arm[J]. International Journal of Precision Engineering and Manufacturing, 2011, 12(2): 251-258.

[44] YAMADA Y, HIRASAWA Y, HUANG S, et al. Human-robot contact in the safeguarding space[J]. IEEE/ASME Transactions on Mechatronics, 1997, 2(4): 230-236.

[45] DE LUCA A, MATTONE R. Sensorless robot collision detection and hybrid force/motion control[C]// IEEE International Conference on Robotics and Automation. Roma: IEEE, 2005: 999-1004.

[46] DE LUCA A, ALBU-SCHÄFFER A, HADDADIN S, et al. Collision detection and safe reaction with the DLR-III lightweight manipulator arm[C]// IEEE/RSJ International Conference on Intelligent Robots and Systems. Lausanne: IEEE, 2007: 1623-1630.

[47] 赵京，张自强，郑强，等. 机器人安全性研究现状及发展趋势[J]. 北京航空航天大学学报，2018，44(7)：1347-1358.

[48] 卢光明. 智能制造人机协同制造系统安全问题及其应对措施[J]. 网络空间安全，2018，9(2)：26-33.

[49] 李军强，齐恒佳，张改萍，等. 基于力信息的人机协调运动控制方法[J]. 计算机集成制造系统，2018，24(8)：2005-2011.

[50] 吴军，徐昕，连传强，等. 协作多机器人系统研究进展综述[J]. 智能系统学报，2011，6(1)：13-27.

[51] ALBU-SCHÄFFER A, OTT C, HIRZINGER G. A unified passivity-based control framework for position, torque and impedance control of flexible joint robots [J]. The International Journal of Robotics Research, 2007, 26(1): 23-39.

[52] ALBU-SCHÄFFER A, HIRZINGER G. Cartesian impedance control techniques for torque controlled light-weight robots[C]// IEEE International Conference on Robotics and Automation. Roma: IEEE, 2002: 657-663.

[53] 葛连正，陈健，李瑞峰. 移动机器人的仿人双臂运动学研究[J]. 华中科技大学学报（自然科学版），2011，39(S2)，1-4.

[54] 李瑞峰，马国庆. 基于 Matlab 仿人机器人双臂运动特性分析[J]. 华中科技大学学报（自然科学版），2013，41(S1)：343-347.

[55] TAO J M, LUH J Y S. Robust position and force control for a system of multiple redundant-robots[C]// IEEE International Conference on Robotics and Automation. Roma: IEEE, 1992: 2211-2216.

[56] 陈志煌，陈力. 闭链空间机械臂抓持载荷基于积分滑模的模糊自适应控制[J]. 航空学报，2010，31(12)：2442-2449.

[57] 程靖，陈力. 空间机器人双臂捕获卫星力学分析及镇定控制[J]. 力学学报，2016，48(4)：832-842.

[58] 董楸煌，陈力. 双臂空间机器人捕获非合作目标冲击效应分析及闭链混合系统力/位形鲁棒镇定控制[J]. 机械工程学报，2015，51(9)：37-44.

[59] JIA Y H, HU Q, XU S J. Dynamics and adaptive control of a dual-arm space robot with closed-loop constraints and uncertain inertial parameters[J]. Acta Mechanica Sinica, 2014, 30(1): 112-124.

[60] GE X F, JIN J T. Dynamics analyze of a dual-arm space robot system based on Kane's method[C]// International Conference on Industrial Mechatronics and Automation. Wuhan: IEEE, 2010: 646-649.

[61] 刘佳，刘荣. 双臂协调机械手动力学建模的新方法[J]. 北京航空航天大学学报，2016，42(9)：1903-1910.

[62] 孔宪仁，武晨，刘源，等. 无扰载荷航天器相对运动动力学建模[J]. 宇航学报，2017，38(11)：1139-1146.

[63] JAMISOLA R S, KORMUSHEV P S, ROBERTS R G , et al. Task-space modular dynamics for dual-arms expressed through a relative Jacobian[J]. Journal of Intelligent and Robotic Systems, 2016, 83(2): 205-218.

[64] JAMISOLA R S, IBIKUNLE F. Investigating task prioritization and holistic coordination using relative Jacobian for combined 3-arm cooperating parallel manipulators[C]// International Conference on Humanoid Robots. Cancun: IEEE, 2016: 117-123.

[65] SHIN S Y, LEE J W, KIM C H. Humanoid's dual arm object manipulation based on virtual dynamics model[C]// IEEE International Conference on Robotics and Automation. Roma: IEEE, 2012:2599-2604.

第 2 章　基于生物力学分析的关节柔性机理研究

实现人机协作，使得人机之间的交互活动更加自然柔顺，是目前协作机器人研究中的重要方向。人体的自然柔顺运动特性为人机协作机器人仿人运动的研究提供了一个完美的参考对象。本章针对肌肉驱动的上肢肘关节的运动状态进行分析研究，通过估计肘关节运动状态信息，为机器人跟踪人体关节运动状态奠定基础。

关节连续运动意图识别的主要目的是实现肌电（electromyography，EMG）信号与关节角度、关节力矩及时变刚度等连续变化量之间的映射关系，在机器人关节柔顺控制中发挥着重要作用。基于表面肌电的关节连续运动意图识别方法主要包括生物力学模型法和回归模型法。20 世纪 40 年代，Hill 首次提出的经典肌肉力学模型，奠定了肌肉力学发展基础，在体育运动、医疗诊断等领域有着重要的参考价值。生物力学模型法有利于从生理微观角度揭示人体动作生成机理。在实际运动过程中，肌肉内部发生着复杂的生理变化，目前所建立的预测模型只是对人体生理状态的近似表征，缺乏对关节生成机理的系统描述。因此，需要构建合理的生理模型以及有效的参数辨识方法来提高识别精度。

本章提出了一种基于生物力学的人体上肢关节连续运动意图识别模型。该方法采用遗传算法进行模型参数辨识，能够有效识别人体关节连续运动意图，避免从人体标本中测量大量未知生理参数的工作，同时也揭示关节连续运动的生理特性机理。

2.1　关节连续运动生成机理研究

生物力学模型法能够清晰解释人体运动产生机理。本节首先对关节连续运动生理学进行描述，简单介绍 sEMG 与关节运动之间的联系，以 sEMG 正向动力学为启发，引出提出的基于生物力学分析的关节连续运动意图识别方法基本框架。

2.1.1　关节连续运动生理学描述

人体的复杂运动是在大脑皮层、中枢神经系统及相关骨骼肌群等共同作用下实现的。在人体关节运动之前，相关肌肉群在大脑皮层与中枢神经的共同支配下完成肢体协调动作，从而带动关节连续运动。中枢神经系统在大脑皮层的刺激下产生动作电位，并通过运动神经元传导支配相关骨骼肌中的各条肌肉纤维刺激肌肉收缩与舒展。动作电位在传导过程中通过神经元轴突分支于不同肌肉纤维内部，最后通过运动终板与肌肉纤维进行耦合。通常将一个神经元与其支配的所有肌肉纤维称作一个运动单元（motor units，MU），每个运动单元产生的动作电位称为运动单元动作电位，如图 2.1 所示。肌电信号在一定程度上反映了神经肌肉活动水平。基于此，大量文献研究表明可以在肌电信号中提取肌肉活跃程度，并通过建立肌肉收缩动力学模型获取相关肌肉力学信息，构建人体骨骼几何模型以及动力学方程，实现神经指令到关节角度的正向映射关系。对于关节连续运动的生理学描述，可以通过构建基于表面肌电关节连续运动识别的正向动力学模型来具体表征。

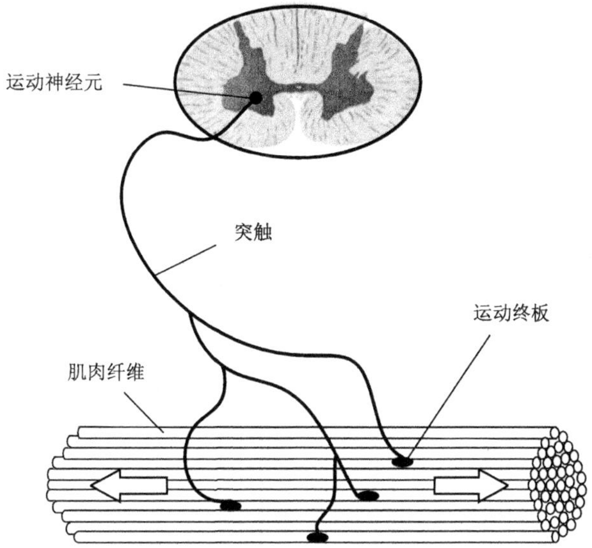

运动神经元

突触

运动终板

肌肉纤维

图 2.1　运动单元生理结构

2.1.2　sEMG 正向动力学建模

肌电信号正向动力学是通过中枢神经指令产生的肌肉电信号实现肌肉收缩控制，与人体关节运动控制相关的过程每一步都涉及复杂的非线性关系，具体流程如图 2.2 所示。其中，EMG_1、EMG_2、EMG_3 是从神经系统发出的指令信号；a_1、a_2、a_3 为肌肉活跃度；$\boldsymbol{F}_1$、$\boldsymbol{F}_2$、$\boldsymbol{F}_3$ 为肌肉力；$\boldsymbol{M}_1$、$\boldsymbol{M}_2$ 为关节力矩；$\ddot{\theta}$、$\dot{\theta}$、θ 分别为关节运动角加速度、角速度及角位移。该过程由四个重要部分组成：肌肉活性动力学、肌肉收缩动力学、肌肉骨骼几何学及关节运动学与动力学。肌肉活性动力学通常可由肌肉活跃度模型描述，它可以将神经指令相关的肌电信号求解为与肌肉力活性息息相关的肌肉活跃度；肌肉收缩动力学通常被称为肌肉收缩力模型，它的主要作用是将某一时刻的肌肉活跃度求解为肌肉力；肌肉力与关节运动之间的关系则是由肢体的生理几何结构决定的，将肌肉力与关节

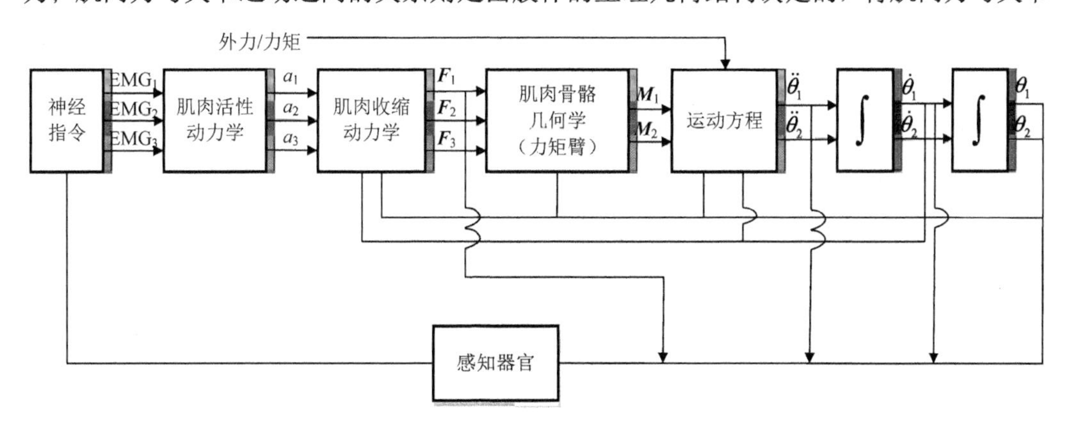

图 2.2　基于表面肌电关节连续运动识别的正向动力学

结构构建为可视化的数学模型，并对关节进行运动学与动力学分析即可获得肌肉力与关节角度、速度、加速度之间的映射关系。通过联系以上四个重要部分可以获得神经指令到关节运动之间的正向动力学模型。

以表面肌电关节连续运动识别正向动力学为启发，以上肢肘关节为研究对象采集相应位置的表面肌电信号获取对应肌肉的活跃度。首先，通过对肌肉力学的深入研究，构建以肌肉活跃度为输入、肌肉力为输出的肌肉力学模型；其次，通过对肘关节生理结构研究以及 Anybody 软件分析，建立可视化的人体上肢几何模型；然后，采用遗传算法对以上所有模型参数进行优化辨识以获取最优模型参数；最后，通过实验验证所提出的基于生物力学分析的关节连续运动意图识别方法的可靠性，具体方法框架如图 2.3 所示。

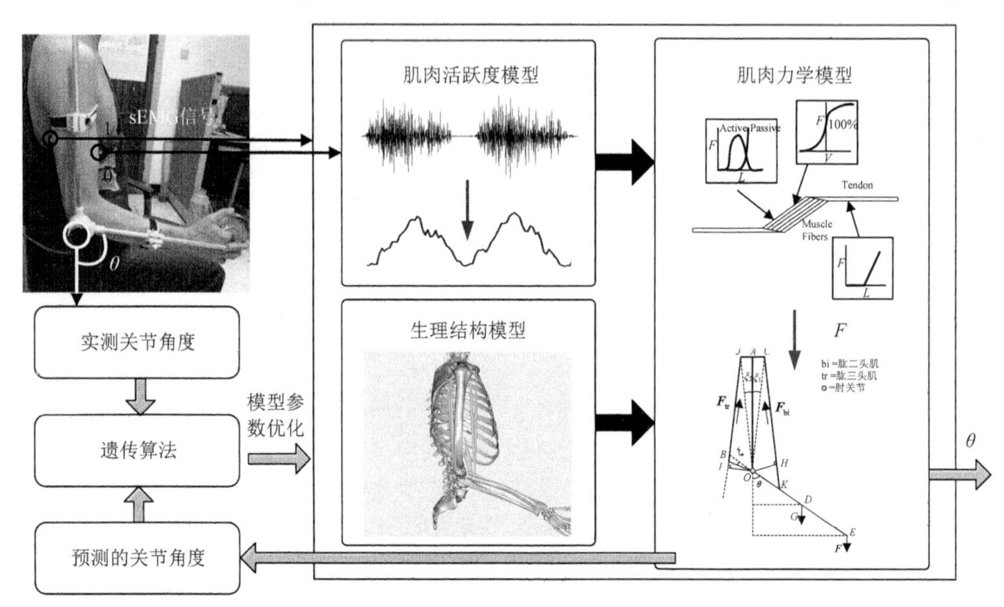

图 2.3　基于生物力学分析的关节连续运动识别方法框架

2.2　基于 Hill 模型的肌肉力学建模

为建立中枢神经指令与关节运动之间的联系，首先需要获得与运动相关联的肌肉群生物力学特性。为获取肌肉力学特性，需要先建立与肌肉激活程度相关的肌肉活跃度模型，然后通过肌肉收缩动力学建立肌肉力学模型，从而获得关节运动过程中的肌肉力学特性。

2.2.1　肌肉活跃度建模

肌肉活跃度表征肌肉兴奋程度和肌肉力水平，为获取有效的肌肉活跃度信息，需要进行如图 2.4 所示的处理。首先，对原始肌电信号进行高通滤波、全波整流、低通滤波及归一化等预处理。在本节中，高通滤波器采用截止频率为 20Hz 的二阶巴特沃斯高通滤波器，低通滤波器采用截止频率为 4Hz 的四阶巴特沃斯低通滤波器，归一化处理是将信号与肌肉随意收缩期间的最大激活信号值（model view controller，MVC）进行处理；

然后，将预处理后的信号通过一个递推滤波器以获取神经激活度；最后，通过相应的肌肉活跃度函数处理来获得肌肉活跃度。

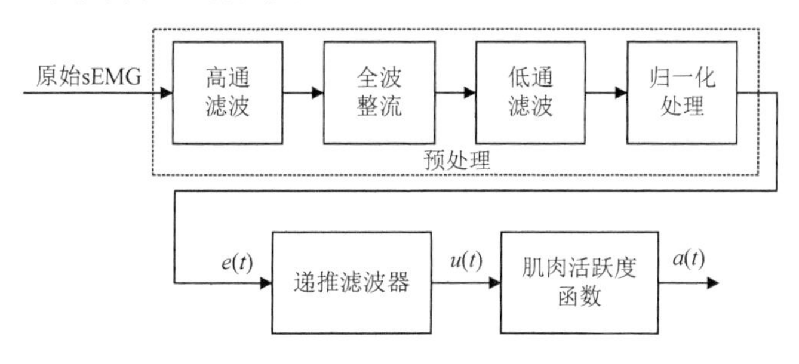

图 2.4　肌肉活跃度获取流程

图中 $e(t)$表示 t 时刻预处理后的原始表面肌电信号。预处理后的肌电信号与神经活跃度之间的关系可以用一个离散方程近似表示：

$$u(t)=\alpha\cdot e(t-d/T)-\beta_1\cdot u(t-1)-\beta_2\cdot u(t-2) \tag{2.1}$$

式中，$u(t)$表示 t 时刻的肌肉神经激活水平［$u(t)$的当前值取决于与 $u(t)$相邻的后两个值，即 $u(t-1)$和 $u(t-2)$，因此可以将其看作一个递归滤波器。也就是说，神经激活度不仅取决于当前的神经激活水平，也取决于其相邻时刻的神经激活水平］；T 表示肌电信号的采样时间；d 表示信号延时时间，通常取值为 10～100ms[1]，这里取值 40ms；α、β_1、β_2 表示递推滤波器中的相关系数，需要满足如下关系：

$$\alpha-\beta_1-\beta_2=1 \tag{2.2}$$

式中，$\beta_1=\gamma_1+\gamma_2$，$\beta_2=\gamma_1\cdot\gamma_2$，$|\gamma_1|<1,|\gamma_2|<1$。

肌肉神经活跃度 $u(t)$与肌肉活跃度 $a(t)$之间存在着复杂的非线性关系，可用肌肉活跃度函数近似表征[2]：

$$a(t)=\frac{e^{A\cdot u(t)}-1}{e^A-1} \tag{2.3}$$

式中，A 为-3～0 的非线性形状因子，具体取值可以通过后续所述的模型参数辨识部分获得。当 A 取不同值时，肌肉活跃度与神经活跃度之间的非线性关系如图 2.5 所示。

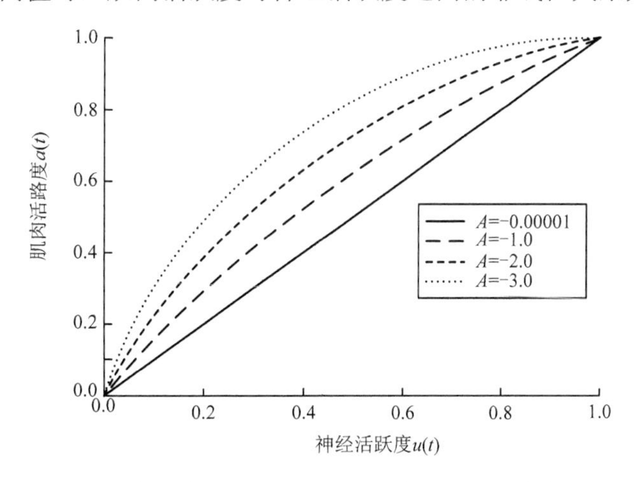

图 2.5　肌肉活跃度与神经活跃度之间的非线性关系

2.2.2　肌肉收缩动力学建模

获得肌肉活跃度后，即可对肌肉力进行近似求解。目前，关于肌肉生物力学的研究大都基于 Hill 肌肉力模型，如图 2.6 所示[3]。

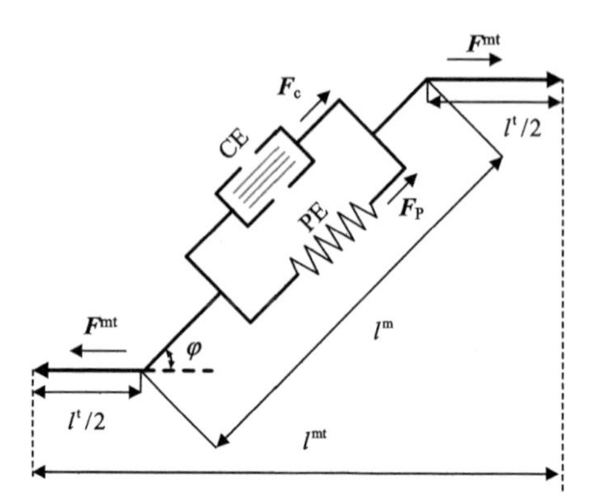

CE—收缩单元；PE—补动单元；l^m—肌肉纤维长度；l^t—肌腱长度；l^{mt}—骨骼肌单元长度；φ—羽状角；F_c—收缩力；F_P—阻尼力；F^{mt}—骨骼肌力。

图 2.6　Hill 肌肉力模型

从图中可以看出，该模型所描述的骨骼肌主要由肌腹和肌腹末端的两条肌腱组成。其中，肌腹由收缩单元 CE 和被动单元 PE 组成；肌腱与肌腹之间存在夹角 φ，称为羽状角。

由上述肌肉力模型可知，肌腹是产生肌肉力的主要单元，由收缩单元和被动单元组成，所以肌肉力 $\boldsymbol{F}$ 是肌肉收缩力和被动力的叠加效果[4]，即

$$\boldsymbol{F}=(\boldsymbol{F}_C+\boldsymbol{F}_P)\cos\varphi \tag{2.4}$$

式中，$\boldsymbol{F}_C$ 为肌肉收缩力；$\boldsymbol{F}_P$ 为肌肉组织被动力；φ 为肌肉羽状角。

通常情况下，在肘关节附属肌肉中，肱二头肌和肱桡肌的羽状角几乎为 0°，肱三头肌的最优化羽状角不超过 10°[5]。当最优化羽状角为 10° 时，肌肉力的相对变化率为 0.044，如图 2.7 所示。因此，说明羽状角对肌肉输出力的影响较小，可以近似认为 $\varphi=0°$，故认为 $\cos\varphi\approx1$。

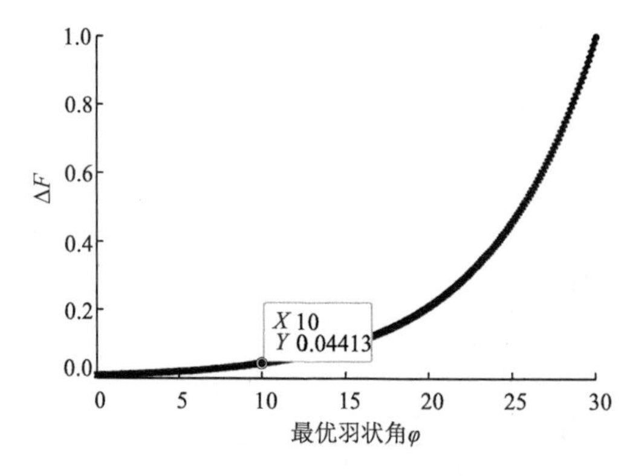

图 2.7　最优羽状角与肌肉力变化量 ΔF 的关系

通过上述分析可知，肌肉力可近似认为仅受肌肉收缩力与肌肉组织被动力影响。肌

肉收缩力和组织被动力表示如下[4]：

$$\begin{cases} F_{\mathrm{C}} = f_{\mathrm{A}}(l) \cdot f_{\mathrm{V}}(v) \cdot a(k) \cdot F_{\max} \\ F_{\mathrm{P}} = f_{\mathrm{P}}(l) \cdot F_{\max} \end{cases} \tag{2.5}$$

式中，$f_{\mathrm{A}}(l)$为归一化的肌肉收缩力-肌纤维长度关系水平；$f_{\mathrm{V}}(v)$为肌肉力-肌肉纤维收缩速度关系水平；$f_{\mathrm{P}}(l)$为肌肉被动力-肌纤维长度关系水平；$a(k)$为 k 时刻的肌肉活跃度；$F_{\max}$ 为肌肉最大等长肌肉力；l 为标准化的肌肉纤维长度，是当前肌纤维长度 l^{m} 与最优肌肉纤维长度 l_0^{m} 之商：

$$l = \frac{l^{\mathrm{m}}}{l_0^{\mathrm{m}}} \tag{2.6}$$

如果关节运动相对肌肉速度归一化的最大肌肉速度（一般为 $10\,l_0^{\mathrm{m}}$[6-7]）较慢，则可以忽略肱二头肌与肱三头肌的肌肉力-速度关系。因此，取 $f_{\mathrm{V}}(v) = 1$[6]。标准化的肌肉收缩力-肌纤维长度关系曲线 $f_{\mathrm{A}}(l)$与标准化的肌肉被动力-肌纤维长度关系曲线 $f_{\mathrm{P}}(l)$如图 2.8 所示。

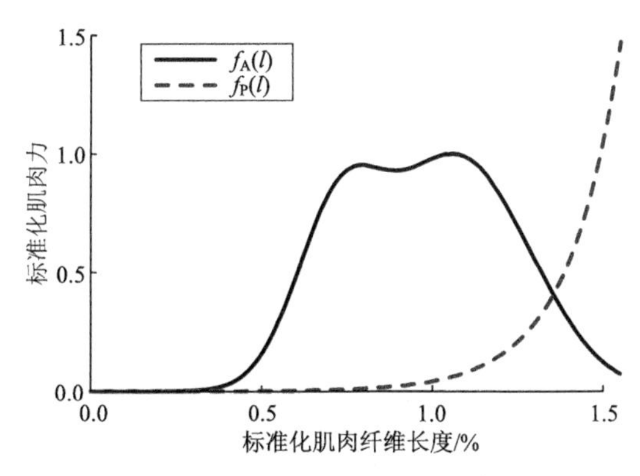

图 2.8　标准化的肌肉力-肌纤维长度关系曲线

肌肉收缩力-肌纤维长度关系水平可以简化建模为二阶多项式，Vilimek 等[7]在文献中将其表示如下：

$$f_{\mathrm{A}}(l) = \begin{cases} 1 - \left(\dfrac{l-1}{0.5}\right)^2 & 0.5 < l < 1.5 \\ 0 & \text{其他} \end{cases} \tag{2.7}$$

Schutte[8]采用指数函数表达肌肉被动力-肌纤维长度关系，如下：

$$f_{\mathrm{P}}(l) = e^{10 \cdot l - 15} \tag{2.8}$$

根据图 2.6 所示的 Hill 肌肉力模型可知，骨骼肌单元长度为

$$l^{\mathrm{mt}} = l^{\mathrm{t}} + l^{\mathrm{m}} \cdot \cos\varphi \tag{2.9}$$

式中，l^{t} 为肌腱长度，可视为定值，由此可计算出当前的肌纤维长度 l^{m}；l^{mt} 是骨骼肌单元长度，由所建立的人体上肢肘关节生理几何模型即可得出肱二头肌与肱三头肌的骨骼肌单元长度，即

$$l_{\mathrm{b}}^{\mathrm{mt}} = \sqrt{l_{\mathrm{OK}}^2 + l_{\mathrm{OC}}^2 - 2 l_{\mathrm{OK}} \cdot l_{\mathrm{OC}} \cdot \cos\left[\pi - \theta - \arctan\left(\frac{l_{\mathrm{AC}}}{l_{\mathrm{AO}}}\right)\right]} \tag{2.10}$$

$$l_t^{mt} = \sqrt{l_{OB}^2 + l_{OJ}^2 - 2l_{OB} \cdot l_{OJ} \cdot \cos\theta} \tag{2.11}$$

所以，当确定了 F_{max}、l^t、l_0^m，即可通过式（2.9）计算出 l^m，通过式（2.6）计算出 l，通过式（2.4）计算出骨骼肌力 $\boldsymbol{F}$。

2.3　基于生理结构模型的肘关节动力学建模

关节动力学模型是肌肉力与关节角度之间的重要媒介。本节通过对肘关节生理结构进行研究以及通过 Anybody 软件进行分析，建立肘关节生理结构几何模型；并通过对生理结构运动学与动力学的分析完成关节的动力学建模；最后，对模型中的生理参数进行参数辨识寻优获取最佳参数。

2.3.1　肘关节生理结构建模

肘关节是一个复杂的生理结构系统，由前臂骨（桡骨和尺骨）和上臂骨（肱骨）组成。通过解剖学以及 Anybody 软件分析，与肘关节伸展运动密切相关的肌肉群主要包括：肱二头肌、肱三头肌、肱桡肌、肱肌和肘肌。在运动过程中，肱桡肌和肘肌起协调作用，而肱二头肌和肱三头肌分别是负责肘关节弯曲和伸展的最主要的肌肉[9-10]，这也是本书选用肱二头肌和肱三头肌作为研究对象的原因之一。另外，肱肌是一种深部肌肉，最初也被考虑在内。但是，根据文献[11]的研究，肱肌只是肱三头肌的一个很小的拮抗肌，其产生的表面肌电信号在屈伸过程中难以测量。考虑到以上因素，本书将以肱二头肌和肱三头肌为主要研究对象，对肱肌不做讨论。

为了建立合理的肘关节生理模型，有必要分析与其运动密切相关的肱二头肌与肱三头肌生理结构与分布情况。肱二头肌有长头和短头，长头起源于盂上结节，短头起源于肩胛骨的喙突，这两条肌肉在腹部汇合，并融合成肱二头肌肌腱插入桡骨粗隆；肱三头肌有三个头，长头起源于肩胛骨，两个短头起源于肱骨，它们结合成肱三头肌肌腱后与鹰嘴相连。肘关节包括肱骨侧的滑车和尺骨侧的滑车切迹及鹰嘴突。滑车是一个双曲面形的圆柱体，它进入滑车槽口[12]。正是因为这些生理结构，肘关节通常被建模为铰节点[9-10, 13]，生理结构如图 2.9 所示。

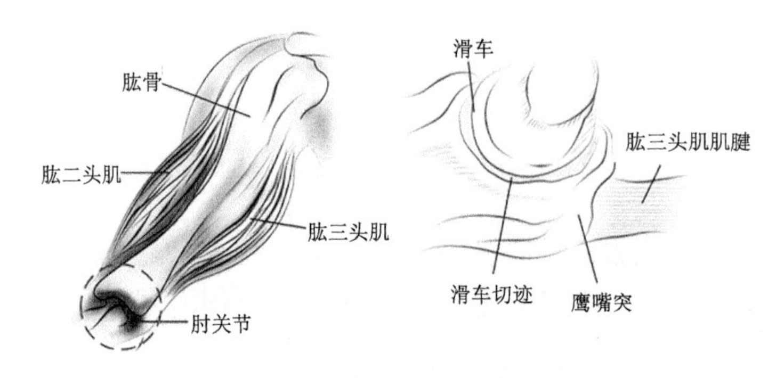

图 2.9　肘关节生理结构图

通过解剖学可以知道，前臂的生理结构主要由尺骨和桡骨构成，肱三头肌肌腱与尺骨末端的鹰嘴突相连接，平均衔接长度为 8～24mm，如图 2.9 右侧所示。这里将其链接点标记为 B 点，由肘关节旋转中心点 O 与衔接点 B 之间连接的直线和前臂轴线之间的夹角用 ξ 表示，如图 2.10 所示。

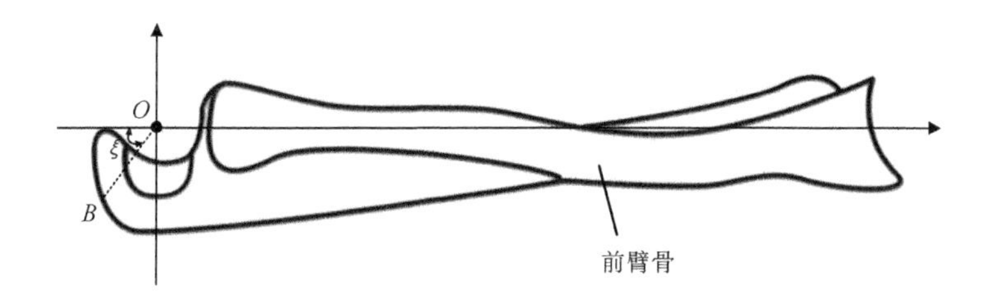

图 2.10　前臂的生理结构图

上述生理特征的描述对理解肘关节运动及建立关节运动学模型具有重要的作用。通过上述对肘关节生理结构的研究，建立了人体上肢肘关节几何模型用于肘关节动力学求解，如图 2.11 所示。图中 AO 表示肱骨，JC 表示肱骨大骨节，BOE 表示尺骨和桡骨，肱三头肌与尺骨末端 B 连接，B 点与关节点 O 及前臂末端 E 并非在同一条直线上，本书用 $\xi=\xi_2$ 近似表示 OB 与 EO 的夹角，$\boldsymbol{F}_{\mathrm{bi}}$、$\boldsymbol{F}_{\mathrm{tr}}$ 分别表示肱二头肌和肱三头肌产生的肌肉力。在这里，肱骨大骨节 JC 影响着模型估计结果的精度。如果忽略 JC，即 $\xi_1=\xi_2=0$，那么当关节角度 θ 等于零时，l_{OH} 等于零，即肱二头肌肌肉力力臂等于零，此时肘关节处于死点位置，肱二头肌收缩时无法使其弯曲，不符合肘关节生理运动特点。

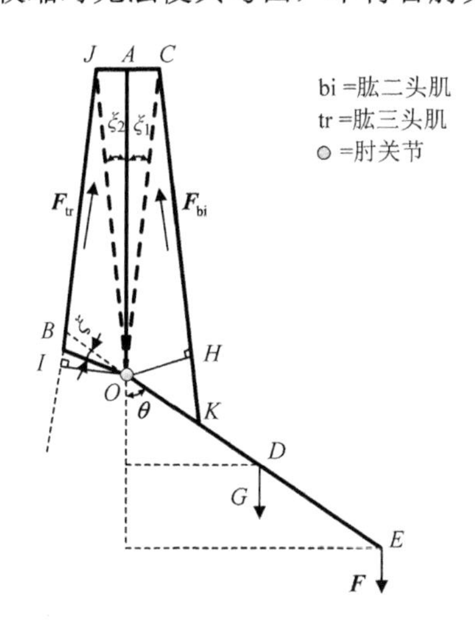

图 2.11　人体上肢肘关节生理结构建模

2.3.2　肘关节动力学建模

在肘关节进行旋转运动时，可以看成前臂的定轴转动，在定轴转动的过程中，人体上肢总力矩方程表示如下：

$$\boldsymbol{T}=\boldsymbol{F}_{\mathrm{bi}}\cdot l_{\mathrm{OH}}-\boldsymbol{F}_{\mathrm{tr}}\cdot l_{\mathrm{OI}}-\boldsymbol{M}_{\mathrm{F}}-\boldsymbol{M}_{\mathrm{G}}\tag{2.12}$$

式中，$\boldsymbol{M}_{\mathrm{G}}$为前臂和手的质量对肘关节产生的力矩；$\boldsymbol{M}_{\mathrm{F}}$为外力或外加负载对肘关节产生的力矩；$l_{\mathrm{OH}}$为肱二头肌肌肉力力臂；$l_{\mathrm{OI}}$肱三头肌肌肉力力臂，可通过图 2.10 求出，具体求解过程如下：

$$\begin{cases} l_{\mathrm{OH}} = \dfrac{l_{\mathrm{OC}} \cdot l_{\mathrm{OK}} \cdot \sin(\pi - \theta - \xi_1)}{l_{\mathrm{b}}^{\mathrm{mt}}} \\ l_{\mathrm{OI}} = \dfrac{l_{\mathrm{OB}} \cdot l_{\mathrm{OJ}} \cdot \sin(\theta - \xi_2 + \xi)}{l_{\mathrm{t}}^{\mathrm{mt}}} \\ \xi_1 = \arctan\left(\dfrac{l_{\mathrm{AC}}}{l_{\mathrm{AO}}}\right) \\ \xi_2 = \arctan\left(\dfrac{l_{\mathrm{AJ}}}{l_{\mathrm{AO}}}\right) \end{cases} \tag{2.13}$$

设前臂的转动惯量为J，由动力学公式 $J{\cdot}\alpha = \boldsymbol{T}$（$\alpha$ 为角加速度）可以得到：

$$J \cdot \ddot{\theta}_k = \boldsymbol{T}_k \tag{2.14}$$

对于一般动力学方程有

$$\begin{cases} \dot{\theta}_{k+1} = \dot{\theta}_k + \ddot{\theta}_k \cdot \Delta t \\ \theta_{k+1} = \theta_k + \dot{\theta}_k \cdot \Delta t + \dfrac{1}{2} \cdot \ddot{\theta}_k \cdot \Delta t^2 \end{cases} \tag{2.15}$$

联立式（2.12）～式（2.15）即可构建出人体肘关节动力学模型，该模型以肱二头肌肌肉力和肱三头肌肌肉力为输入，以肘关节角度为输出。

通过联立上述肌肉活跃度、肌肉力及肘关节动力学三个模型，可以得到肘关节连续运动估计模型，该模型以肌电信号为输入，以肘关节旋转角度为输出。

2.3.3 模型参数辨识

1. 遗传算法

遗传算法是借鉴达尔文生物进化理论提出的一种启发式最优化搜索算法。不同于其他优化算法，遗传算法的主要特点是对结构对象进行直接操作，不存在函数的连续性和可导性等因素限定。它是通过概率化寻优方式自适应调整最优搜索方向，不需要确定的搜索规则就能自动获取最优化的搜索空间。遗传算法的流程图如图 2.12 所示，图中 G 为迭代次数，GEN 为最佳迭代次数。

步骤一：随机产生一组初始化种群作为求解问题的最初解（通常，最初解与最优解可能相差较大，只要确保最初解是随机产生的，即个体基因可具有多样性）。

步骤二：选用一种较为合适的编码方式对种群个体进行编码，可选用如二进制编码或浮点数编码等常用的编码方式（但是需要指出，不同的编码方式会影响后续遗传算子的实现细则）。

步骤三：计算种群中所有个体的适应度，得到的适应度将为后续个体的选择提供基础依据（用多峰函数计算得到的函数值作为个体适应度）。

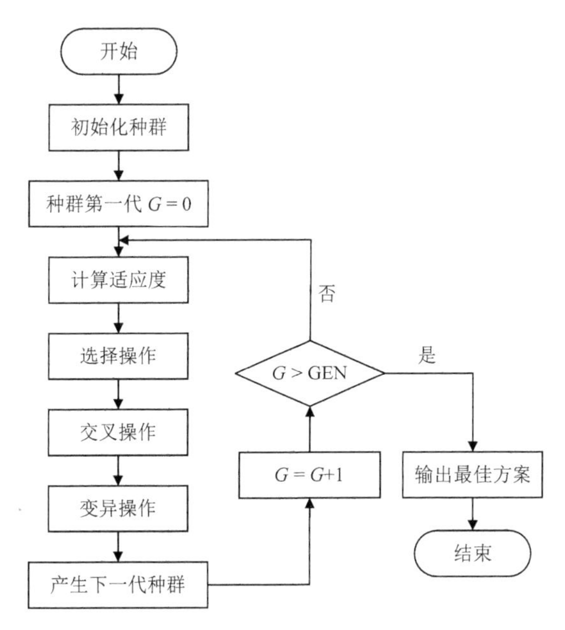

图 2.12　遗传算法流程图

步骤四：将步骤三中得到的适应度高的个体选为下一代繁衍的父体与母体，以此不断淘汰适应度低的个体。

步骤五：对步骤四中选中的父体与母体执行遗传操作，即复制父体与母体基因，并采用交叉、变异等算子繁衍下一代（在较大程度保留优秀基因的基础上，变异增加了基因的多样性，从而提高找到最优解的概率）。

步骤六：根据给定的终止条件判断是继续执行算法流程，还是找出此次子代中适应度最高的个体作为最优解结束程序（终止条件可为设定解的阈值或指定迭代的次数等）。

2. 基于遗传算法的模型参数辨识

构建的肘关节连续运动估计模型中，存在多个待定参数，并且很难直接测量。例如，γ_1、γ_2、A、$\boldsymbol{F}_{\max(\text{bi/tr})}$、$l^{t}_{(\text{bi/tr})}$、$l_0{}^{\text{m}}{}_{(\text{bi/tr})}$、$m$、$J$、$L_{\text{AO}}$、$L_{\text{AC}}$、$L_{\text{OE}}$、$L_{\text{OK}}$、$L_{\text{AJ}}$、$L_{\text{OB}}$ 等，其中 m 为肌肉的质量，$L_{(\cdot)}$为人体上肢肘关节对应节点间的长度。对于不同的个体，由于生理特性的差异，肘关节的相关参数是不同的。因此，在模型应用于具体对象之前，需要对模型中的相关参数进行辨识。

模型参数辨识的目标是通过调整关节连续运动估计模型参数，寻找一组最优的参数值组合，使得模型输出的关节角 θ_{m} 与标准参考值尽可能接近。采用模型参数优化算法实现这一目标，运用遗传算法对肘关节生理模型的 17 个未知参数进行优化取值。优化目标函数如下：

$$\min\sum_{i=1}^{n}(\theta_{ci}-\theta_{mi})^2 \tag{2.16}$$

式中，θ_{ci} 为第 i 个实际测量得到的角度；θ_{mi} 为第 i 个模型估算出来的角度。

遗传算法中初始种群以文献[14]和文献[15]给出的结果为参考，不仅缩小了搜索空间，也提高了优化速度，而且消除了与实际情况有较大偏差的参数值（即与解剖学知识不一致的参数值）。目标函数值的降低被认为是进化的方向，辨识过程如图 2.13 所示。通过模型参数辨识，得到一组最接近实际关节角度的最优模型参数值，进而可以求解一组最接近实际值的关节输出角度。在完成每次实验后，通过计算估计角度相对于测量角度的均方根误差（root mean square error，RMSE），用来表示模型的预测精度。

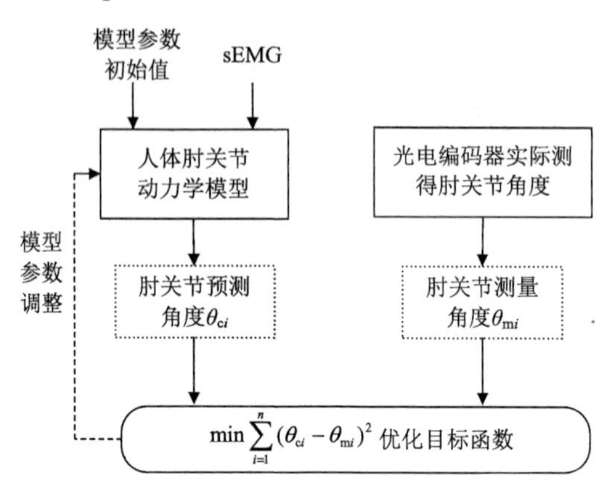

图 2.13　基于遗传算法的参数辨识过程

2.4　关节连续运动估计实验结果与分析

2.4.1　实验方案

为了验证所提出的关节连续运动估计模型的有效性，设计如图 2.14 所示的实验场景。为了使实验更具有说服力，选取平均年龄 25 岁的五名健康男性受试者，手部分别承受 1.25kg 和 2.5kg 负载进行上肢平稳连续肘关节运动。实验类型包括：单周期连续运动、等幅周期运动、渐进增幅运动以及随机连续运动。对每一个受试者的每一种运动类型进行五次重复实验，每两组实验之间需要休息 5min 以避免肌肉疲劳对实验结果的影响。受试者在实验中要尽可能放松上肢，同时保持上臂与地面垂直。为了尽可能避免关节速度对模型精度的影响，受试者被要求尽量保持上肢运动平稳均匀，每次屈伸的周期约为 10s。关节运动的同时，使用 Delsys 无线采集模块采集肱二头肌与肱三头肌的表面肌电信号，采样频率设置为 2000Hz。采用增量式光电编码器传感器，结合 STM32F4 开发板进行肘关节角度测量，捕获频率设置为 400Hz。

提取原始表面肌电信号中的肌肉活跃度特征前，对信号进行预处理：首先，使用截止频率为 20Hz 的二阶巴特沃斯滤波器进行高通滤波并进行全波整流；然后，使用截止频率为 4Hz 的四阶巴特沃斯滤波器进行低通滤波；最后，为了获取归一化肌电信号，将滤波后的信号值除以肌肉最大随意收缩期间对应的峰值信号值，即最大肌力（maximum voluntary contraction，MVC）。对于 MVC 的测量已经有大量研究报道[10,16]，它是不引起肌肉疼痛或不舒适时对应的最大自主收缩期间的信号峰值[9]。参考这些方法对每个受试者的相关肌肉进行 MVC 测量实验，具体内容如下。

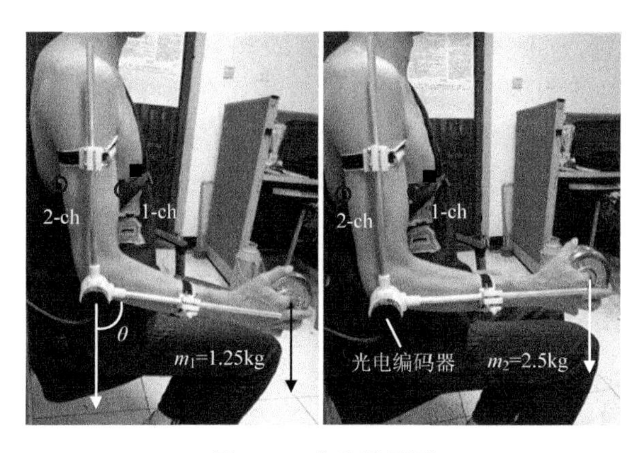

图 2.14　实验场景图

在每个受试者完成上述所有试验后，对每个肌肉群进行 MVC 测量记录并求取平均值。对三个肘关节角度位置进行测试（前臂和地面间的角度分别为 30°、60° 和 90°）。在每个位置上，受试者逐渐增加弯曲或伸展力矩至最大，并保持在该水平约 2s。最大随意等长弯曲和最大随意等长伸展交替进行。受试者在两次实验之间有足够的恢复期以避免疲劳。实验重复三次，选取这三个关节位置每组实验的最大肌电振幅，对这三个振幅取平均值作为每个受试者的最终结果。

关节角度的采样频率为 400Hz，肌肉活跃度的采样频率与肌电信号的采样频率同为 2000Hz。因此，为了保证测量角度与肌肉活跃度样本对应，使用 5ms 的时间窗对肌肉活跃度进行均值计算：

$$a_k = \frac{1}{5}\sum_{j}^{5} v_{j,k} \tag{2.17}$$

式中，a_k 为第 k 个时间窗内的平均肌肉激活度；$v_{j,k}$ 为第 k 个时间窗内的第 j 个原始肌肉激活度。

2.4.2　实验结果

以具有代表性的等幅周期运动实验结果为例说明预测模型的识别能力。图 2.15 所示

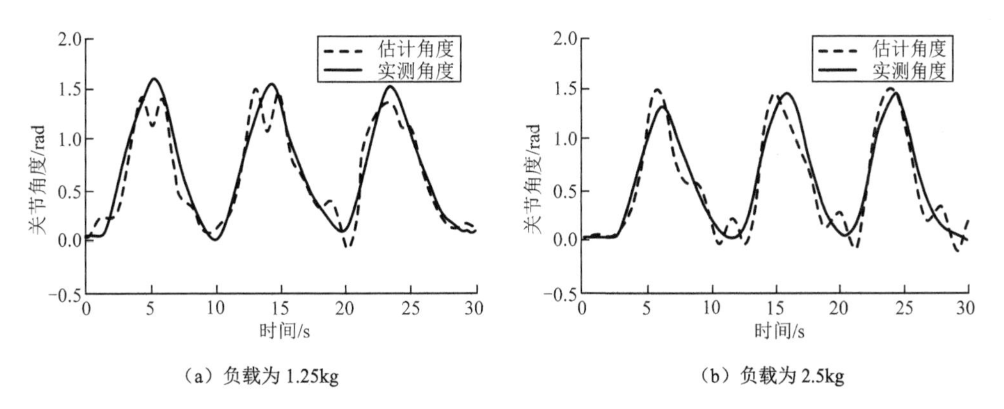

（a）负载为 1.25kg　　（b）负载为 2.5kg

图 2.15　等幅周期运动实验结果

为受试者手持负载分别为 1.25kg 和 2.5kg 时的一组实验结果：从图中可以看出，提出的预测模型估计结果与光电编码器实际测量结果具有较好的拟合趋势。当手部负载为 1.25kg 时，RMSE 为 0.19rad；当手部负载为 2.5kg 时，RMSE 为 0.18rad。

图 2.16 所示为受试者手持负载分别为 1.25kg 和 2.5kg 时对应的力矩结果：从图中可以看出，通过建立的肌肉力模型估计出的关节力矩与外部负载引起的关节力矩的差值决定了肘关节运动的角加速度。也就是说，它们之间的差值反映了模型预测结果的稳定性。因此，由图可知，在本次实验中，负载为 2.5kg 时比负载为 1.25kg 时更加稳定。

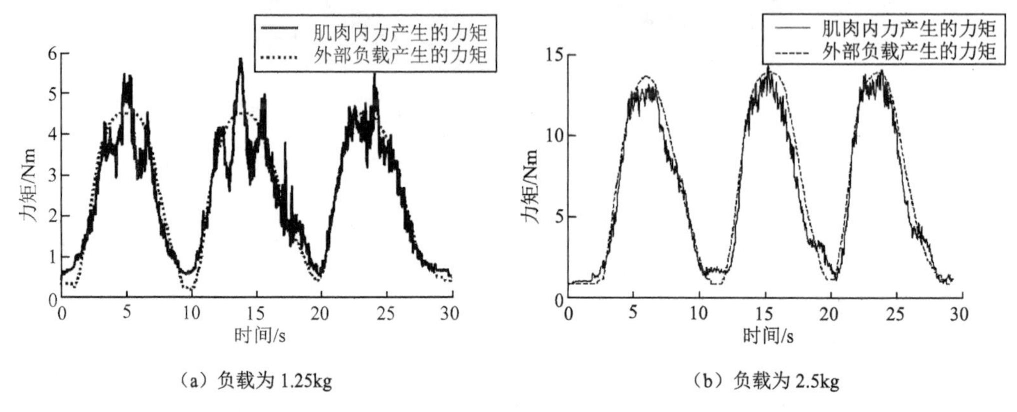

(a) 负载为 1.25kg　　(b) 负载为 2.5kg

图 2.16　等幅周期运动的力矩结果

图 2.17 所示为受试者手持负载分别为 1.25kg 和 2.5kg 时对应的预测结果与实测结果之间的误差趋势。由图可知，负载为 1.25kg 时的误差值为-0.3～0.47rad，负载为 2.5kg 的误差值为-0.23～0.33rad。

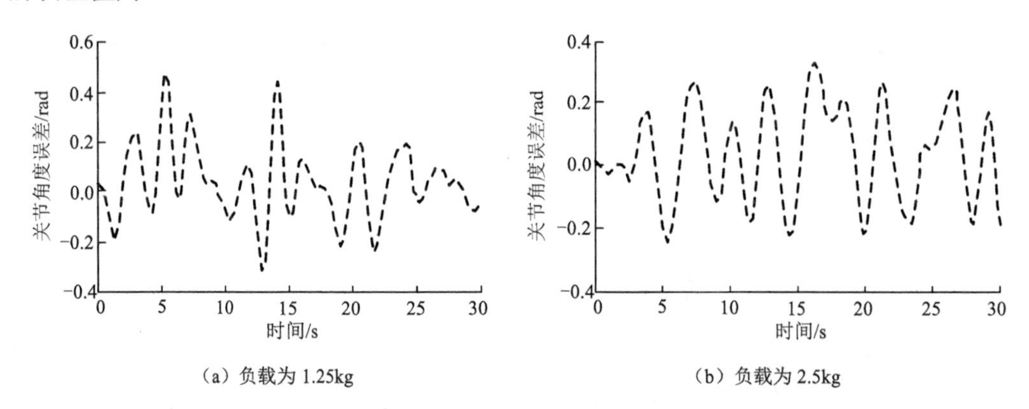

(a) 负载为 1.25kg　　(b) 负载为 2.5kg

图 2.17　预测结果与实测结果之间的误差

单周期连续运动、渐进增幅运动和随机连续运动的实验结果如图 2.18～图 2.20 所示。图 2.18 所示为受试者手持负载分别为 1.25kg 和 2.5kg 时单周期运动的预测模型估计角度与实测角度之间的关系，实验结果 RMSE 分别为 0.12rad 和 0.11rad。

图 2.19 所示为受试者手持负载分别为 1.25kg 和 2.5kg 时渐进增幅连续运动的预测模型估计角度与实测角度之间的关系，实验结果 RMSE 分别为 0.19rad 和 0.17rad。

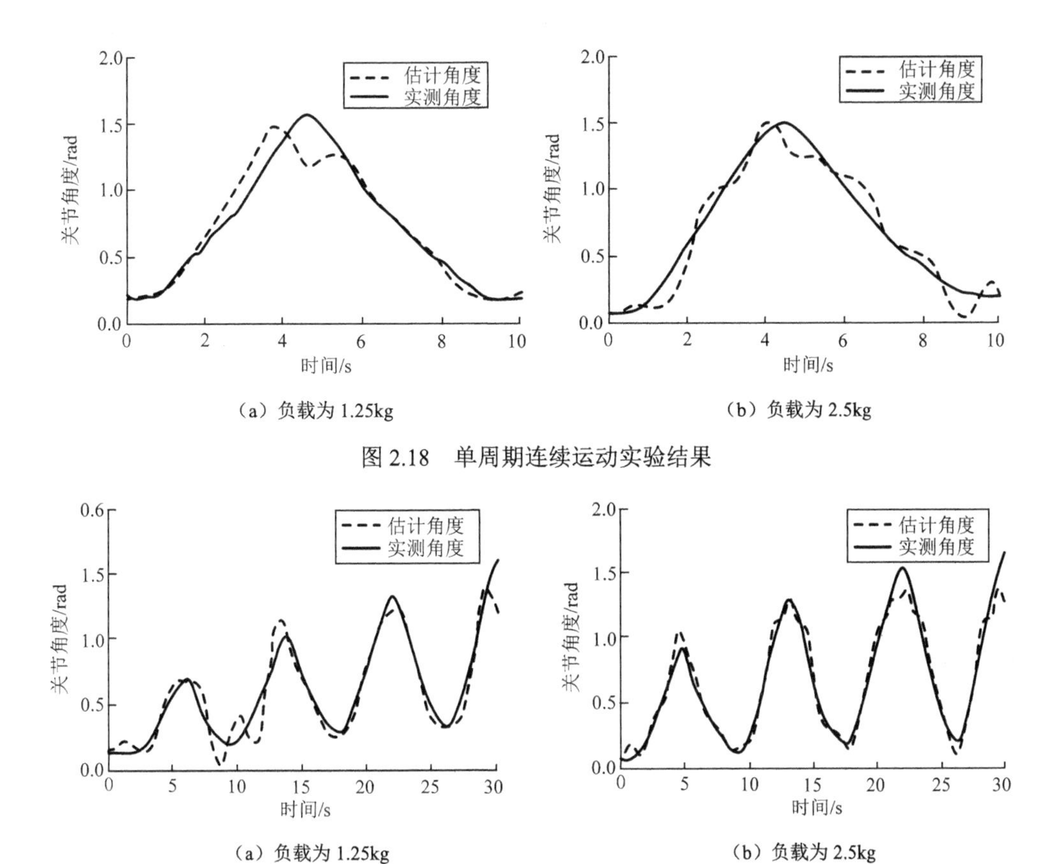

图 2.18　单周期连续运动实验结果

（a）负载为 1.25kg　（b）负载为 2.5kg

图 2.19　渐进增幅运动实验结果

图 2.20 所示为受试者手持负载分别为 1.25kg 和 2.5kg 时随机连续运动时的预测模型估计角度与实测角度之间的关系，实验结果 RMSE 分别为 0.2rad 和 0.19rad。

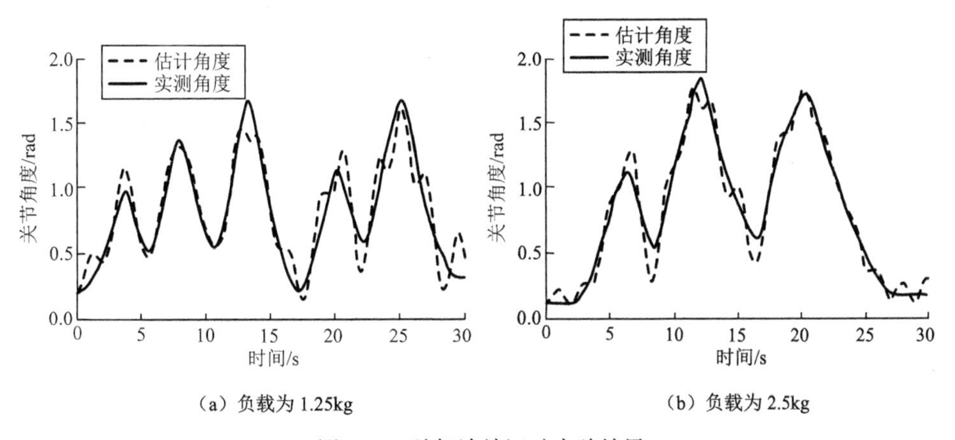

（a）负载为 1.25kg　（b）负载为 2.5kg

图 2.20　随机连续运动实验结果

五个受试者的每种类型实验的结果统计如表 2.1 所示。表中总体均值表示每类负载下的每个运动类型的全部受试者的平均 RMSE；对应负载为 1.25kg 时的每个运动类型的总体均值分别为 0.12rad、0.22rad、0.22rad 和 0.26rad；对应负载为 2.5kg 时的每个运动类型的总体平均值分别为 0.12rad、0.23rad、0.24rad 和 0.25rad。由总体均值的标准差（standard deviation，SD）可以看出，单周期时模型预测稳定性最好，标准差为 0.02rad，随机连续运动时总体均值标准差为 0.06rad，此时模型预测稳定性下降。

表 2.1　每种类型实验的结果 RMSE（SD）统计

实验对象		单周期连续运动		等幅连续运动		增幅连续运动		随机连续运动	
		负载 1.25kg	负载 2.5kg	负载 1.25kg	负载 2.5kg	负载 1.25kg	负载 2.5kg	负载 1.25kg	负载 2.5kg
A	RMSE	0.12	0.10	0.20	0.21	0.19	0.18	0.22	0.19
	SD	0.02	0.02	0.03	0.04	0.03	0.03	0.04	0.03
B	RMSE	0.13	0.12	0.25	0.27	0.26	0.29	0.32	0.33
	SD	0.03	0.03	0.04	0.07	0.04	0.06	0.07	0.04
C	RMSE	0.13	0.11	0.19	0.21	0.21	0.24	0.24	0.23
	SD	0.03	0.02	0.03	0.03	0.03	0.04	0.04	0.03
D	RMSE	0.12	0.13	0.24	0.23	0.25	0.25	0.28	0.27
	SD	0.02	0.04	0.06	0.04	0.05	0.04	0.06	0.05
E	RMSE	0.12	0.11	0.21	0.20	0.19	0.21	0.24	0.24
	SD	0.03	0.03	0.03	0.03	0.03	0.03	0.04	0.05
总体均值	RMSE	0.12	0.12	0.22	0.23	0.22	0.24	0.26	0.25
	SD	0.02	0.03	0.04	0.05	0.05	0.05	0.06	0.06

通过对实验结果的统计分析，单周期连续运动具有较好的预测精度，RMSE 别为 0.12rad 和 0.12rad，随着运动复杂程度的增加，RMSE 也逐渐变大，预测精度逐渐下降。等幅连续运动的总体平均 RMSE 分别为 0.22rad 和 0.23rad；增幅连续运动的总体平均 RMSE 分别为 0.22rad 和 0.24rad；随机连续运动最为复杂，具有最大的总体平均 RMSE，分别为 0.26rad 和 0.25rad。

为了直观比较各种运动类型的平均 RMSE 及标准差分布情况，绘制如图 2.21 所示的直方图。

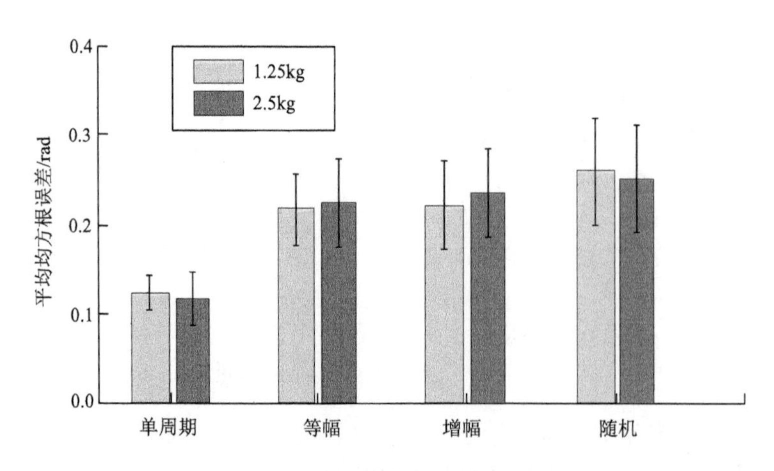

图 2.21　每种实验的总平均 RMSE

2.4.3　结果分析

实验中建立的基于生物力学分析的关节连续运动意图识别模型可清晰地反映人体上肢骨骼结构，该模型强调了 J 点和 C 点，这两个点是肱二头肌和肱三头肌在肩关节的等效起点。这两点间的距离影响着模型估计精度，尤其是 l_{AC} 。如果 l_{JC} 被忽略（即 $\xi_1 = \xi_2 = 0$），则当关节角度 θ 等于零时，l_{OH} 等于零。这就意味着肱二头肌力矩此时为零，即肘关节处于死点位置，需要外力才能使其弯曲，不符合肘关节生理运动特性。实验结果表明：当考虑 l_{JC} 时，该模型的预测精度和合理性均有明显提高。

在实验过程中，通过观察所测得的肌电信号可以看出，肱二头肌的信号振幅明显大于肱三头肌，并且在优化过程中发现，与肱二头肌相关的模型参数范围比与肱三头相关的模型参数范围小。因此，综合上述原因可以认为，在肘关节屈伸过程中，肱二头肌比肱三头肌起的作用更大。表 2.2 列出了通过遗传算法优化后获取的受试者 A 的上肢生理几何模型中的每种运动类型下的参数平均值。可以看到，l_{AC} 和 l_{OK} 的取值范围分别稳定在 0.092～0.1m 和 0.023～0.04m；然而，l_{AJ} 和 l_{OB} 波动较大，l_{AJ} 在 0.021～0.096m 之间，l_{OB} 在 0.013～0.092m 之间。这些结果表明，l_{AC} 和 l_{OK} 比 l_{AJ} 和 l_{OB} 对实验结果准确性的影响更大。利用 l_{AC} 和 l_{AO} 的总体平均值，计算出 ζ_1 的平均值为 0.44rad。

表 2.2　优化后的几何模型参数的平均值

运动类型	l_{AO}/ m	l_{AC}/ m	l_{AJ}/ m	l_{OE}/ m	l_{OK}/ m	l_{OB}/ m	l_0^m/ m	l^t/ m	m/ kg	J/(kg · m^2)
单周期	0.225	0.092	0.092	0.36	0.024	0.092	0.2	0.1	1.94	0.522
	0.231	0.096	0.021	0.44	0.035	0.081	0.2	0.1	1.93	0.811
等幅	0.238	0.1	0.092	0.41	0.028	0.045	0.2	0.1	1.85	0.722
	0.220	0.098	0.067	0.50	0.04	0.069	0.2	0.1	2	0.906
增幅	0.222	0.096	0.035	0.37	0.023	0.013	0.2	0.1	1.95	0.554
	0.234	0.1	0.059	0.42	0.038	0.086	0.2	0.1	1.97	0.846
随机	0.223	0.092	0.096	0.41	0.027	0.094	0.2	0.1	2	0.722
	0.224	0.096	0.024	0.35	0.025	0.071	0.2	0.1	2	0.824
平均值	0.227	0.096	0.061	0.41	0.03	0.069	0.2	0.1	1.96	0.628
										0.847

尽管受试者在整个实验过程中被要求尽可能匀速地旋转肘关节，但是在实际运动中，末端加速度的改变不可避免地会引起表面肌电信号的突变，而对于复杂的运动，这种加速度更具有随机性。另外，虽然本书已经对表面肌电信号进行了简单的去噪和特征提取，但原始信号的突变仍然影响了实验结果的准确性。因此，有效的表面肌电信号特征提取技术对模型识别精度也是至关重要的。另外，本书采用遗传算法寻找模型中未知生理参数的最优值。然而，调优过程不可避免地会陷入局部最小值。因此，必要时需增加优化实验次数，确定较窄的参数搜索范围，这样不仅减少了搜索时间，也提高了搜索全局最小值的精度。

2.5　关节刚度识别方法研究

人体关节刚度的产生是一个复杂的生理过程，由运动指令和神经反馈系统控制。已经有大量研究表明表面肌电信号与关节刚度密切相关，可以用它有效估计关节/肌肉刚度。基于表面肌电信号估计人体关节/肌肉刚度的方法有两种：扰动实验法和模型估计法。本节首先对扰动实验法进行简单描述，总结扰动实验法和模型估计法的各自特点，并以模型估计法为基础引出提出的基于短程肌肉刚度的肘关节时变刚度估计方法基本框架。

2.5.1　基于扰动实验法的关节刚度估计

扰动实验法通常使用扰动装置与肢体之间产生拮抗力，通过测量扰动力矩及矢量位移估测静止或运动状态下的肢体关节刚度。本节以 Shin 等[5]的方法为例对扰动实验法的具体过程做出简单介绍。实验装置如图 2.22 所示，x 轴表示右向，y 轴表示前向，两轴的原点都是肩部位置；末端手部可握住带有力传感器的手柄，力矢量和肌肉收缩水平可以通过显示器观察；当人体上肢保持静止或运动状态时，装置会产生扰动，末端手部位置的改变可用坐标（x, y）表达；肌电电极可以获取实验过程中肌电信号的变化情况；最后，通过大量重复实验测量统计出的力矩与位移即可换算出上肢末端刚度。

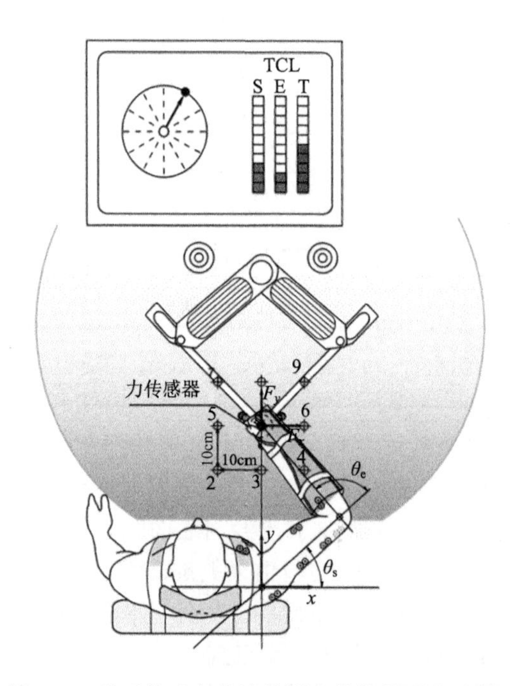

图 2.22　基于扰动实验法估测人体关节刚度示意图

综上所述，扰动实验法确立了测量刚度的基本概念和实验方法，但其过程非常烦琐，依赖重复性的测量，并且需要在特定姿态下进行测量，限制了关节实际运动轨迹。尽管这些方法在测量方面是直接的，但针对自然运动过程中关节刚度估测的能力还是有很大的限制。

2.5.2　基于模型估计法的关节刚度估计

由于扰动实验法的局限性引申出了对自然运动破坏性较小的模型估计法。模型估计法是建立关节生理结构模型，结合肌肉力学性能及肌肉刚度特性，并以此为基础建立相应的动力学与运动学模型，最终实现表面肌电与关节刚度之间的映射模型。目前，基于模型估计法的关节刚度估计已经展开了很多研究，并取得了一些重要的研究成果。例如，Pfeifer 等[17]提出的基于模型法的膝关节刚度估计方法可以在无任何外界干扰的情况下对膝关节时变刚度进行估计。首先，基于表面肌电信号建立骨骼肌刚度估计模型；其次，在此基础上建立膝关节动力学与运动学模型；最后，结合骨骼肌刚度与动力学模型实现表面肌电对膝关节刚度估计模型。又如，Sartori 等[18]提出的基于神经接口的关节运动与刚度估计方法，该方法也是基于模型估计法，是将神经信息转化为与关节运动相关的功能估计。因此，采用模型估计法估测关节刚度不仅具有简单、直观的优势，而且从生理机理上揭示了关节刚度的产生过程。

根据人体肌肉生理学及生物力学特性，建立短程肌肉刚度模型，实现表面肌电信号对肌肉刚度的量化；融合肌肉力学与关节刚度特性，建立关节生理结构模型，完成肌肉刚度与关节刚度之间的映射关系；建立相应的运动学和动力学模型，实现表面肌电信号对关节时变刚度的识别，具体框架如图 2.23 所示，其中 k 为肌肉刚度，K 为关节刚度。

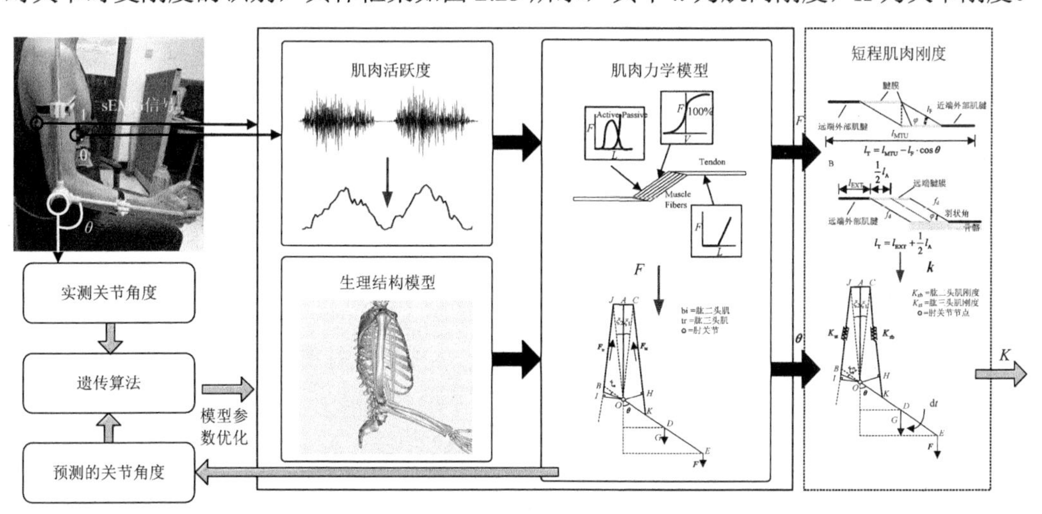

图 2.23　基于短程肌肉刚度的关节时变刚度估计方法框架

2.6　基于短程肌肉刚度的骨骼肌时变刚度建模

人体关节被具有时变刚度特性的骨骼肌驱动而产生柔性[19]。肌肉刚度是抵抗外力扰动时，肌肉通过神经反射或自愿反应机制做出反应的能力。从微观生理角度看，肌肉收缩被外力拉伸时内部张力会急剧增加，此时肌动蛋白和肌球蛋白肌原纤维丝之间的跨桥产生弹性形变[20]。本节对与肘关节密切相关的骨骼肌刚度进行估算，以肌肉短程刚度为启发，建立了基于短程肌肉刚度的骨骼肌刚度模型。

2.6.1　短程肌肉刚度建模

肌肉的短程刚度（short-range stiffness，SRS）是肌肉在抵抗外界干扰时通过条件反射或自愿动作来保持肢体稳定性的反应能力。也可以定义为肌肉对短时间、快速伸展或放松时等长收缩的最初反应，其特征是肌肉力量的变化与肌肉长度的变化之间呈线性关系，如图 2.24 所示。其中，线性回归线的斜率即为短程肌肉刚度。

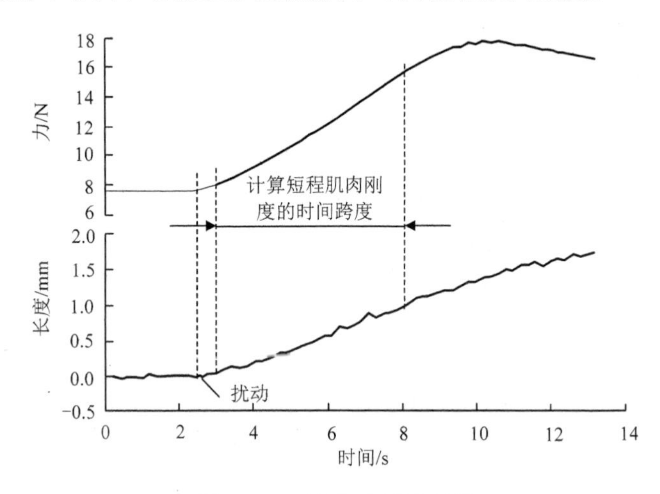

图 2.24　短程肌肉刚度计算

短程肌肉刚度在控制肌肉和肢体稳定性中起着重要作用。然而，肌肉对肢体刚度的估计仍然存在一定的困难，因为这些贡献不能在完整的系统中被直接测量。如果肌腹和肌腱的刚度特性在一定范围内具有一致的特征，那么就可以根据非侵入性测量的结构参数来估计肌肉的短程刚度，从而提供一种用来描述单个肌肉对肢体刚度和稳定性贡献的方法。因此建立肌肉短程的数学模型是一件很有意义的工作，具体建模过程如下[21]。

短程肌肉刚度建立在肌肉力的基础之上，它是由肌肉纤维（肌腹）刚度和肌腱刚度并联而成，计算方法如下：

$$K_{\mathrm{mdl}} = \frac{K_{\mathrm{M}} \cdot K_{\mathrm{T}}}{K_{\mathrm{M}} + K_{\mathrm{T}}} \tag{2.18}$$

式中，K_{mdl} 为肌肉短程刚度；K_{M} 为肌肉纤维刚度；K_{T} 为肌腱刚度。

根据弹性原理可知，肌肉纤维刚度与最优肌肉纤维长度成反比，且与肌肉力成正比，于是有如下公式：

$$K_{\mathrm{M}} = \gamma \cdot P / l_{\mathrm{F}} \tag{2.19}$$

式中，γ 为量纲为一的比例常数；P 为肌肉力；l_{F} 为最优肌肉纤维长度。

假设肌腱刚度是与外部肌腱平均横截面积和有效肌电长度相关的函数，则有如下公式：

$$K_{\mathrm{T}} = \frac{EA_{\mathrm{T}}}{l_{\mathrm{T}}} \tag{2.20}$$

式中，E 为肌腱弹性模量；A_{T} 为外部肌腱平均横截面积，它可以通过手术切除远端外部肌腱并称重加以评估，计算公式如下：

$$A_{\mathrm{T}} = \frac{W_{\mathrm{T}}}{l_{\mathrm{EXT}} \cdot \rho_{\mathrm{T}}} \tag{2.21}$$

式中，W_{T} 为外部肌腱质量；l_{EXT} 为远端外部肌腱长度；ρ_{T} 为肌腱密度，通常值取为 $1.12\mathrm{g}\times10^{-3}/\mathrm{mm}^3$。

l_{T} 为肌腱的有效长度，具体计算如图 2.25 所示。当肌肉不是长屈肌时，l_{T} 表示与单个肌纤维串联的总肌腱长度，如图 2.25（a）所示，具体计算如下：

$$l_{\mathrm{T}} = l_{\mathrm{MTU}} - l_{\mathrm{F}} \cdot \cos\theta \tag{2.22}$$

与其他肌肉相比，大多数近端长屈肌纤维直接与肌肉下方骨骼相连。因此，不同肌肉之间的有效肌腱长度不同，如图 2.25（b）所示。此时，有效肌腱长度计算如下：

$$l_{\mathrm{T}} = l_{\mathrm{EXT}} + \frac{1}{2} l_{\mathrm{A}} \tag{2.23}$$

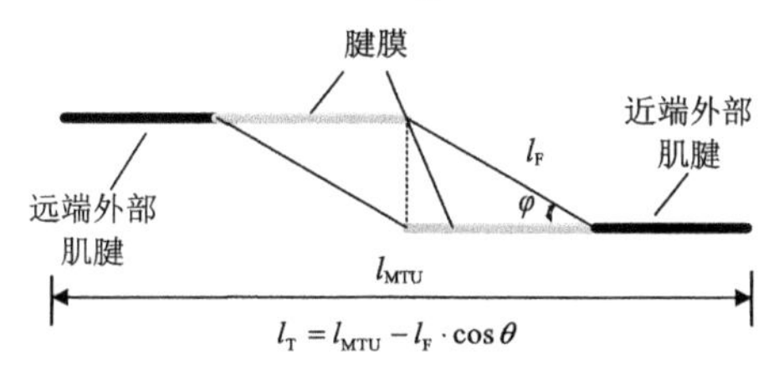

（a）非长屈肌时肌腱有效长度计算

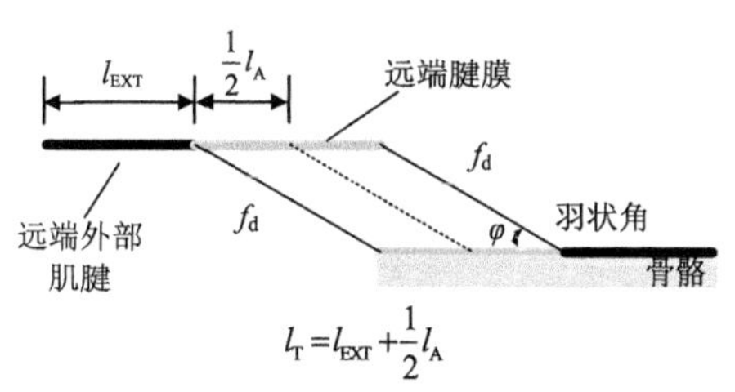

（b）近端长屈肌时肌腱有效长度计算

图 2.25　肌肉生理结构建模

另外，肌肉的最优力计算如下：

$$P_0 = \frac{W \cdot \cos\theta}{\rho_{\mathrm{M}} \cdot l_{\mathrm{F}}} \cdot p_{\mathrm{s}} \tag{2.24}$$

式中，P_0 为最优肌肉力；ρ_{M} 为肌肉密度，通常取值为 1.0564 $\mathrm{g/cm}^3$；p_{s} 为单位面积的受力情况，通常取值为 22.5 $\mathrm{N/cm}^2$。

2.6.2　骨骼肌时变刚度建模

在 2.3.2 小节中已经证明羽状角 φ 在肘关节的附属肌肉中可以忽略。因此，根据上述短程肌肉刚度的定义，将肌肉刚度简化为如图 2.26 所示的模型，即一条完整的骨骼肌刚度是由肌腹刚度与肌腱刚度串联而成，计算如下：

$$k_{mt} = \frac{k_m \cdot k_T}{k_m + k_T} \tag{2.25}$$

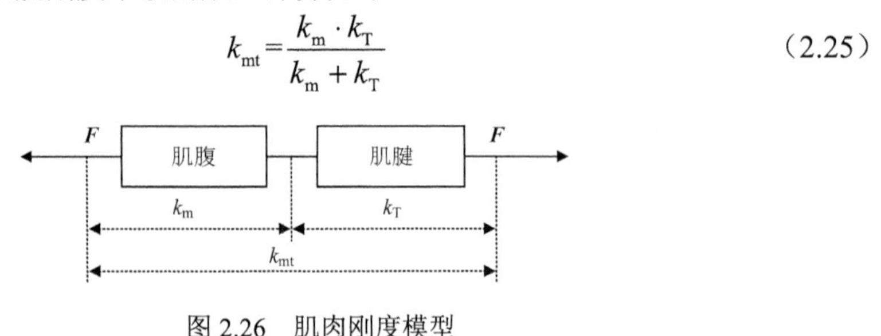

图 2.26　肌肉刚度模型

由式（2.19）可知，肌腹刚度与肌肉力 $\boldsymbol{F}$ 成正比，与最优肌肉纤维长度 l_0^m 成反比，计算如下：

$$k_m = \frac{\tau \cdot \boldsymbol{F}}{l_0^m} \tag{2.26}$$

式中，τ 是量纲为一的比例常数，可取 $\tau = 24.1$[21-22]；$\boldsymbol{F}$ 为肌肉力，可以通过式（2.4）获得。

由式（2.21）可知，从 2.6.1 小节中的肌腱刚度需要通过手术切除远端外部肌腱并称重加以评估。为避免从人体标本中测量肌腱相关参数的复杂工作，本节基于 Zajac[23]提出的线性肌腱刚度模型表征肌腱刚度，计算如下：

$$\tilde{k}_T = k_T \cdot \frac{l_0^m}{\boldsymbol{F}_{max}} \tag{2.27}$$

式中，$\tilde{k}_T$ 是标准化的量纲为一的肌腱刚度，可通过线性模型的斜率表示如下[23]：

$$\tilde{k}_T = \frac{30}{\tilde{l}_t} \tag{2.28}$$

式中，$\tilde{l}_t$ 是规范化的量纲为一的肌腱长度，可表示如下：

$$\tilde{l}_t = \frac{l_t}{l_0^m} \tag{2.29}$$

通过 2.3.3 小节的模型参数辨识可获取最优肌腱长度 l_t、最优纤维长度 l_0^m 及最优肌肉力 $\boldsymbol{F}_{max}$。基于此，联立式（2.26）～式（2.29）即可求出肌腱刚度，联立式（2.25）即可得出一条完整的骨骼肌刚度，即所得到的模型以表面肌电信号为输入，以肌肉时变刚度为输出。

2.7　基于生理模型的肘关节时变刚度建模

本节以优化后的肘关节生理结构模型为基础，结合肱二头肌与肱三头肌的短程刚度模型，建立肘关节刚度生理几何模型，并以此为基础进行肘关节运动学与动力学分析，实现肌电信号与关节刚度之间的映射关系。

2.7.1　肘关节刚度生理结构建模

在 2.3 节已经得到了相应的肘关节生理结构模型，结合 2.6 节建立的肌肉刚度模型，即可得到人体肘关节刚度生理几何模型，如图 2.27 所示。该模型能够清晰地反映关节在受到外部扰动时的运动学与动力学情况。

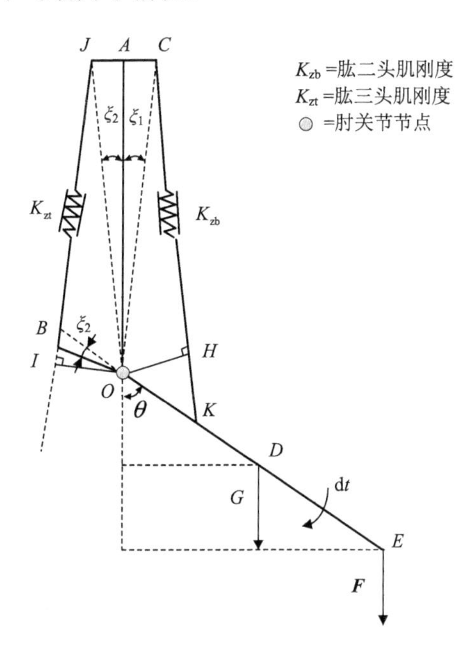

图 2.27　人体肘关节刚度生理几何模型

2.7.2　肘关节刚度动力学建模

假设有扰动外力矩 dt 使肘关节产生 dθ 的转动，此时肱二头肌与肱三头肌为保持关节原姿态而产生相应的形变，形变量如下：

$$\begin{cases} \mathrm{d}x_1 = \dfrac{l_{\mathrm{OK}} \cdot l_{\mathrm{OC}} \cdot \sin\left(\theta + \arctan\dfrac{l_{\mathrm{AC}}}{l_{\mathrm{OA}}}\right)}{\sqrt{l_{\mathrm{OK}}^2 + l_{\mathrm{OC}}^2 + 2 \cdot l_{\mathrm{OK}} \cdot l_{\mathrm{OC}} \cdot \cos\left(\theta + \arctan\dfrac{l_{\mathrm{AC}}}{l_{\mathrm{OA}}}\right)}} \cdot \mathrm{d}\theta \\ \mathrm{d}x_2 = \dfrac{l_{\mathrm{OB}} \cdot l_{\mathrm{OJ}} \cdot \sin\theta}{\sqrt{l_{\mathrm{OB}}^2 + l_{\mathrm{OJ}}^2 - 2 \cdot l_{\mathrm{OJ}} \cdot l_{\mathrm{OB}} \cdot \cos\theta}} \cdot \mathrm{d}\theta \end{cases} \tag{2.30}$$

式中，dx_1 是肱二头肌的形变量；dx_2 是肱三头肌的形变量，其他参数均可通过图 2.27 中的几何关系获得。

所以根据动力学力矩平衡方程可求出肘关节刚度：

$$K_{\mathrm{zb}} \cdot \mathrm{d}x_1 \cdot l_{\mathrm{OH}} - K_{\mathrm{zt}} \cdot \mathrm{d}x_2 \cdot l_{\mathrm{OI}} = K \cdot \mathrm{d}\theta \tag{2.31}$$

即

$$K = \frac{K_{\mathrm{zb}} \cdot \mathrm{d}x_1 \cdot l_{\mathrm{OH}} - K_{\mathrm{zt}} \cdot \mathrm{d}x_2 \cdot l_{\mathrm{OI}}}{\mathrm{d}\theta} \tag{2.32}$$

式中，K_{zb} 为肱二头肌刚度，K_{zt} 为肱三头肌刚度。

式（2.32）中的输入量包括肌肉活跃度 a 及肘关节角度 θ，它们可以通过所述的关节连续运动估计模型确定。这样，从理论上构建了基于表面肌电信号的人体肘关节刚度模型。

2.7.3 模型参数辨识

模型参数辨识与 2.4.3 小节基本相似，所构建的肘关节连续运动估计模型中，存在多个待定参数：γ_1、γ_2、A、$\boldsymbol{F}_{\max(\mathrm{bi/tr})}$、$l_{\mathrm{t(bi/tr)}}$、$l_0{}^{\mathrm{m}}{}_{(\mathrm{bi/tr})}$、$m$、$J$、$L_{\mathrm{AO}}$、$L_{\mathrm{AC}}$、$L_{\mathrm{OE}}$、$L_{\mathrm{OK}}$、$L_{\mathrm{AJ}}$、$L_{\mathrm{OB}}$ 等。对于不同个体，由于个体生理特性差异，肘关节的相关参数是不同的。因此，在模型应用于具体对象之前，需要对模型中的相关参数进行辨识。

模型参数辨识的目标是通过调整关节连续运动估计模型参数，寻找一组最优的参数值组合，使得模型输出的关节角 θ 与标准参考值尽可能接近。同样采用模型参数优化算法实现这一目标，运用遗传算法仅对关节生理模型输出影响比较大的 12 个参数（γ_1、γ_2、A、$\boldsymbol{F}_{\max(\mathrm{bi})}$、$l_{\mathrm{t(bi)}}$、$l_0{}^{\mathrm{m}}{}_{(\mathrm{bi})}$、$m$、$J$、$L_{\mathrm{AO}}$、$L_{\mathrm{AC}}$、$L_{\mathrm{OE}}$、$L_{\mathrm{OK}}$）进行优化取值。优化目标函数如式（2.15）所示。

遗传算法中初始种群同样选用文献[13-14]给出的结果作为参考，目标函数值的降低被认为是进化的方向，优化过程如图 2.13 所示。通过模型参数辨识，得到了一组最接近实际关节角度的最优模型参数值，进而可以求解出一组最接近实际值的关节输出角度。优化后的模型参数将被用于得出的关节时变刚度模型中。

2.8 关节时变刚度估计实验结果与分析

2.8.1 实验方案

实验共分两个部分：①关节连续运动估计；②关节时变刚度估计。其中，关节连续运动实验是关节时变刚度实验的基础，实验方案与第二章实验部分具有一致性，是为了获取关节刚度识别模型中需要用到的参数值。具体实验方案如下。

受试人员：共有五名受试者接受了实验测试，具体的生理指标如表 2.3 所示。

表 2.3　实验人员生理指标

受试者	年龄/年	身高/cm	体重/kg
A	23	174	56
B	25	173	65
C	24	176	64
D	27	179	67
E	24	163	49

实验 1：受试者手部承受 1.25kg 和 2.5kg 的负载进行三组平行实验。与 2.4.3 小节实验要求相同，在采集表面肌电信号前，先用酒精擦拭皮肤表面以去除污垢，并粘贴干式电极。受试者被要求尽可能放松上臂，同时保持上臂垂直；然后，受试者被要求执行肘

关节运动范围为 0°～90° 的等幅周期运动；通过节拍器尽量控制每一个运动周期大约为 10s；为了尽可能减小旋转速度对预测模型性能的影响，受试者被要求尽可能保持上肢平滑匀速运动。

实验 2：在关节时变刚度估计实验中，由于人体关节刚度与关节/肌肉的生理特性有关，是肢体固有的特性，并且难以直接测量。因此，采用固定姿态扰动法，测量具有代表性关节角度时刻的关节刚度，并拟合这些刚度获得全局刚度变化趋势。采用数字式推力计产生扰动力矩，推力计可以通过 USB 转 RS232 与计算机实时通信，通过计算机窗口即可观测扰动力峰值，同时使用光电编码器测量扰动角度，实验情景如图 2.28 所示。在扰动实验过程中，受试者被遮住眼睛，无法通过视觉信息产生潜意识的抵抗力，并且外部扰动力由另一个实验人员随机产生。

实验设备参数设置：对于人体关节连续运动部分，依然选用与 2.4.3 小节相同的实验设备，即使用 Delsys 无线采集模块采集表面肌电信号，采样频率设置为 2000Hz；采用增量式光电编码器进行肘关节角度测量，采用 STM32F4 开发板进行角度采集，采集频率设置为 400Hz；采用 Elecall 推力计测量扰动力，采样频率设置为 500Hz。

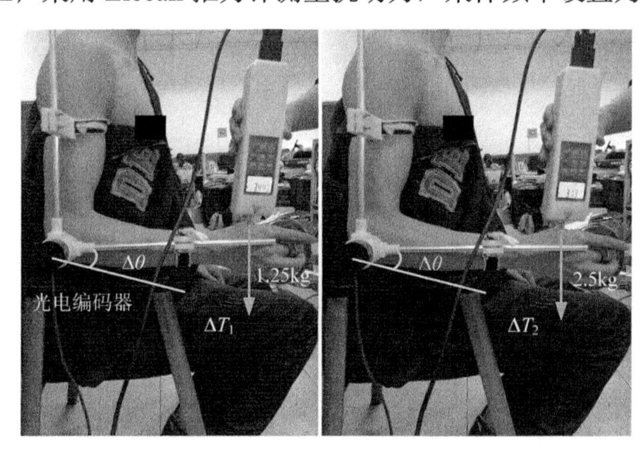

图 2.28　关节刚度实验测量

2.8.2　实验结果

实验 1 结果：本节以其中一位受试者的一组实验结果为例进行说明，图 2.29 的两幅图分别表示采集到的负载分别为 1.25kg 和 2.5kg 时的原始表面肌电信号。

如上面实验部分所述，首先，对原始表面肌电信号进行低通滤波、高通滤波、整流及归一化处理。随后，进行肌肉活跃度特征提取，实现 2.4.3 小节所提出的关节连续运动估计，得到估计角度，如图 2.30 所示。在本组实验中，负载为 1.25kg 时的预测角度与测量角度之间的 RMSE 为 0.17rad，负载为 2.5kg 时的预测角度和测量角度之间的 RMSE 为 0.18rad；图 2.31 所示为负载分别为 1.25kg 和 2.5kg 时基于连续运动模型预测得到的角速度变化情况；图 2.32 所示为负载分别为 1.25kg 和 2.5kg 时预测角度和测量角度之间的角度误差。

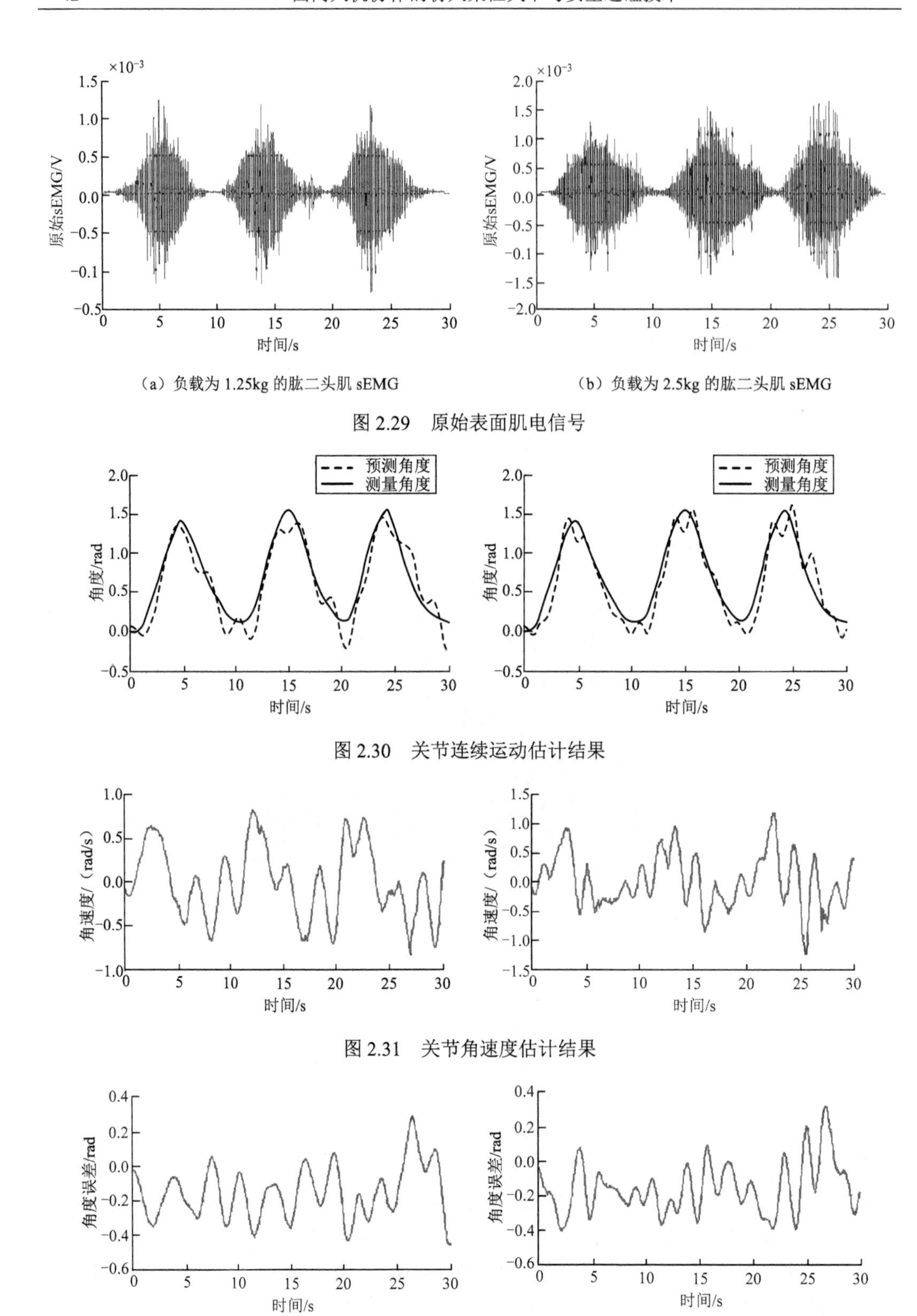

图 2.29　原始表面肌电信号

图 2.30　关节连续运动估计结果

图 2.31　关节角速度估计结果

图 2.32　预测结果与实测结果之间的误差

优化后的模型参数取值如表 2.4 所示，其中包括负载为 1.25kg 和 2.5kg 负载下的模型参数取值，可为接下来的关节刚度模型提供参数取值。

表 2.4　模型参数优化值

模型参数	参数值		单位
	负载为 1.25kg	负载为 2.5kg	
γ_1	0.23	0.23	—
γ_2	0.27	0.28	—
A	−1.75	−1.78	—
$\boldsymbol{F}_{\max(\text{bi})}/\boldsymbol{F}_{\max(\text{tr})}$	632.36/700.00	600.67/700.00	N
l_{AO}	0.23	0.24	m
$l_{\text{AC}}/l_{\text{AJ}}$	0.09/0.05	0.08/0.05	m
l_{OE}	0.33	0.45	m
$l_{\text{OK}}/l_{\text{OB}}$	0.03/0.05	0.04/0.05	m
$l_{0\,(\text{bi})}^{\text{m}}$ / $l_{0\,(\text{tr})}^{\text{m}}$	0.20/0.13	0.20/0.13	m
$l_{(\text{bi})}^{\text{t}}$ / $l_{(\text{tr})}^{\text{t}}$	0.10/0.14	0.10/0.14	m
m	1.85	2.00	kg
J	0.823	1.098	kg · m^2

注：下标 bi 和 tr 分别表示肱二头肌和肱三头肌的相关参数。

实验 2 结果：图 2.33 所示为由提出的短程肌肉刚度模型识别出的肌肉时变刚度特性曲线。从图中可以得出以下结论。①在相同关节角下，负载为 2.5kg 时的肌肉刚度明显大于负载为 1.25kg 时的肌肉刚度。②在相同负载情况下，当关节角度 θ 接近于零时，肌肉活跃度接近于零，此时肌肉力 $\boldsymbol{F}$ 约等于零，且具有最小的肌肉刚度趋势，也约等于零；当关节角度 θ 最大时，肌肉活跃度与肌肉力也具有最大值，此时肌肉刚度达到峰值。因此，可以认为在正常的人体肌肉活动过程中，肌肉刚度随着肌肉活跃度的增大而增大。

图 2.34 所示为由提出的短程肌肉刚度模型识别出的关节时变刚度特性曲线。从图中仿真出的关节刚度结果可以得出以下结论。①在相同关节角下，负载为 2.5kg 时的肘关节刚度明显大于负载为 1.25kg 时的肘关节刚度。②在相同负载情况下，当关节角度 θ 接近于零时，肌肉活跃度接近于零，肌肉力与肌肉刚度最小，此时具有最小的肘关节刚度，也约等于零；当关节角度 θ 最大时，肌肉活跃度和肌肉力也最大，此时关节刚度达到峰值。因此，可以认为在正常人体关节运动过程中，关节刚度随着肌肉活跃度增大而增大。

由此分析可以得出以下结论：在正常的人体关节运动过程中，肌肉活跃度影响着肌肉刚度的大小，而肌肉刚度大小同样影响着关节刚度的大小。并且，肌肉刚度与关节刚度随着肌肉活跃度的增大而增大。

通过扰动实验法验证提出的关节时变刚度模型的有效性。每个受试者被预先告知尽量维持关节预选角度在 30°、70° 和 90° 的固定姿态，并且手持 1.25kg 和 2.5kg 的负载。在预选定的固定姿态下，由一个实验人员执行多重外部力矩扰动，如图 2.28 所示。由于实际关节角度难以控制，对每个固定姿态进行 5 组平行实验，记录预选位置的实验数据并求平均。为了减少肌肉疲劳对实验结果的影响，受试者在不同的预选位置实验之间需要休息 5min。

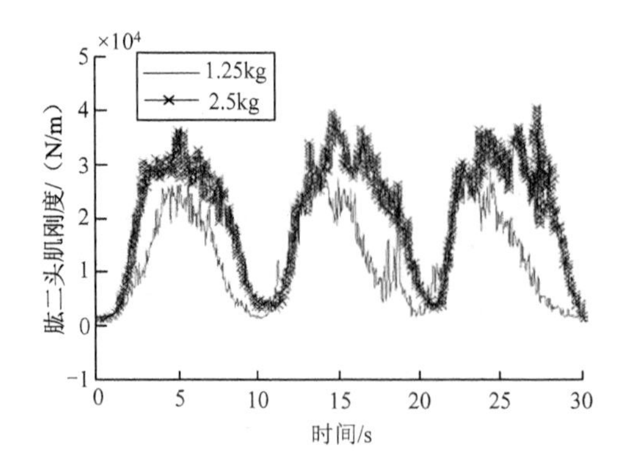

图 2.33　肌肉刚度仿真曲线

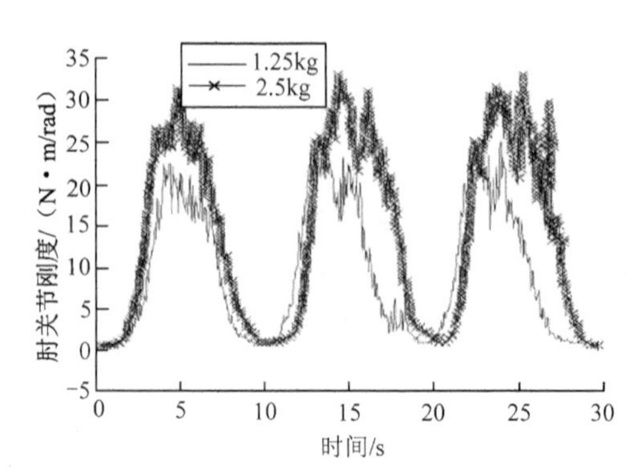

图 2.34　关节刚度仿真曲线

末端负载为 1.25kg 时，预选角度为 70° 的扰动关节角度与扰动外力如图 2.35 所示。选取初始角度最接近预选角的扰动角（如 $\Delta\theta_1$、$\Delta\theta_2$ 等）以及相对应的外部干扰力（如 ΔF_1、ΔF_2 等），并利用获取的扰动力计算出扰动力矩 ΔT，结合下式计算此刻关节刚度。

$$k_i = \frac{\Delta F_i \times R}{\Delta \theta_i} \tag{2.33}$$

式中，R 表示力臂；k_i 表示第 i 时刻的关节刚度测量值。

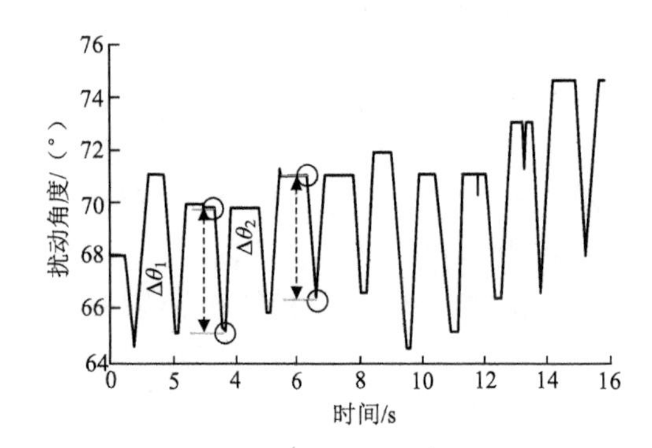

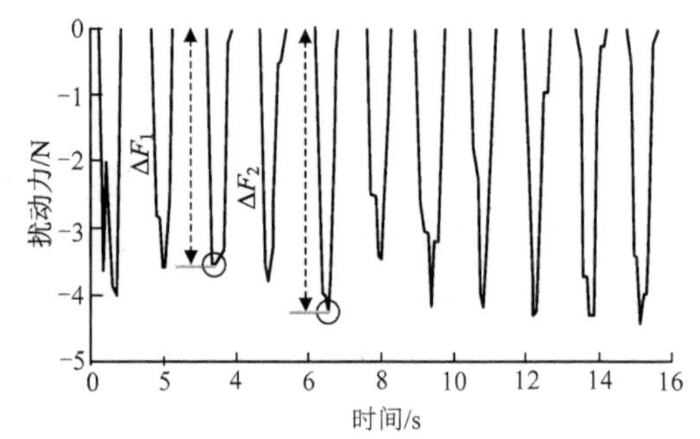

图 2.35　预选角度为 70° 的 1.25kg 扰动实验

表 2.5～表 2.7 分别表示 1.25kg 负载下预选扰动角分别为 30°、70° 和 90° 时的扰动实验结果统计。

表 2.5　预选角度为 30°的 1.25kg 负载下的扰动实验数据

预选角度 30°	1	2	3	4	5	平均值
θ/（°）	30.2	31.3	32.4	33.9	33.5	32.3
ΔT/（N·m）	0.30	0.33	0.3	0.33	0.34	0.32
$\Delta\theta$/（°）	5.8	6.1	7.0	6.3	6.5	6.3
k/（N·m/rad）	3.0	3.1	2.5	3.0	3.0	2.9

表 2.6　预选角度为 70°的 1.25kg 负载下的扰动实验数据

预选角度 70°	1	2	3	4	5	平均值
θ/（°）	69.8	71.1	71.1	71.1	71.1	70.8
ΔT/（N·m）	1.19	1.39	1.16	1.36	1.39	1.30
$\Delta\theta$/（°）	4.7	4.7	4.5	5.9	4.7	4.9
k/（N·m/rad）	14.5	16.9	14.8	13.2	16.9	15.3

表 2.7　预选角度为 90°的 1.25kg 负载下的扰动实验数据

预选角度 90°	1	2	3	4	5	平均值
θ/（°）	85.3	85.3	85.1	84.4	84.2	84.9
ΔT/（N·m）	1.94	1.96	1.96	1.96	2.04	1.97
$\Delta\theta$/（°）	5.6	5.6	5.6	5.6	5.8	5.6
k/（N·m/rad）	19.8	20.0	20.0	20.0	20.2	20.0

表 2.8～表 2.10 分别表示 2.5kg 负载下预选扰动角分别为 30°、70°和 90°时的扰动实验结果统计。

表 2.8　预选角度为 30°的 2.5kg 负载下的扰动实验数据

预选角度 30°	1	2	3	4	5	平均值
θ/（°）	31.1	32.2	32	32.6	33.1	32.2
ΔT/（N·m）	0.42	0.44	0.45	0.42	0.42	0.43
$\Delta\theta$/（°）	5.4	5.6	5.8	5.8	5.4	5.6
k/（N·m/rad）	4.5	4.5	4.4	4.1	4.5	4.4

表 2.9　预选角度为 70°的 2.5kg 负载下的扰动实验数据

预选角度 70°	1	2	3	4	5	平均值
θ/（°）	65.2	65.3	66.2	67.3	67.5	66.3
ΔT/（N·m）	2.21	2.10	2.12	2.20	1.98	2.12
$\Delta\theta$/（°）	5.4	5.6	5.4	5.9	5.2	5.5
k/（N·m/rad）	23.3	21.5	22.3	21.4	21.8	22.1

表 2.10　预选角度为 90°的 2.5kg 负载下的扰动实验数据

预选角度 90°	1	2	3	4	5	平均值
θ/（°）	84.4	84.2	84.2	84.4	84.8	84.4
ΔT/（N·m）	2.88	3.09	3.03	2.97	2.94	2.98
$\Delta\theta$/（°）	5.6	5.6	5.4	5.6	5.4	5.5
k/（N·m/rad）	29.5	31.6	32.1	30.4	31.2	31.0

将实验扰动法测量的关节刚度与预测的时变关节刚度同时在图 2.36 中表示。从图中可以看出，通过扰动实验法测得的关节刚度拟合曲线与模型仿真预测结果呈现相同趋势。并且在相同关节角度下，2.5kg 负载下的肘关节刚度明显大于 1.25kg 负载下的肘关节刚度。

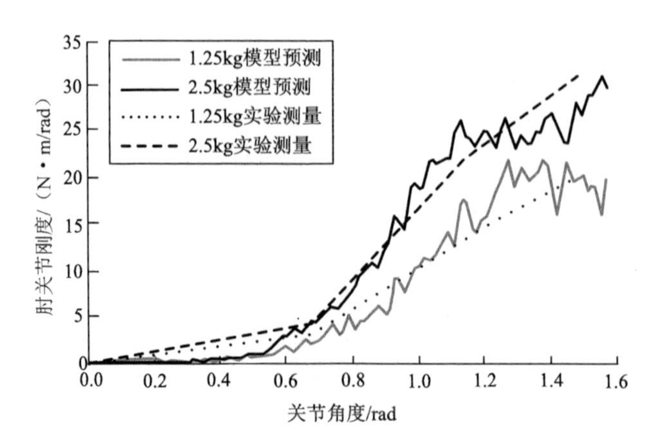

图 2.36　预测刚度与测量刚度对比

针对提出的基于短程肌肉刚度的肘关节时变刚度估计模型，总结每个受试者肘关节刚度的平均峰值，如图 2.37 所示。当负载为 1.25kg 时，关节刚度范围为 20～30N·m/rad；当负载为 2.5kg 时，关节刚度范围为 30～40 N·m/rad。

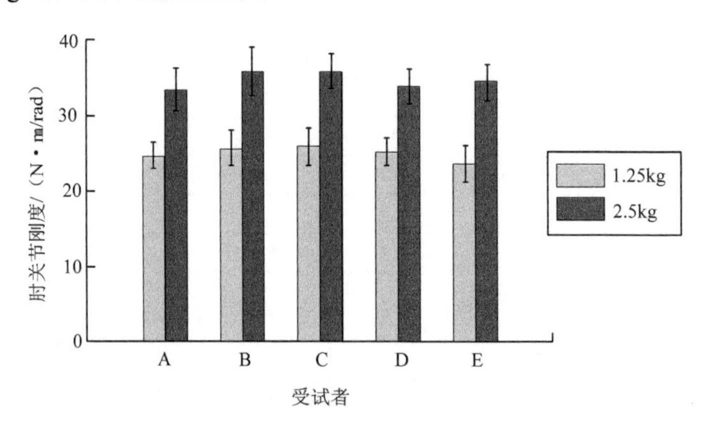

图 2.37　每名受试者肘关节刚度的平均峰值统计

2.8.3　结果分析

目前，对人类肌肉刚度的研究相对较少。大多数研究者将肌肉比作一种特殊的弹簧，要么构造一个弹簧结构来近似刚度，要么通过从青蛙、猫或其他非人类动物身上获取解剖学参数来计算肌肉刚度。Shin 等[5]将肌肉刚度分为固有弹性和可变弹性，认为其与肌肉活跃度呈线性关系；Morgan[24]首次提出肌肉短程刚度解剖学估计模型，并通过实验数据分析阐明了肌肉强度与肌肉刚度之间的关系；Cui 等[21]在此基础上确定了模型的参数，使模型具有一定的泛化程度；Hu 等[22]之后使用短程肌肉刚度来估计人体手臂的末端刚度。

式（2.26）中 τ 的取值是根据 Cui 等[21]推导出的结论所选。虽然该研究是在猫科动物肌肉上的实验结果，但八次实验结果表明，不同部位的 τ 值几乎是相等的。因此，可以认为 τ 是一个量纲为一的比例常数。Hu 等[22]建立的模型同样使用了文献[21]中的 τ =

23.4 来估算人体手臂的末端刚度；Cui 等[21]建立的肌腱刚度模型与弹性模量、平均横截面积及肌腱长度有关。然而，在活体肌肉中，肌腱的弹性模量和平均横截面积并不容易得到。因此，使用 Zajac[23]的线性模型计算肌腱刚度，实验仿真结果表明，人体肌肉刚度在 0～40000Nm 之间，与肌肉活跃度成正比。

关节刚度取决于许多因素，包括关节生理结构、肌肉活跃度水平和神经反射。目前，大部分研究都是基于间接测量关节扭矩和估算关节刚度的专用装置。这些方法烦琐，适用性范围小，难以反映实际运动中关节时变刚度特征。

本节在关节连续运动识别模型的基础上建立了关节时变刚度估计模型，该模型较好地反映了关节刚度的生理神经机制。由于模型的输入值是时变的表面肌电信号，因此可以得到时变的关节刚度。此外，本节将模型结果与之前的肘关节刚度研究进行了比较：Bennett 等[25]的研究表明当外部阻尼为 0.62Nm/rad/s 时，肘关节时变刚度为 16.3～17.9Nm/rad；Kistemaker 等[26]表明人体肘关节在一定负载和不同关节角度下的肘关节刚度为 0～43Nm/rad；Mussa-Ivaldi 等[27]将弹性力场描述为一个刚度椭圆，得出的结论是肘关节刚度为 0～40Nm/rad。目前的研究结果显示，不同肌肉活动的范围为 0～40Nm/rad，与之前的研究结果相似。

本 章 小 结

本章以人体肘关节为研究对象，从肌电信号与肢体运动关系入手，深入研究关节连续运动生成机理，并对关节连续运动有效识别，提出一种基于生物力学的人体上肢关节连续运动意图识别模型。该方法采用遗传算法进行模型参数辨识，能够有效识别人体关节连续运动意图，避免从人体标本中测量大量未知生理参数的工作，同时也揭示关节连续运动的生理特性机理。首先，基于表面肌电信号实现肌肉活跃度特征提取，采用 Hill 肌肉力模型计算相关肌肉群力学特性；其次，通过研究关节生理学结构完成运动学与动力学分析，实现表面肌电与关节角度之间的映射关系；最后，采用遗传算法对模型中的相关生理参数进行寻优，实现基于人体生理特性的关节连续运动意图的有效识别。对于单周期、等幅、增幅及随机运动，预测精度分别保持在 0.12rad、0.22rad、0.23rad 及 0.26rad。

针对连续运动过程中关节刚度变化特性问题，提出了基于短程肌肉刚度的关节时变刚度估计方法。相对于传统的扰动实验法测量人体关节刚度，该方法是基于模型估计法以破坏性较小的形式识别人体关节时变刚度。首先，根据人体肌肉生理学及生物力学特性，建立短程肌肉刚度模型，实现表面肌电信号对肌肉刚度的量化；其次，融合肌肉力学与关节刚度特性，建立关节生理结构模型，完成肌肉刚度与关节刚度之间的映射关系；最后，建立相应的动力学和运动学模型，实现表面肌电信号对关节时变刚度的识别，并得出不同活跃度下的肌肉刚度预测范围为 0～40000N/m，肘关节刚度预测范围为 0～40Nm/rad。

人体是世界上最为精妙、协调的复杂系统，是很多人工制品的灵感来源。机械臂作为仿照人类手臂设计而成的工业产品，无疑在协作能力的仿真程度上还有很大差距。本章通过分析肌电信号与肢体运动意图之间的内在联系，初步探索机械臂柔性关节技术和运动意图识别技术，以期推动人机协作技术发展。

参 考 文 献

[1] CORCOS D M, GOTTLIEB G L, LATASH M L, et al. Electromechanical delay: An experimental artifact[J]. Journal of Electromyography and Kinesiology, 1992, 2: 59-68.

[2] LLOYD D G, BESSIER T E. An EMG-driven musculoskeletal model to estimate muscle forces and keen joint moments in vivo[J]. Journal of Biomechanics, 2003, 36(6): 765-776.

[3] HILL A V, SEC R S. The heat of shortening and the dynamic constants of muscle[J]. Proceedings of the Royal Society of London. Series B, Biological Sciences, 1938, 612(745): 136-195.

[4] BUCHANAN T S, LLOYD D G, MANAL K, ET AL. Neuromusculoskeletal modeling: Estimation of muscle forces and joint moments and movements from measurements of neural command[J]. Journal of Applied Biomechanics, 2004, 20(4): 367-395.

[5] SHIN D, KIM J, KOIKE Y. A myokinetic arm model for estimating joint torque and stiffness from EMG signals during maintained posture[J]. Journal of Neurophysiology, 2009, 101: 387-401.

[6] ROSEN J, FUCHS M B, ARCAN M. Performances of hill-type and neural network muscle models-toward a myosignal-based exoskeleton[J]. Computers and Biomedical Research, 1999, 32: 415-439.

[7] VILIMEK M. Musculotendon forces derived by different muscle models[J]. Acta of Bioengineering and Biomechanics, 2006, 9(2): 41-47.

[8] SCHUTTE L M. Using musculoskeletal models to explore strategies for improving performance in electrical stimulation induced leg cycle ergometry[D]. Palo Alto: Stanford University, 1992.

[9] PAU J W L, XIE S S Q, PULLAN A J. Neuromuscular interfacing: Establishing an EMG-driven model for the human elbow joint[J]. IEEE Transactions on Biomedical Engineering, 2012, 59(9): 2586-2593.

[10] KOO T K, MAK A F. Feasibility of using EMG driven neuromusculoskeletal model for prediction of dynamic movement of the elbow[J]. Journal of Electromyography and Kinesiology, 2005, 15: 12-26.

[11] 白杰．基于肌电信号的肘关节生物力学建模[D]．哈尔滨：哈尔滨工业大学，2014.

[12] REHBINDER H, MARTIN C. A control theoretic model of the forearm[J]. Journal of Biomechanics, 2001, 34: 741-748.

[13] ROOKER J C, SMITH J R A, AMIRFEYZ R. Anatomy, surgical approaches and biomechanics of the elbow[J]. Journal of Orthopaedic Trauma, 2016, 30: 283-290.

[14] HOLZBAUR K R S, MURRAY W M, DELP S L. A model of the upper extremity for simulating musculoskeletal surgery and analyzing neuromuscular control[J]. Annals of Biomedical Engineering, 2005, 33: 829-840.

[15] PAU J W L, SAINI H, XIE S S Q, et al. An EMG-driven neuromuscular interface for human elbow joint[C]// IEEE International Conference on Biomedical Robotics and Biomechatronics. Tokyo: IEEE, 2010: 156-161.

[16] KOO T K K, MAK A F T, HUNG L K. In vivo determination of subject-specifc musculotendon parameters: Applications to the prime elbow fexors in normal and hemiparetic subjects[J]. Clinical Biomechanics, 2002, 17: 390-399.

[17] PFEIFER S, VALLERY H, HARDEGGER M, et al. Model-based estimation of knee stiffness[J]. IEEE Transactions on Biomedical Engineering, 2012, 59(9): 2604-2612.

[18] SARTORI M, LLYOD D G, FARINA D. Neural data-driven musculoskeletal modeling for personalized neurorehabilitation technologies[J]. IEEE Transactions on Biomedical Engineering, 2016, 63(5): 879-893.

[19] GHEZ C. Muscles: Effectors of the motor systems[M]. NewYork: McGraw-Hill, 2000.

[20] RACK P M, WESTBURY D R. The shortrange stiffness of active mammalian muscle and its effect on mechanical properties[J]. Journal of Physiology-London, 1974, 240(2): 33l-350.

[21] CUI L, PERREAULT E J, MAASC H, et al. Modeling short-range stiffness of feline lower hindlimb muscles[J]. Journal of Biomechanics, 41(2008): 1945-1952.

[22] HU X, MURRAY W M, PERREAULT E J. Muscle short-range stiffness can be used to estimate the endpoint stiffness of the human arm[J]. Journal of Neurophysiology, 2011, 105(4): 1633-1641.

[23] ZAJAC F E. Muscle and tendon: Properties, models, scaling, and application to biomechanics and motor control[J]. Critical Reviews in Biomedical Engineering, 1989, 17: 359-411.

[24] MORGAN D L. Separation of active and passive components of shortrange stiffness of muscle[J]. American Journal of Physiology, 1977, 232(1): 45-49.

[25] BENNETT D J, HOLLERBACH J M, XU Y, et al. Time-varying stiffness of human elbow joint during cyclic voluntary movement[J]. Experimental Brain Research, 1992, 88(2): 433-442.

[26] KISTEMAKER D A, SOEST A J V, BOBBERT M F. A model of open-loop control of equilibrium position and stiffness of the human elbow joint[J]. Biological Cybernetics, 2007, 96(3): 341-350.

[27] MUSSA-IVALDI F A, HOGAN N, BIZZI E. Neural, mechanical, and geometric factors subserving arm posture in humans[J]. Journal of Neuroscience, 1985, 5(10): 2732-2743.

第3章　基于力矩补偿的机器人柔性关节

为了实现以“灵活、柔性、多变”为特征的3C电子、医疗、精密加工等行业生产线的智能制造，具有力反馈能力的协作机器人应运而生。目前，常见的力反馈方式是在机器人末端或关节内安装多种力/力矩传感器，这不仅增加了机器人结构的复杂性，同时也降低了机器人的稳定性。本章建立关节动力学模型，分析关节刚度变化，研究基于关节输入/输出力矩差值的关节力矩补偿方法，并将其应用于关节零力控制，实现连接臂杆负载拖动研究。

3.1　融合谐波传动的关节动力学建模

目前，模块化关节动力学模型主要有两种类型，基本上是以1987年Spong[1]提出的关节模型为基础的。本节中的模块化关节包含谐波减速器，其能够保证在较大传动比的情况下保持较高的运动精度，同时也会为关节传动增添部分柔性特性。考虑柔性的关节建模比刚性关节建模要复杂得多，因此采用Newton-Euler建模方法对模块化关节进行动力学建模，并充分考虑谐波减速器的传动特性，分析关节刚度变化规律，优化关节模型。

3.1.1　关节简化模型

研究协作机器人力控制的理论基础和必要条件是精确的关节动力学模型。依据Spong提出的柔性关节模型，关节动力学模型可以分为两部分考虑，如图3.1所示。

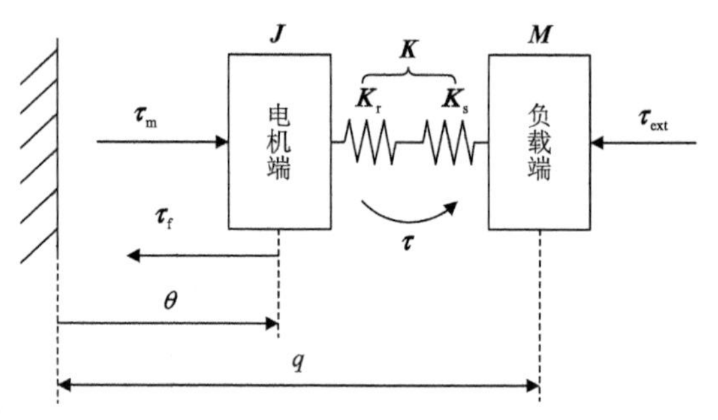

τ_m —电机的扭矩；τ_f —电机的剪切力矩；θ —电机的实际输出角度；J —电机的转动惯量；K—关节刚度；τ —电机的输出扭矩；M—负载端的转动惯量；q—负载的转动角度；τ_{ext} —关节传递给受力目标的扭矩。其中K在一般关节中代表谐波传动系统的刚度，在具有弹性元件的关节（如含有扭矩传感器和SEA的关节）中则代表弹性元件的刚度。

图3.1　柔性关节简化模型

第一部分为具有弹性的耦合机构，即负载端动力学方程：

$$\boldsymbol{M}(q)\ddot{q}+\boldsymbol{C}(q,\dot{q})\dot{q}+\boldsymbol{g}(q)=\boldsymbol{\tau}+\boldsymbol{\tau}_{\text{ext}} \tag{3.1}$$

式中，$\ddot{q}$为关节加速度；$\dot{q}$为关节速度；$C(q,\dot{q})$为 $n\times n$ 矩阵包含离心力和柯氏力项；$\boldsymbol{g}$

为重力项。

第二部分为电机端动力学方程：

$$\boldsymbol{J}\ddot{\theta}+\boldsymbol{\tau}=\boldsymbol{\tau}_{\mathrm{m}}-\boldsymbol{\tau}_{\mathrm{f}} \tag{3.2}$$

式中，$\ddot{\theta}$为电机加速度。

其中，作为柔性力矩项，简化的关节模型中采用的是线性弹性机制，即

$$\boldsymbol{\tau}=\boldsymbol{K}(\theta-q) \tag{3.3}$$

式中，θ 和 q 分别为电机输入和关节输出端扭转角度。

关节负载端是非线性系统，各个参数间存在耦合特性，单纯的线性的刚度变化并不足以表征关节内的柔性特征，需要对关节内的柔性产生机理进行分析和精确建模。

3.1.2　关节柔性分析与建模

一般的机器人关节，由于是直驱系统或低减速比传动，关节刚度较大，在建模过程中关节柔性可以忽略不计。模块化关节内安装谐波减速器，使得关节刚度降低，具备了柔性特征，因此需要对集成谐波减速器的动力学进行详细分析。

1. 关节柔性分析

关节柔性主要来自谐波减速器，谐波减速器由波发生器、柔轮和刚轮组成，如图 3.2 所示。

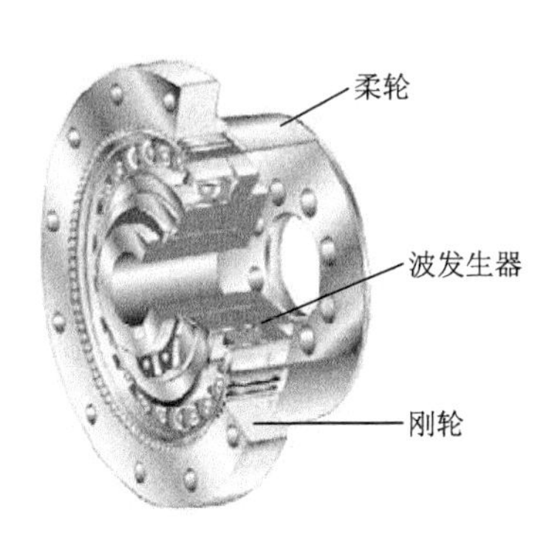

图 3.2　谐波减速器半剖图

波发生器：外部安装滚珠轴承的薄壁椭圆状柔性部件，中心内部与电动机输出轴连接，外部贴合柔轮。

柔轮：外周有轮齿的薄壁弹性部件，内部与波发生器相连，外部轮齿与刚轮啮合。

刚轮：内周有轮齿的高刚度部件，用于谐波固定。

谐波传动原理如图 3.3 所示。柔轮波发生器弯曲成椭圆形状，在长轴部分刚轮和轮齿啮合，在短轴部分刚轮与轮齿脱离。当波发生器旋转 360° 时，柔轮反向转动两个齿的角度。当电机转子带动波发生器转动时，柔轮会发生形变。通过上述柔轮和刚轮之间的运动关系，达到减速目的。

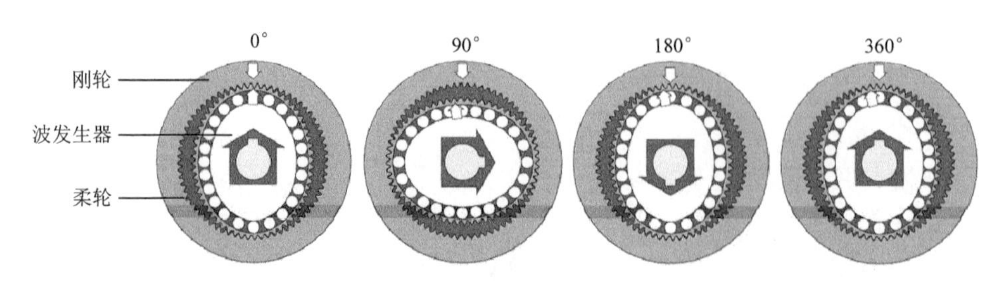

图 3.3　谐波传动原理

谐波减速器主要依靠柔轮的形变传递动力，因此传动过程中存在一定柔性，对关节的动力学建模和运动稳定性均会造成一定的影响[2]。因此，若要提高关节动力学建模的精度和准确性，首先就需要对谐波减速器进行分析与建模。

2. 谐波传动模型

谐波传动的动力学模型主要体现的是谐波减速器内部构件之间位置、速度和力矩之间的关系。根据谐波减速器的结构原理，波发生器和柔轮的角度位置分别可以通过输入和输出之间的运动关系来获得：

$$\theta_{wg}=N\theta_{fs} \tag{3.4}$$

式中，θ_{wg} 为波发生器的角度位置；N 为减速比；θ_{fs} 为柔轮输出的角度位置。

谐波各个部分之间的静力平衡可以表示为

$$\boldsymbol{\tau}_{wg}=\frac{1}{N}\boldsymbol{\tau}_{fs} \tag{3.5}$$

式中，$\boldsymbol{\tau}_{wg}$ 为电动机传输给波发生器的输入扭矩；$\boldsymbol{\tau}_{fs}$ 为柔轮的输出扭矩。

在式（3.4）和式（3.5）中，谐波减速器被视作具有严格刚性的齿轮减速机构，即刚度无限大，受力后的形变量趋于无穷小。然而，在实际情况中，角度、力矩的输入/输出关系并不是呈线性变化的，其非线性特征来自谐波自带的扭转柔性、非线性摩擦和运动误差。谐波传动输入和输出之间的非线性运动关系可以通过在理想刚度模型中引入柔性、摩擦和运动误差来进一步表述。

运动误差可以通过检测到的柔轮实际输出角度减去柔轮预期输出角度（波发生器角度位置除以减速比）得到。因此，运动误差可以表示为

$$\tilde{\theta}=\theta_{fsi}-\frac{\theta_{wgo}}{N} \tag{3.6}$$

式中，θ_{fsi} 和 θ_{wgo} 分别为柔轮齿圈的角度位置和波发生器外圈（滚珠轴承外缘）的角度位置。

如果考虑谐波在传动中的摩擦损失，则可以将式（3.5）变为

$$\boldsymbol{\tau}_{wg}=\frac{1}{N}(\boldsymbol{\tau}_{fs}-\boldsymbol{\tau}_{ft}) \tag{3.7}$$

式中，$\boldsymbol{\tau}_{ft}$ 为相对于减速器输出端的谐波传动总摩擦力矩。

许多关于谐波减速器柔性的研究表明，谐波中除了柔轮表现出部分扭转柔性外，波

发生器在负载运动过程中也会出现明显的扭转变形[3]。虽然波发生器所表现出的柔性特征对于关节传动精确建模方面具有重要意义，同时能够提高参数辨识的精确性，但是对波发生器的柔性机理研究仍未受到各国学者关注，大多数关于谐波减速器的模型多将谐波的整体柔性特征通过柔轮单个元件来模拟表示。Zhu[4]、Albuschffer 等[5]和 Luca 等[6]在谐波传动理想模型的基础上考虑了柔轮的阻尼效应。Zhang 等[7-8]提出了一种考虑波发生器柔性和运动迟滞的新模型。该模型中充分考虑了波发生器的扭转柔性，同时可以捕捉到谐波传动的滞后现象。因此，针对谐波传动的建模问题，不仅需要包含柔轮的扭转柔性，还需要考虑波发生器的扭转柔性，其模型如图 3.4 所示。其中，由于关节的正常运动状态为低速负载转动，因此柔轮的阻尼效应可以暂时忽略不计。

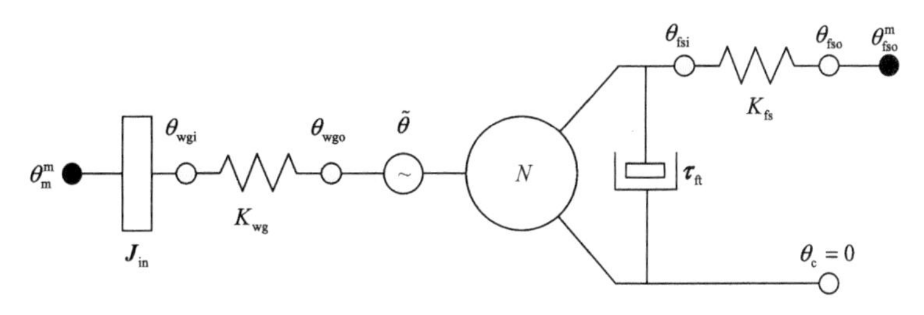

J_{in}—输入端转动惯量；θ_c—刚轮的角度位置。

图 3.4　谐波传动模型

在图 3.4 中，θ_{fso} 为关节输出端的柔轮角度位置，可以通过关节输出端编码器检测得到。θ_{wgi} 为波发生器中心部件，假设从电机输出轴到波发生器之间没有传动误差，那么谐波输入端的角度位置可以通过电机端编码器检测得到。上述两个编码器的检测角度量分别用 θ_{m}^{m} 和 θ_{fso}^{m} 表示。K_{wg} 和 K_{fg} 分别为波发生器和柔轮的局部弹性系数。柔轮的扭转角度差为

$$\Delta\theta_{fs}=\theta_{fso}-\theta_{fsi} \tag{3.8}$$

波发生器的扭转角度差为

$$\Delta\theta_{wg}=\theta_{wgo}-\theta_{wgi} \tag{3.9}$$

式中，θ_{fsi} 和 θ_{wgo} 是无法检测到的，只有角 θ_{fso} 和 θ_{wgi} 分别可以由输出端编码器和电机端编码器检测得到。谐波减速器的总扭转角度差可以由以下公式得到：

$$\Delta\theta=\theta_{fso}-\frac{\theta_{wgi}}{N} \tag{3.10}$$

将式（3.6）、式（3.8）和式（3.9）代入式（3.10）中，可得

$$\Delta\theta=\Delta\theta_{fs}+\frac{\Delta\theta_{wg}}{N}+\tilde{\theta} \tag{3.11}$$

式(3.11)表示的即为谐波传动中考虑柔性和运动误差的角度偏差量。下面对式(3.11)中等式右边的 3 个关键量进行具体分析。对于谐波传动来说，传动误差和弹性误差是影响传动精度的主要因素[9-10]。典型的谐波齿轮传动的滞后刚度变化曲线如图 3.5 所示，表现出明显的柔性特征，而造成谐波整体扭转变形的主要因素是柔轮和波发生器具有柔性。

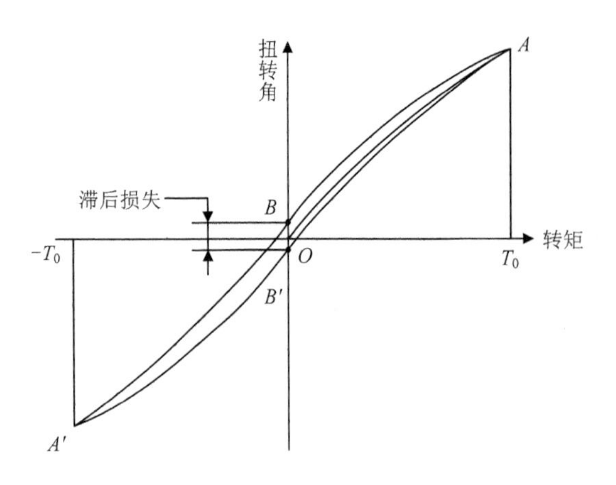

图 3.5　谐波齿轮传动的滞后刚度变化曲线

关于谐波减速器部件的柔性特征，即柔轮和波发生器的柔性在上文已经进行了基础建模。通过实验可以得到，波发生器在施加较低的扭矩时会发生变形，而当扭矩逐渐增大时，其形变量增加较小，与柔轮相比可以忽略不计，这是由于当外部施加的扭矩增大时，波发生器的刚度会急剧增加。基于这一结果，可以通过两种方法得到柔轮刚度。第一种方法是将波发生器固定，令谐波减速器空载转动并计算转动过程中的刚度数据，得到的刚度曲线斜率即为柔轮刚度；第二种方法是令谐波减速器负载转动并计算转动过程中的刚度数据，得到的刚度曲线斜率即为柔轮刚度。在哈默纳科谐波减速器生产商的产品目录中[11]，使用分段线性近似法对柔轮的柔性进行表示，样本中单一的刚度并不能准确地反映关节刚度。因此，需要更精确的谐波减速器柔性模型。

谐波传动的局部弹性系数随转矩 $\boldsymbol{\tau}_{\mathrm{fs}}$ 的增大而增大。将局部弹性系数定义为

$$K_{\mathrm{fs}}=\frac{\mathrm{d}\boldsymbol{\tau}_{\mathrm{fs}}}{\mathrm{d}\Delta\theta_{\mathrm{fs}}} \tag{3.12}$$

考虑到柔轮刚度的对称性，采用泰勒公式展开，则局部弹性系数可以近似为

$$K_{\mathrm{fs}}=K_{\mathrm{fs0}}[1+(C_{\mathrm{fs}}\boldsymbol{\tau}_{\mathrm{fs}})^2] \tag{3.13}$$

式中，K_{fs0} 和 C_{fs} 是根据谐波减速器的本身属性确定的常数。

柔轮扭转角度可以表示为

$$\Delta\theta_{\mathrm{fs}}=\int_0^{\tau_{\mathrm{fs}}}\frac{\mathrm{d}\boldsymbol{\tau}_{\mathrm{fs}}}{K_{\mathrm{fs}}} \tag{3.14}$$

将式（3.13）中的 K_{fs} 代入式（3.14）中，可得

$$\Delta\theta_{\mathrm{fs}}=\frac{\arctan(C_{\mathrm{fs}}\boldsymbol{\tau}_{\mathrm{fs}})}{C_{\mathrm{fs}}K_{\mathrm{fs0}}} \tag{3.15}$$

如图 3.5 所示，谐波减速器扭转变形在零扭矩输出时会在$-B/2$～$B/2$ 的范围内变化；当以额定扭矩输出时谐波的扭转变形会近似减小到零，其中 B 是滞后损失。为了再现该刚度曲线的迟滞特征，将波发生器的局部弹性系数建模为

$$K_{\mathrm{wg}}=K_{\mathrm{wg0}}\mathrm{e}^{C_{\mathrm{wg}}|\boldsymbol{\tau}_{\mathrm{wg}}|} \tag{3.16}$$

式（3.16）中的 K_{wg0} 和 C_{wg} 是通过参数辨识得到的。因此，波发生器的扭转角度可

以进一步表示为

$$\Delta\theta_{\mathrm{wg}}=\int_0^{\tau_{\mathrm{wg}}}\frac{\mathrm{d}\boldsymbol{\tau}_{\mathrm{wg}}}{K_{\mathrm{wg}}} \tag{3.17}$$

将式（3.16）代入式（3.17），可得

$$\Delta\theta_{\mathrm{wg}}=\frac{\mathrm{sign}(\boldsymbol{\tau}_{\mathrm{wg}})}{C_{\mathrm{wg}}K_{\mathrm{wg0}}}(1-\mathrm{e}^{-C_{\mathrm{wg}}|\boldsymbol{\tau}_{\mathrm{wg}}|}) \tag{3.18}$$

综上，可以得到柔轮的刚度模型[式（3.15）]和波发生器的刚度模型[式（3.18）]。

3. 谐波传动误差模型

准确的扭矩估计和精确的动力学建模需要考虑运动误差的影响。为了合理表征谐波传动误差，对其进行误差分析，建立传动误差模型。为了确定运动误差$\tilde{\theta}$，应控制测试关节分别进行顺时针和逆时针的空载转动实验。在整个往复运动循环过程中，可测量到关节总扭转变形$\Delta\theta_{\mathrm{cw}}$和$\Delta\theta_{\mathrm{ccw}}$，根据式（3.11）可得

$$\begin{cases}\Delta\theta_{\mathrm{cw}}=\Delta\theta_{\mathrm{fs}}+\dfrac{\Delta\theta_{\mathrm{wg_{cw}}}}{N}+\tilde{\theta}\\ \Delta\theta_{\mathrm{ccw}}=\Delta\theta_{\mathrm{fs}}+\dfrac{\Delta\theta_{\mathrm{wg_{ccw}}}}{N}+\tilde{\theta}\end{cases} \tag{3.19}$$

式中，$\Delta\theta_{\mathrm{wg_{cw}}}$和$\Delta\theta_{\mathrm{wg_{ccw}}}$分别为顺时针和逆时针方向转动时的波发生器扭转变形角度。

由于空载输出，柔轮的扭转形变量近似为 0，即$\Delta\theta_{\mathrm{fs}}=0$。在此为了简化计算，对波发生器的传动过程进行合理假设，认为其扭转变形在传动过程中是对称的，则可得

$$\Delta\theta_{\mathrm{wg_{cw}}}=-\Delta\theta_{\mathrm{wg_{ccw}}} \tag{3.20}$$

则运动误差为

$$\tilde{\theta}=\frac{\Delta\theta_{\mathrm{cw}}+\Delta\theta_{\mathrm{ccw}}}{2} \tag{3.21}$$

图 3.6 分别显示了关节正向旋转一周和反向旋转一周时柔轮的运动误差波动曲线，该曲线表明关节输出端位置误差及柔性的位置误差随电动机旋转角度呈周期性变化并受旋转速度影响。

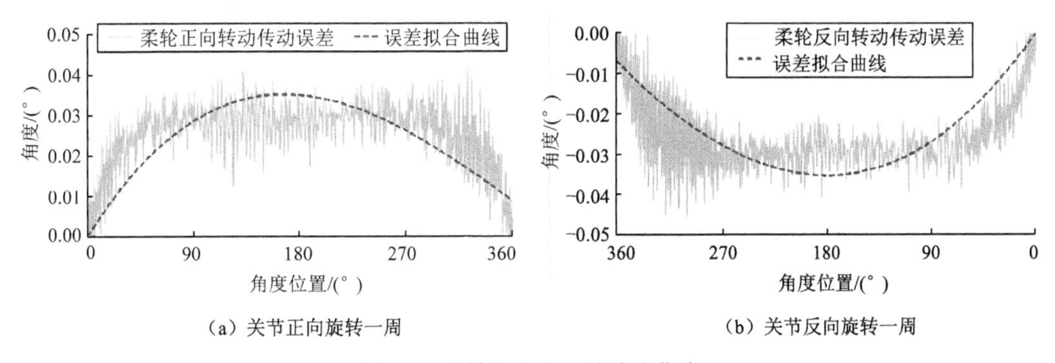

（a）关节正向旋转一周　　（b）关节反向旋转一周

图 3.6　柔轮的运动误差波动曲线

图 3.7 为关节正向旋转一周和反向旋转一周时波发生器的运动误差波动曲线。在该曲线中，关节具有恒定的正向加速度和反向加速度值，可以明显看到波发生器的传动误差随角度呈周期性变化并与速度紧密相关。

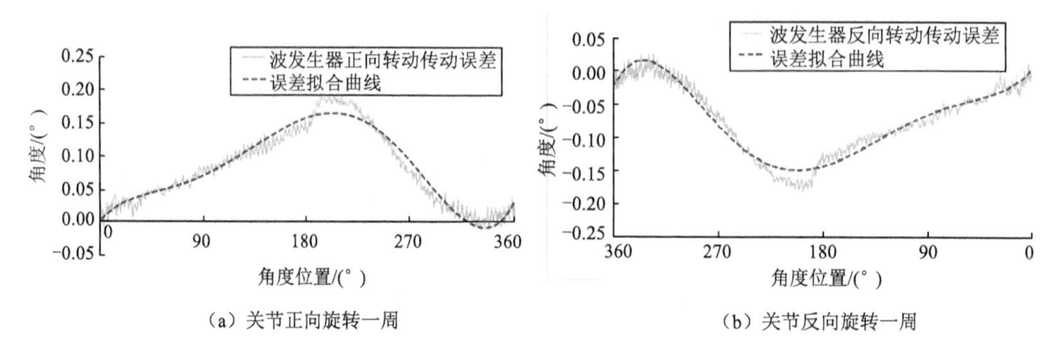

(a) 关节正向旋转一周　　(b) 关节反向旋转一周

图 3.7　波发生器的运动误差波动曲线

这 4 个测量结果均是在恒定电机最大转动速度和最大加速度的情况下实验得到的。依据实验获得的非线性误差波形，使用傅里叶级数展开，可得到电机端和关节输出端运动误差模型：

$$\begin{aligned}\tilde{\theta}_{wg} &= a_{wg0} + a_{wg1}\cos(\theta_{wgi}w_w) + b_{wg1}\sin(\theta_{wgi}w_w) \\ &\quad + a_{wg2}\cos(2\theta_{wgi}w_w) + b_{wg2}\sin(2\theta_{wgi}w_w)\end{aligned} \tag{3.22}$$

$$\tilde{\theta}_1 = a_{10} + a_{11}\cos(\theta_{fso}w_1) + b_{11}\sin(\theta_{fso}w_1) \tag{3.23}$$

关节输出端和电动机输入端的运动误差拟合结果分别如图 3.6 和图 3.7 所示，则运动误差可以表示为

$$\begin{aligned}\tilde{\theta} &= a_0 + a_{11}\cos(\theta_{fso}w_1) + b_{11}\sin(\theta_{fso}w_1) \\ &\quad + a_{wg1}\cos(\theta_{wgi}w_w) + b_{wg1}\sin(\theta_{wgi}w_w) \\ &\quad + a_{wg2}\cos(2\theta_{wgi}w_w) + b_{wg2}\sin(2\theta_{wgi}w_w)\end{aligned} \tag{3.24}$$

式中，系数 a_0、a_{11}、b_{11}、w_1、a_{wg1}、a_{wg2}、b_{wg1}、b_{wg2} 和 w_w 是通过图 3.6 和图 3.7 中的实验数据获得的。

运动误差模型具体参数拟合结果如表 3.1 所示。

表 3.1　运动误差模型具体参数拟合结果

参数	数据	参数	数据
a_0	0	b_{wg1}	−0.007564
a_{11}	−0.0005904	a_{wg2}	0.013152
b_{11}	−0.017236	b_{wg2}	0.0036196
w_1	0.008655	w_w	0.00867
a_{wg1}	0.006376		

通过 MATLAB 对运动误差模型进行仿真，仿真结果如图 3.8 所示。

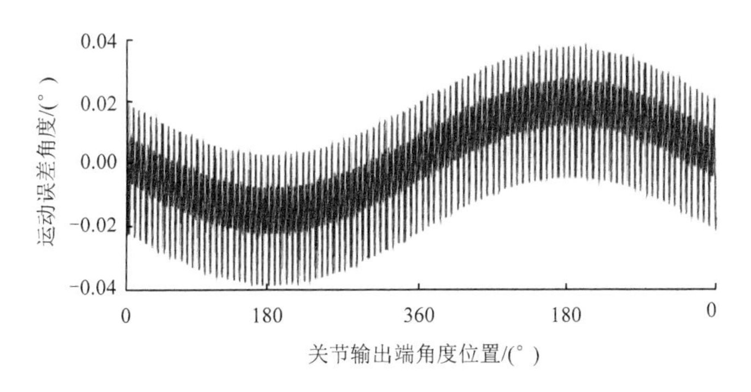

图 3.8　运动误差模型仿真结果

3.1.3　基于谐波传动的关节动力学模型

模块化关节动力学模型的主要架构是由关节内的关键零部件特性决定的，主要分为驱动部分、传动部分和输出部分。

为了更好地对关节进行量化分析，建立适用于本节关节的动力学模型，对关节驱动和传动部分做出如下假设。

1）伺服电机转子和传动轴为理想轴对称刚体，忽略电机转动过程中的扭转变形，关节内部驱动和传动元件保证同轴度。

2）伺服电机为理想的动力源，忽略电机损耗，对电机电气系统进行简化处理。

3）将传动轴和关节输出法兰柔性与谐波减速器柔性合并处理。

经过以上假设，依据模块化关节结构设计，可得如图 3.9 所示关节模型。

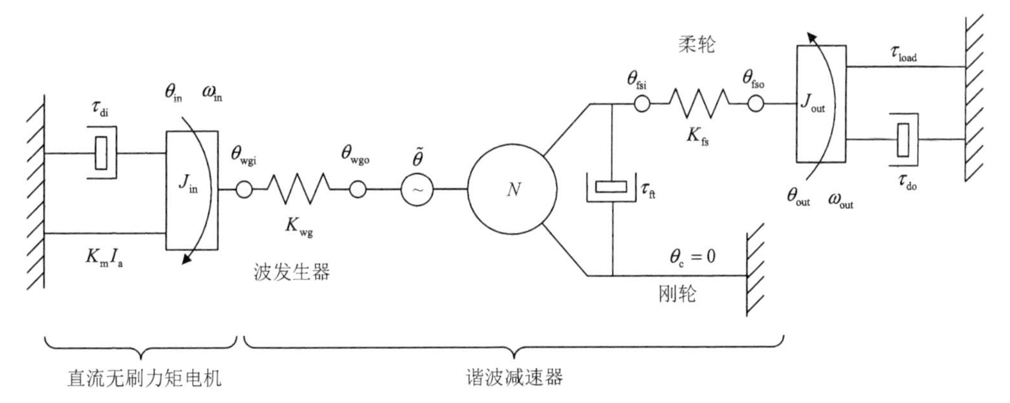

τ_{di} —关节输入端摩擦力矩；τ_{ft} —相对于减速器输出端的谐波传动器摩擦力矩；τ_{do} —输出端摩擦力矩；τ_{load} —负载力矩；ω_{in} —整个谐波减速器的输入角速度；θ_{fsi} —关节输入端的柔轮角度位置；θ_{wgi} —波发生器输入端的角度位置；θ_{fso} —关节输出端的柔轮角度位置；θ_{wgo} —波发生器输出端的角度位置；$\tilde{\theta}$ —运动误差；K_{wg} —波发生器的局部弹性系数；K_{fs} —柔轮的局部弹性系数。

图 3.9　基于谐波传动的关节模型

采用基于牛顿-欧拉法的关节动力学模型，可以得到关节输入和输出端的动力学方程：

$$\begin{cases} J_{\text{in}}\ddot{\theta}_{\text{in}} = J_{\text{in}}\ddot{\theta}_{\text{wg}} = \tau_{\text{m}} - \tau_{\text{di}} - \tau_{\text{wg}} \\ J_{\text{out}}\ddot{\theta}_{\text{out}} = \tau_{\text{fs}} - \tau_{\text{ft}} - \tau_{\text{do}} - \tau_{\text{load}} \end{cases} \tag{3.25}$$

根据直流无刷力矩电机的电气特性，电机力矩与电机电流之间存在线性关系，则电机输出力矩可以表示为

$$\tau_{\text{m}} = K_{\text{m}} I_{\text{a}} \tag{3.26}$$

式中，K_{m} 为电机扭矩常数；I_{a} 为电机电流。

将式（3.5）和式（3.26）代入式（3.25）中，整理后得到：

$$J_{\text{in}}\ddot{\theta}_{\text{in}} = K_{\text{m}} I_{\text{a}} - \tau_{\text{di}} - \tau_{\text{wg}} \tag{3.27}$$

$$J_{\text{out}}\ddot{\theta}_{\text{out}} = N\tau_{\text{wg}} - \tau_{\text{ft}} - \tau_{\text{do}} - \tau_{\text{load}} \tag{3.28}$$

式中，τ_{d} 为关节阻尼力矩，一般由两部分组成，分别是黏滞阻尼 τ_{visc} 和库仑摩擦 τ_{fric}。阻尼力矩可以表示为

$$\tau_{\text{d}} = \tau_{\text{visc}} + \tau_{\text{fric}} \tag{3.29}$$

其中，黏滞阻尼是指振动系统所受的阻力而引起的能量损耗，该阻力的大小与运动速度的大小成正比，方向与运动速度的方向相反。黏滞阻尼与角速度有明显的线性关系，因此可以表示为

$$\tau_{\text{visc}} = b_1\dot{\theta} \tag{3.30}$$

式中，b_1 为黏滞系数。

摩擦力矩项采用改进的库仑摩擦模型，在低速转动状态下，摩擦力矩随速度增大而减小，且两者之间具有线性关系，是连续变化参数。同时，需要考虑零速度点的离散性，因此库仑摩擦项可以表示为

$$\tau_{\text{fric}} = |\tau_{\text{N}}| \left[\mu \tanh\left(\frac{\dot{\theta}_i}{\omega_1}\right) + \frac{\dot{\theta}_i}{\omega_2} \text{e}^{-|\omega/\omega_{\text{s}}|^{\delta_{\text{s}}}} \right] \tag{3.31}$$

式中，τ_{N} 为输出力矩；μ为摩擦系数；ω_{s} 为 Stribeck 速度；δ_{s} 为指数参数，这里取 $\delta_{\text{s}} = 1$。

为简化计算，关节的输入端摩擦力矩项为

$$\tau_{\text{di}} = b_{\text{in}}\dot{\theta}_{\text{in}} + C_1 \tanh\left(\frac{\dot{\theta}_i}{\omega_1}\right) + C_2\dot{\theta}_{\text{in}} \text{e}^{-|\omega/\omega_{\text{s}}|^{\delta_{\text{s}}}} + b_{\text{inD}} \text{sign}\,\dot{\theta}_{\text{in}} \tag{3.32}$$

$$\tau_{\text{do}} = b_{\text{out}}\dot{\theta}_{\text{out}} + b_{\text{outC}} \text{sign}\,\dot{\theta}_{\text{out}} \tag{3.33}$$

式中，$C_1 = |T_{\text{N}}|\mu$；$C_2 = |T_{\text{N}}|/\omega$。

在谐波传动中，柔轮和刚轮的轮齿啮合处存在摩擦力，则增添周期性变化摩擦项：

$$\tau_{\text{ft}} = A_{\text{cyclic}} \sin(\theta_{\text{out}} + \gamma_{\text{cyclic}}) \tag{3.34}$$

式中，A_{cyclic} 为振幅；γ_{cyclic} 为初始相位。

在式（3.34）中加入相位移 λ_{cyclic}，则式（3.34）可以简化为

$$\tau_{\text{ft}} = A_1 \sin\theta_{\text{out}} + A_2 \cos\theta_{\text{out}} \tag{3.35}$$

式中，A_1、A_2 为关于 τ_{ft} 的线性系数，详细可以表示为

$$\begin{cases} A_1 = A_{\text{cyclic}} \cos\gamma_{\text{cyclic}} \\ A_2 = A_{\text{cyclic}} \sin\gamma_{\text{cyclic}} \end{cases} \tag{3.36}$$

低速状态下，输出端负载主要表现为负载重力矩，则负载力矩可以表示为

$$\tau_{\text{load}} = \tau_{\text{g}} \tag{3.37}$$

在谐波传动结构中，主要产生形变的是波发生器和柔轮，其刚度分别如式（3.13）和式（3.16）所示。谐波减速器的整体扭转变形能够通过双编码器检测得到，则输入谐波减速器的总扭转力矩为

$$\tau_{\text{wg}} = K_{\text{wg}}\Delta\theta_{\text{wg}} + K_{\text{fs}}\Delta\theta_{\text{fs}} \tag{3.38}$$

将式（3.29）～式（3.38）代入式（3.25）中，可得

$$\begin{aligned} J_{\text{in}}\ddot{\theta}_{\text{in}} - K_{\text{m}}I_{\text{a}} = & -\frac{1}{N}(K_{\text{wg}}\Delta\theta_{\text{wg}} + K_{\text{fs}}\Delta\theta_{\text{fs}}) - \tanh\left(\frac{\dot{\theta}_{\text{in}}}{\omega_1}\right) \\ & - \dot{\theta}_{\text{in}}\mathrm{e}^{-|\omega/\omega_{\text{s}}|^{\delta_{\text{s}}}} - b_{\text{in}}\dot{\theta}_{\text{in}} - b_{\text{inD}}\operatorname{sign}\dot{\theta}_{\text{in}} \end{aligned} \tag{3.39}$$

$$\begin{aligned} J_{\text{out}}\ddot{\theta}_{\text{out}} + \tau_{\text{g}} = \tau_{\text{out}} = & K_{\text{wg}}\Delta\theta_{\text{wg}} + K_{\text{fs}}\Delta\theta_{\text{fs}} - b_{\text{out}}\dot{\theta}_{\text{out}} \\ & - b_{\text{outC}}\operatorname{sign}\dot{\theta}_{\text{out}} - A_1\sin\theta_{\text{out}} - A_2\cos\theta_{\text{out}} \end{aligned} \tag{3.40}$$

因为需要对关节模型进行参数辨识，因此可将式（3.39）和式（3.40）转化为辨识矩阵形式：

$$\boldsymbol{Y} = \boldsymbol{\phi}^{\text{T}}\boldsymbol{\Theta} \tag{3.41}$$

其中

$$\boldsymbol{Y} = \begin{bmatrix} J_{\text{in}}\ddot{\theta}_{\text{in}} - K_{\text{m}}I_{\text{a}} \\ J_{\text{out}}\ddot{\theta}_{\text{out}} - \tau_{\text{g}}\sin\theta_{\text{out}} \end{bmatrix} = \begin{bmatrix} J_{\text{in}}\ddot{\theta}_{\text{in}} - K_{\text{m}}I_{\text{a}} \\ \tau_{\text{out}} \end{bmatrix} \tag{3.42}$$

$$\boldsymbol{\phi}^{\text{T}} = \begin{bmatrix} -\Delta\theta_{\text{wg}}/N & -\Delta\theta_{\text{fs}}/N & -\tanh\left(\dfrac{\dot{\theta}_{\text{in}}}{\omega_1}\right) & -\dot{\theta}_{\text{in}}\mathrm{e}^{-|\dot{\theta}_{\text{in}}/\omega_{\text{s}}|} & -\dot{\theta}_{\text{in}} & -\operatorname{sign}\dot{\theta}_{\text{in}} & 0 & 0 & 0 & 0 \\ \Delta\theta_{\text{wg}} & \Delta\theta_{\text{fs}} & 0 & 0 & 0 & 0 & -\dot{\theta}_{\text{out}} & -\operatorname{sign}\dot{\theta}_{\text{out}} & -\sin\theta_{\text{out}} & -\cos\theta_{\text{out}} \end{bmatrix} \tag{3.43}$$

$$\boldsymbol{\Theta} = \begin{bmatrix} K_{\text{wg}} & K_{\text{fs}} & C_1 & C_2 & b_{\text{in}} & b_{\text{inD}} & b_{\text{out}} & b_{\text{outC}} & A_1 & A_2 \end{bmatrix}^{\text{T}} \tag{3.44}$$

式中，J_{in} 为输入端转动惯量；J_{out} 为输出端转动惯量；K_{m} 为电动机转矩常数；I_{a} 为电动机输出电流；τ_{g} 为负载力矩；τ_{out} 为关节输出转矩；$\Delta\theta_{\text{wg}}$ 为波发生器扭转角度；$\Delta\theta_{\text{fs}}$ 为柔轮扭转角度；$N=100$，为谐波减速器减速比；$\dot{\theta}_{\text{in}}$、$\ddot{\theta}_{\text{in}}$ 为关节输入端角速度和角加速度；θ_{out}、$\dot{\theta}_{\text{out}}$、$\ddot{\theta}_{\text{out}}$ 为关节输出端角度、角速度和角加速度；b_{in}，b_{inD}，b_{out}，b_{outC} 为 Stribeck 模型系数，前两个是输入端的 Stribeck 摩擦模型系数，后两个是输出端的 Stribeck 摩擦模型系数。

该模型为本节模块化关节动力学模型，其中矩阵 $\sum\phi(i)\phi(i)^{\text{T}}$ 为可逆对称矩阵，即满足 $\left[\sum\phi(i)\phi(i)^{\text{T}}\right]_{nm} = \left[\sum\phi(i)\phi(i)^{\text{T}}\right]_{mn}$，且 $\left[\sum\phi(i)\phi(i)^{\text{T}}\right]^{-1}$ 存在。

3.2 基于最小二乘法的关节参数辨识

为了保证协作机器人的作业水平，人们对协作机器人提出了高速、高精度要求，即协作机器人在负载低速和空载高速运动的情况下，其末端能够获得较高的重复定位精度。这就需要在编写上位机控制系统之前得到精确的动力学模型及其相应参数。本节针对关节建模参数不确定和部分采集参数扰动较大、噪声较多的问题，对关节内部的摩擦项和关节刚度进行参数辨识，优化关节模型，提高关节定位精度，提升关节控制性能。

3.2.1 关节摩擦参数辨识

机器人关节内绝大多数运动机制存在一定程度的摩擦，摩擦是影响系统性能的重要因素。以往的协作机器人内并没有集成伺服驱动器模块和过多的电子元器件，如闭环位置传感器、温度传感器等，因此关节内部空间较为充裕，对电动机和减速器的要求不像上文所述那样严格。对于常用的配套减速箱等减速机构而言，传动部分的摩擦相对来说建模比较容易；而引入谐波减速器的模块化关节之后，由于谐波传动本身的低质量、高减速比、高转矩容量的特性，导致关节传动部分具有较大的传动摩擦，以至影响关节定位精度和接下来的力控制研究，对关节甚至整体机器人的控制造成影响，因此需要对关节内的摩擦力项进行辨识。

1. 关节摩擦力模型

目前针对机器人关节摩擦力的建模方法有很多，具有代表性的主要有库仑-黏滞摩擦建模方法、Stribeck 摩擦建模方法、Dahl 摩擦建模方法和 LuGre 摩擦建模方法等[12]。

这些建模方法中，库仑-黏滞摩擦建模方法和 Stribeck 摩擦建模方法属于静态摩擦建模范畴，这两种模型是通过建立静态摩擦力模型来表示已知关节内的摩擦力变化的，并没有动态表示摩擦力的能力，即摩擦参数是固定的；但是，这两种摩擦模型结构相对简单，系数较少易于辨识，因此应用最为广泛[13]。

Dahl 摩擦模型和 LuGre 摩擦模型为动态摩擦模型。Dahl 摩擦模型考虑了预滑动位移，能够体现摩擦的滞后特性；但是，该模型无法体现静摩擦力特征，同时忽略了摩擦中的 Stribeck 现象[14]。Stribeck 效应曲线如图 3.10 所示。LuGre 摩擦模型能比较准确地描述静、动态摩擦性质，但这不仅导致该模型涉及较多的模型参数，而且对辨识平台的要求也比较高，相比于工程环境应用来说更适用于实验研究。

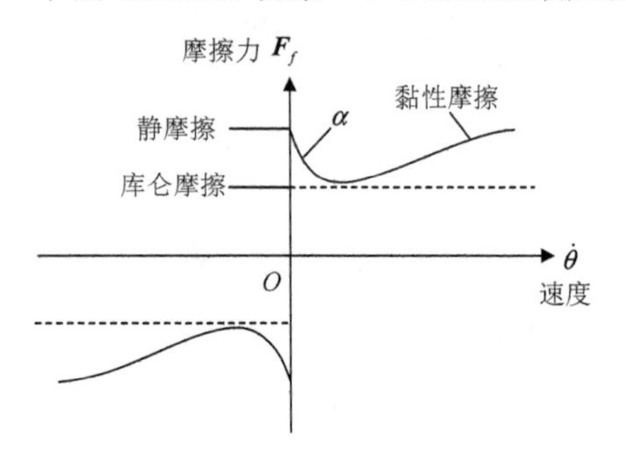

图 3.10 Stribeck 效应曲线

综上所述，在对摩擦力项进行精确建模的同时，应减少需要辨识的参数数量，简化辨识过程。因此，采用考虑了黏滞摩擦项的改进 Stribeck 模型来表示关节摩擦力矩项，具体模型如下：

$$\tau_f = f_1 \mathrm{sign}(\dot{\theta}) + f_2\dot{\theta} + f_3[1 - \mathrm{e}^{\frac{-\dot{\theta}}{f_4}}] \tag{3.45}$$

式中，f_1、f_2、f_3、f_4分别为 Stribeck 模型系数，这里主要对该模型系数进行参数辨识。

整体来说，摩擦力本身是一种较为复杂的非线性变化量，上述辨识模型仅能在低速转动情况下对摩擦力进行表征，并不适用于高速运转状态下的关节模型。

2. 关节摩擦参数辨识

针对低速运转状态下的关节摩擦力项进行参数辨识，对关节运动状态进行分析，可以得到关节在匀低速空载转动状态下，电机输出的驱动力矩全部用来克服关节摩擦力。关节的输入端和输出端的位置及速度参数可以分别由电机端增量式编码器和输出端高精度绝对值编码器测得。

因此，可以设置如下实验：对关节转动速度进行设定，取 0～10° /s 转动速度，并以 0.5° /s 为递增公差进行参数采集，依据电机输出力矩计算关节整体摩擦力矩。分别对关节的正转和反转两个方向进行实验，每个方向实验 3 次，累计采集 120 组数据，计算可得采集到的电流数据的和方差（sum of squared error，SSE）、决定系数（R^2）、标准差（root mean squared error，RMSE）和校正决定系数（Adj R^2），并分析数据的拟合程度和离散情况。

关节正向旋转部分采集数据分析结果如表 3.2 所示。

表 3.2　关节正向旋转部分采集数据分析结果

Stribeck 模型			
和方差	R^2	标准差	Adj R^2
1.8453	0.9935	0.1850	0.9930

从表 3.2 中的数据可以看出，实验数据的离散程度较低，拟合程度较好，满足辨识实验要求。通过实验采集到的电机输出力矩和计算得到的关节正向旋转时不同转速下的摩擦力矩曲线如图 3.11 所示。

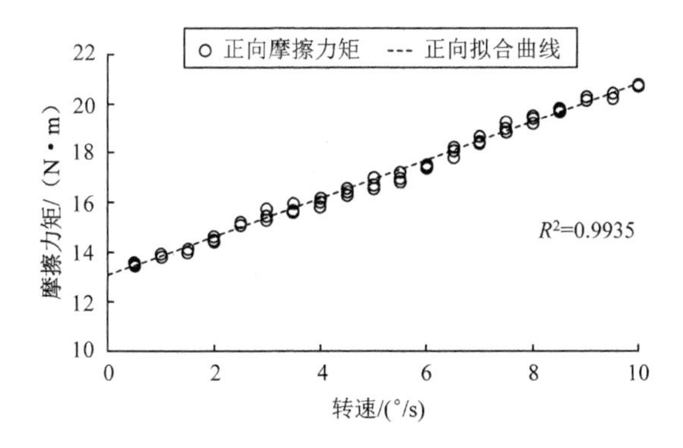

图 3.11　关节正向旋转时不同转速下的摩擦力矩曲线

关节反向旋转部分采集数据分析结果如表 3.3 所示。

表 3.3　关节反向旋转部分采集数据分析结果

Stribeck 模型			
和方差	R^2	标准差	Adj R^2
2.2694	0.9917	0.2102	0.9908

同理，计算得到的关节反向旋转时不同转速下的摩擦力矩曲线如图 3.12 所示。

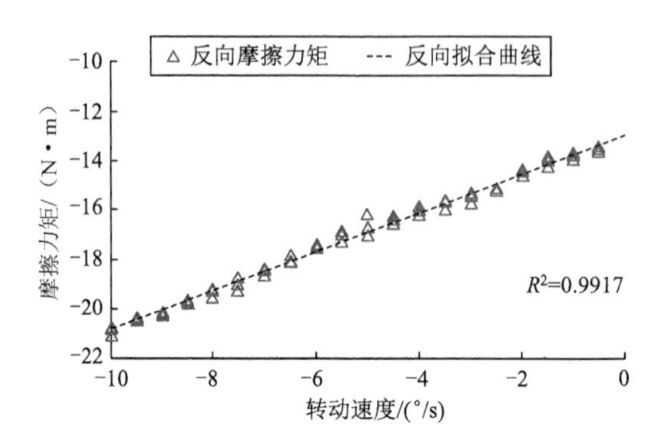

图 3.12　关节反向旋转时不同转速下的摩擦力矩曲线

将式（3.45）中的 Stribeck 摩擦模型变化为辨识模型：

$$\tau_f = a\text{sign}(\dot{\theta}) + b\dot{\theta} + c(1 - \mathrm{e}^{d\dot{\theta}}) \tag{3.46}$$

式中，a、b、c、d 为模型辨识系数，应用采集数据进行拟合得到。

结合 Stribeck 摩擦模型的拟合曲线，可以得到该模型的拟合系数，结果如表 3.4 所示。

表 3.4　Stribeck 摩擦模型拟合系数

正向转动				反向转动			
a	b	c	d	a	b	c	d
13.17	0.3387	−9.351	0.0383	13.16	1.075	6.165	0.0655

摩擦力矩辨识结果如图 3.13 所示。

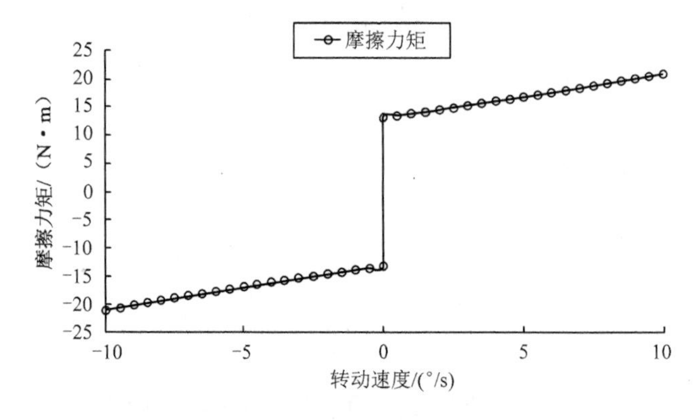

图 3.13　摩擦力矩辨识结果

本小节中的摩擦力辨识采用的是离线静态摩擦模型，其本身并不适用于复杂多变的工作环境。但是由于设计的协作机器人的关节所在工作空间的室温、压强、磁场和疲劳冲击等环境参数变化较小，对关节零部件的工作性能影响较低，因此近似认为该模型和对应的辨识参数能够客观地反映一定工作时间内的关节摩擦。

3.2.2　关节刚度辨识

关节刚度不仅是反映关节动态性能的重要指标，还是实现关节力感知功能的一个重要参数，是实现力控制的先决条件，其重要性不言而喻。关节中的主要形变是包含谐波减速器在内的传动系统，其中电动机传动轴和输出法兰在选材方面尽量避免其材质具有较大的形变量，负载扭转程度可以忽略不计，因此可以近似地用谐波减速器的刚度来代表关节扭转刚度。

3.1 节中对谐波减速器的柔轮和波发生器的刚度进行了初步定义和建模。对于简单机构，可以通过计算得到关节整体的刚度值 K：

$$K=\frac{1}{\dfrac{1}{K_1}+\dfrac{1}{K_2}} \tag{3.47}$$

式中，K_1、K_2 分别为波发生器和柔轮的刚度。

通过上述公式计算得到的关节刚度值与实际值偏差较大，会降低关节控制性能，导致控制偏差。因此，需要让关节在不同负载的情况下进行转动，并采集关节传感器的数据，通过辨识的方法计算得到关节实际刚度值。

就谐波减速器来说，每一个型号的谐波减速器均有生产商提供的基本性能参数，这些参数往往是经过生产商的技术人员反复实验得到的，具有普适性。依据 Harmonic Drive 公司提供的选型样本，可以得到本型号谐波减速器的刚度与转矩之间的关系，如图 3.14 所示。

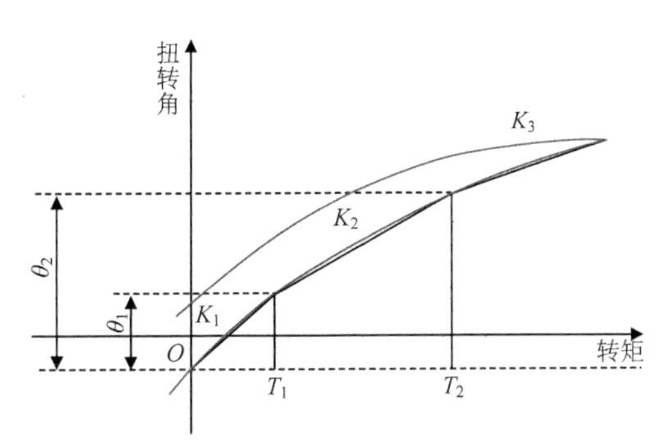

图 3.14　谐波减速器刚度值分布曲线

图 3.14 中，K_1、K_2、K_3 分别表示 0～7.0N · m、7.0～25N · m、25～100N · m 范围内谐波减速器的刚度参数，具体参数如表 3.5 所示。

依据谐波减速器样本数据，针对谐波减速器三段刚度变化特性，对关节进行刚度辨识实验。分别对关节施加 5N · m、15N · m 和 30N · m 的静态负载，每种负载状态下进行 3 次参数采集，累计进行 9 组实验。此时的关节形变量是在减去负载杆本身重力矩造成的形变量基础上进行计算的，则关节的电机扭矩和形变量如图 3.15～图 3.17 所示。

表 3.5　谐波样本分段刚度值

扭矩范围/（N·m）	刚度/（10^4N·m/rad）
0～7.0	1.1
7.0～25	1.3
25～100	3.7

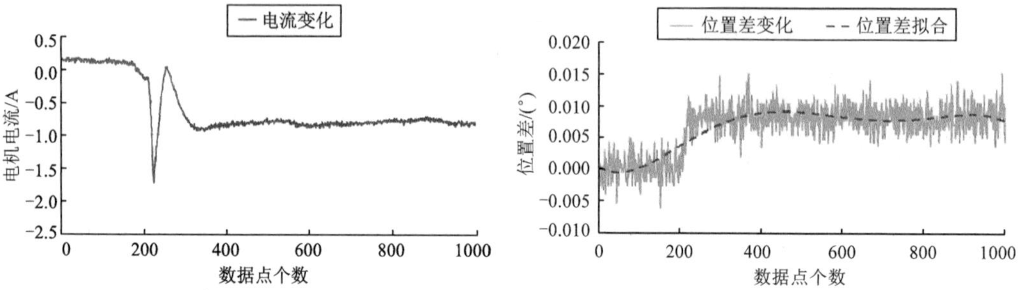

图 3.15　5N·m 负载下关节的电机扭矩和形变量

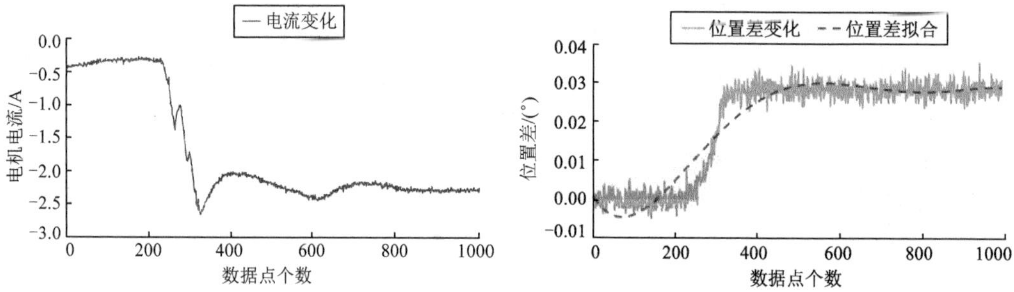

图 3.16　15N·m 负载下关节的电机扭矩和形变量

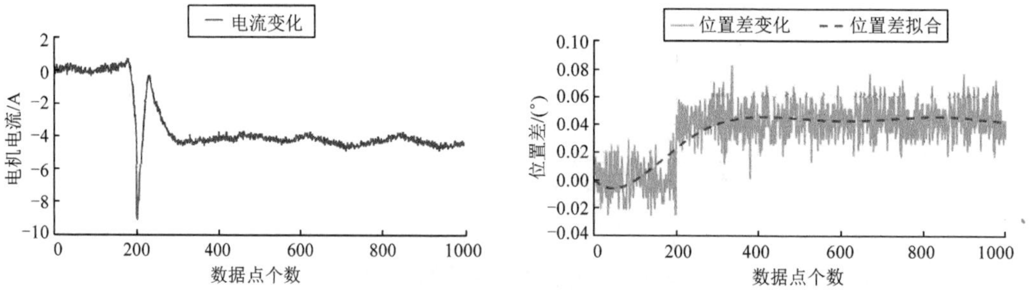

图 3.17　30N·m 负载下关节的电机扭矩和形变量

由图 3.15～图 3.17 可得，关节形变产生阶段主要发生在关节启动和加速状态。关节启动时，形变量在零刻度上下浮动，并未马上变化，这是因为此时电机的输出力矩大部分用来克服关节摩擦力；经过启动阶段后形变量近似呈线性增长，最终在关节平衡状态时形变量稳定在某一范围，其中电流变化为启动时的电流突变现象。刚度辨识主要取自关节平衡状态下的采集数据，能较准确地反映关节刚度特性。

下面以采集的数据为基础对关节进行刚度辨识。

1）当负载力矩 τ_1 为 5N·m 时，形变量为 φ_1，则关节刚度 K_1 为

$$K_1 = \frac{\tau_1}{\varphi_1} \tag{3.48}$$

2）当负载力矩 τ_2 为 15N·m 时，形变量为 φ_2，则关节刚度 K_2 为

$$\varphi_2 = \frac{7}{K_1} + \frac{\tau_2 - 7}{K_2} \tag{3.49}$$

即

$$K_2 = \frac{\tau_2 - 7}{\varphi_2 - \dfrac{7}{K_1}}$$

3）当负载力矩 τ_3 为 30N·m 时，形变量为 φ_3，则关节刚度 K_3 为

$$\varphi_3 = \frac{7}{K_1} + \frac{25}{K_2} + \frac{\tau_3 - 25}{K_3} \tag{3.50}$$

即

$$K_3 = \frac{\tau_3 - 25}{\varphi_3 - \dfrac{7}{K_1} - \dfrac{25}{K_2}}$$

依据上述公式对采集到的参数进行刚度辨识，可以得到分段刚度，如表 3.6 所示。

表 3.6　关节刚度辨识结果

负载力矩/（N·m）	辨识刚度/（10^4N·m/rad）
5	0.956
15	1.289
30	3.303

由表 3.6 可以看出，辨识出的关节刚度相比于谐波减速器的样本刚度略小，这是由于在关节的传动部分其他零部件同样具有部分扭转变形，导致关节刚度值略小于谐波减速器刚度值。本节中的辨识刚度只针对低速转动的关节，且负载力矩的选用最大值接近关节的连续转矩，低于极限负载转矩，保证实验时关节使用安全，不会对关节性能造成负面影响，并能够真实反映关节在工作状态下的刚度特性。

3.2.3　关节整体离线参数辨识

对模块化关节进行动力学建模之后，需要对动力学中的参数进行辨识，提高模型的准确度和控制精度。控制系统中的动力学参数大部分是通过离线辨识的方法得到的，并且获得的是固定值或线性变化量，方便控制系统直接使用。

离线参数辨识的辨识步骤是首先通过实验采集关键传感器数据，然后利用 MATLAB、Origin 等数据处理软件，对采集到的数据进行处理，拟合得到系统或模型参数，最后实现参数识别。在数据采集过程中，如果传感器数据噪声较大，奇异值较多，

可能需要采用滤波算法对数据进行前期处理，优化辨识结果。3.2.1 和 3.2.2 小节中对谐波摩擦力和关节整体刚度进行了参数辨识，下面将对包括摩擦和刚度参数在内的所有关节参数进行整体辨识。

1. 最小二乘辨识算法

针对机器人关节参数辨识问题，国内外相关机构已经进行了非常充分的研究，并应用过数十种参数辨识方法，如最大似然法、卡尔曼滤波算法、遗传算法、人工神经网络和最小二乘法等[15-18]。研究人员通过比较各种辨识算法的优劣和关节方案的适用性，最终决定采用最小二乘法对本模块化关节的动力学模型参数进行辨识。

最小二乘法是通过最小化误差的平方和拟合数据的最佳匹配函数[19]。其基本原理如下。

待辨识参数的系统模型结构一般为

$$\boldsymbol{y}_0(t) = \boldsymbol{H}[\boldsymbol{x}(t), t, \boldsymbol{\theta}] \tag{3.51}$$

式中，t 为时间；$\boldsymbol{y}_0(t) \in \mathbf{R}^{n\times 1}$，为观测矢量；$\boldsymbol{x}(t) \in \mathbf{R}^{m\times 1}$，为关于时间的变量；$\boldsymbol{\theta} \in \mathbf{R}^{p\times 1}$，为辨识矢量。

含有误差 $\boldsymbol{\varepsilon}$ 的观测量为

$$\boldsymbol{y}(t) = \boldsymbol{y}_0(t) + \boldsymbol{\varepsilon} \tag{3.52}$$

通过式（3.51）估算满足系统性能要求的辨识矢量 $\boldsymbol{\theta}$，此时需要使用合理的估算算法。假设矢量 θ 是线性参数，则式（3.52）可变为

$$\boldsymbol{y}_0(t) = \boldsymbol{H}[x(t), t]\boldsymbol{\theta} \Rightarrow \boldsymbol{y}(t) = \boldsymbol{H}[x(t), t]\boldsymbol{\theta} + \boldsymbol{\varepsilon} \tag{3.53}$$

参数 $\boldsymbol{\theta}$ 的最小二乘估计值定义为

$$\hat{\boldsymbol{\theta}}_{\text{LS}} \triangleq \arg\min_{\boldsymbol{\theta}} \boldsymbol{J}_{\text{LS}} = \arg\min_{\boldsymbol{\theta}} \left\| \boldsymbol{y}(t) - \boldsymbol{H}[x(t), t]\boldsymbol{\theta} \right\|^2 \tag{3.54}$$

式中，$\boldsymbol{J}_{\text{LS}}$ 为二次型准则函数，可详细表示为

$$\boldsymbol{J}_{\text{LS}} \triangleq \{\boldsymbol{y}(t) - \boldsymbol{H}[x(t), t]\boldsymbol{\theta}\}^{\text{T}} \{\boldsymbol{y}(t) - \boldsymbol{H}[x(t), t]\boldsymbol{\theta}\} \tag{3.55}$$

将式（3.55）展开，可得

$$\begin{aligned} \boldsymbol{J}_{\text{LS}} = {} & \boldsymbol{y}(t)^{\text{T}} \boldsymbol{y}(t) - \boldsymbol{\theta}^{\text{T}} \boldsymbol{H}[x(t), t]^{\text{T}} \boldsymbol{y}(t) - \boldsymbol{y}(t)^{\text{T}} \boldsymbol{H}[x(t), t]\boldsymbol{\theta} \\ & + \boldsymbol{\theta}^{\text{T}} \boldsymbol{H}[x(t), t]^{\text{T}} \boldsymbol{H}[x(t), t]\boldsymbol{\theta} \end{aligned} \tag{3.56}$$

为了保证二次型准则函数 $\boldsymbol{J}_{\text{LS}}$ 满足最小的要求，应对 $\boldsymbol{\theta}$ 求偏导，可得

$$\left. \frac{\partial \boldsymbol{J}(\boldsymbol{\theta})}{\partial \boldsymbol{\theta}} \right|_{\theta = \hat{\theta}_{\text{LS}}} = 0 \tag{3.57}$$

将式（3.56）代入式（3.57），可得

$$\boldsymbol{H}[x(t), t]^{\text{T}} \boldsymbol{H}[x(t), t]\hat{\boldsymbol{\theta}}_{\text{LS}} = \boldsymbol{H}[x(t), t]^{\text{T}} \boldsymbol{y}(t) \tag{3.58}$$

其中，若矩阵 $\boldsymbol{H}[x(t), t]^{\text{T}} \boldsymbol{H}[x(t), t]$ 满秩，即矩阵的逆 $\{\boldsymbol{H}[x(t), t]^{\text{T}} \boldsymbol{H}[x(t), t]\}^{-1}$ 存在，那么可以得到 $\boldsymbol{\theta}$ 的最小二乘估计值，可以表示为

$$\hat{\boldsymbol{\theta}}_{\text{LS}} = \{\boldsymbol{H}[x(t), t]^{\text{T}} \boldsymbol{H}[x(t), t]\}^{-1} \boldsymbol{H}[x(t), t]^{\text{T}} \boldsymbol{y}(t) \tag{3.59}$$

最小二乘估算法是参数辨识的常用算法，计算量小且易实现，同时能保证一定的辨识精度，满足参数辨识需求。

2. 动力学参数辨识

针对含有谐波减速器的关节建立动力学模型，为了方便地进行参数辨识，在原模型的基础上忽略模型中关节输入端的非线性阻尼项，可得关节新动力学方程：

$$J_{\mathrm{in}}\ddot{\theta}_{\mathrm{in}} - K_{\mathrm{m}}I_{\mathrm{a}} = -\frac{K_{\mathrm{wg}}}{N}\Delta\theta_{\mathrm{wg}} - \frac{K_{\mathrm{fs}}}{N}\Delta\theta_{\mathrm{fs}} - b_{\mathrm{in}}\dot{\theta}_{\mathrm{in}} - b_{\mathrm{inD}}\mathrm{sign}\,\dot{\theta}_{\mathrm{in}} \tag{3.60}$$

$$J_{\mathrm{out}}\ddot{\theta}_{\mathrm{out}} + \tau_{\mathrm{g}} = K_{\mathrm{wg}}\Delta\theta_{\mathrm{wg}} + K_{\mathrm{fs}}\Delta\theta_{\mathrm{fs}} - b_{\mathrm{out}}\dot{\theta}_{\mathrm{out}} - b_{\mathrm{outC}}\mathrm{sign}\,\dot{\theta}_{\mathrm{out}} \tag{3.61}$$

其中输出力矩可根据添加负载计算得到：

$$\tau_{\mathrm{out}} = J_{\mathrm{out}}\ddot{\theta}_{\mathrm{out}} + \tau_{\mathrm{g}} \tag{3.62}$$

将式（3.60）和式（3.61）变为辨识矩阵形式：

$$\boldsymbol{Y} = \boldsymbol{\phi}^{\mathrm{T}}\boldsymbol{\Theta} \tag{3.63}$$

其中

$$\boldsymbol{Y} = \begin{bmatrix} J_{\mathrm{in}}\ddot{\theta}_{\mathrm{in}} - K_{\mathrm{m}}I_{\mathrm{a}} \\ J_{\mathrm{out}}\ddot{\theta}_{\mathrm{out}} + \tau_{\mathrm{g}} \end{bmatrix} = \begin{bmatrix} J_{\mathrm{in}}\ddot{\theta}_{\mathrm{in}} - K_{\mathrm{m}}I_{\mathrm{a}} \\ \tau_{\mathrm{out}} \end{bmatrix} \tag{3.64}$$

$$\boldsymbol{\phi}^{\mathrm{T}} = \begin{bmatrix} -\Delta\theta_{\mathrm{wg}}/N & -\Delta\theta_{\mathrm{fs}}/N & -\dot{\theta}_{\mathrm{in}} & -\mathrm{sign}\,\dot{\theta}_{\mathrm{in}} & 0 & 0 \\ \Delta\theta_{\mathrm{wg}} & \Delta\theta_{\mathrm{fs}} & 0 & 0 & -\dot{\theta}_{\mathrm{out}} & -\mathrm{sign}\,\dot{\theta}_{\mathrm{out}} \end{bmatrix} \tag{3.65}$$

$$\boldsymbol{\Theta} = \begin{bmatrix} K_{\mathrm{wg}} & K_{\mathrm{fs}} & b_{\mathrm{in}} & b_{\mathrm{inD}} & b_{\mathrm{out}} & b_{\mathrm{outC}} \end{bmatrix}^{\mathrm{T}} \tag{3.66}$$

式（3.63）满足最小二乘法对于辨识系统的模型结构要求，因此依据式（3.63）～式（3.66）开展离线参数辨识。

3. 离线参数辨识

本小节主要对关节整体进行参数辨识，其中考虑了关节中阻尼力矩的影响。关节输入和输出端的阻尼项采用库仑模型，忽略黏滞阻尼和轮齿啮合处产生的周期性摩擦力，则动力学模型可以表示为

$$\boldsymbol{y} = \begin{bmatrix} y_1 \\ y_2 \end{bmatrix} = \begin{bmatrix} -K_{\mathrm{m}}I_{\mathrm{a}} \\ \tau_{\mathrm{out}} \end{bmatrix} = \begin{bmatrix} -\dfrac{K_{\mathrm{wg}}}{N}\Delta\theta_{\mathrm{wg}} - \dfrac{K_{\mathrm{fs}}}{N}\Delta\theta_{\mathrm{fs}} - b_{\mathrm{inD}}\mathrm{sign}\,\dot{\theta}_{\mathrm{in}} \\ K_{\mathrm{wg}}\Delta\theta_{\mathrm{wg}} + K_{\mathrm{fs}}\Delta\theta_{\mathrm{fs}} - b_{\mathrm{outC}}\mathrm{sign}\,\dot{\theta}_{\mathrm{out}} \end{bmatrix} \tag{3.67}$$

按照式（3.67）进行参数辨识，结果如表 3.7 所示。由表 3.7 可得，在考虑关节库仑阻尼的情况下，通过式（3.67）$\boldsymbol{y}$ 矩阵中 y_1、y_2 两式得到的关节刚度值更贴近真实值，并且相比于谐波减速器刚度样本值，误差较小，接近于谐波减速器样本数值。

表 3.7　基于库仑阻尼的关节参数辨识结果

辨识参数	y_1	y_2
K_{wg}/(N·m/rad)	1.221	1.243
K_{fs}/(N·m/rad)	1.236×10^4	1.239×10^4
b_{inD}/(N·m)	0.01162	
b_{outC}/(N·m)		4.1569

关节传动系统中需要添加润滑脂或润滑油来保证传动的流畅和防锈，此时关节内部会产生随转速变化的黏滞阻尼。在考虑关节内部存在库仑阻尼和黏滞阻尼的情况下对参数进行辨识，则辨识模型如下：

$$\boldsymbol{y}=\begin{bmatrix} y_1 \\ y_2 \end{bmatrix}=\begin{bmatrix} -K_{\mathrm{m}} I_{\mathrm{a}} \\ \tau_{\mathrm{out}} \end{bmatrix}=\begin{bmatrix} -\dfrac{K_{\mathrm{wg}}}{N}\Delta\theta_{\mathrm{wg}}-\dfrac{K_{\mathrm{fs}}}{N}\Delta\theta_{\mathrm{fs}}-b_{\mathrm{in}}\dot{\theta}_{\mathrm{in}}-b_{\mathrm{inD}}\mathrm{sign}\dot{\theta}_{\mathrm{in}} \\ K_{\mathrm{wg}}\Delta\theta_{\mathrm{wg}}+K_{\mathrm{fs}}\Delta\theta_{\mathrm{fs}}-b_{\mathrm{out}}\dot{\theta}_{\mathrm{out}}-b_{\mathrm{outC}}\mathrm{sign}\dot{\theta}_{\mathrm{out}} \end{bmatrix} \tag{3.68}$$

依据式（3.68）对关节动力学模型进行参数辨识，考虑 y_1、y_2 之间的耦合关系，并将其视作一体的矩阵形式进行参数辨识，辨识结果如表 3.8 所示。

表 3.8　基于库仑阻尼和黏滞阻尼的参数辨识结果

辨识参数	辨识结果
K_{wg}/(N · m/rad)	1.254
K_{fs}/(N · m/rad)	1.283×10^4
b_{in}/(N · ms/rad)	0.00175
b_{inD}/(N · m)	0.0675
b_{out}/(N · ms/rad)	37.783
b_{outC}/(N · m)	1.548

对比表 3.7 和表 3.8 中的辨识结果，可以得到包含关节输入端和关节输出端库仑-黏滞阻尼力矩的关节刚度，此关节刚度更接近谐波减速器样本的刚度值，更贴近关节真实动力学性能，因此关节动力学中的库仑-黏滞阻尼力矩是不能忽略的。表 3.7 中的各辨识参数数值即作为关节动力学模型最终的参数辨识结果，依据该结果对关节进行力控研究。

3.3　基于力反馈的关节零力控制研究

目前，关节力矩感知的主要方法是在关节中安装力矩传感器或在机器人末端添加六维力/力矩传感器，从而能够直接测量关节和机器人所受外力，其响应速度快，测力精度高。但是力矩传感器的引入会降低关节稳定性，增大关节柔性，降低运动精度，增加控制难度；同时，高精度力控制研究需要力矩传感器保证较高精度，这会提高关节设计成本。为此，研究人员提出一种基于伺服电机力矩模式，应用关节双闭环位置反馈估测关节力矩的方法，该方法的力感知效果优于电流感知，且贴近力矩传感器的测力精度，可用该方法进行力控研究。

3.3.1　关节扭矩估算方法

为了提高关节力矩估计的准确性，本节依据关节参数辨识结果，提出利用关节输入/输出双位置反馈和关节辨识刚度的扭矩估算方法，为实现力矩模式下关节零力控制提供理论基础。

1. 基于双位置反馈的关节扭矩估算方法

依据足够精确的关节模型，通过关节等效刚度来估计关节扭矩。通过关节输入端和输出端的两个编码器采集角度位置量，用辨识出来的关节刚度对关节所受扭矩进行估测。谐波减速器的形变量为

$$\Delta\theta_{\mathrm{fs}}=\Delta\theta-\frac{\operatorname{sign}\tau_{\mathrm{wg}}}{C_{\mathrm{wg}}NK_{\mathrm{wg0}}}(1-\mathrm{e}^{-C_{\mathrm{wg}}|\tau_{\mathrm{wg}}|})-\tilde{\theta} \tag{3.69}$$

其中，总关节总扭转形变量 $\Delta\theta$ 可以通过关节输入端和输出端编码器的差值测得。运动误差已经进行过详细描述，具体为

$$\begin{aligned}\tilde{\theta}=&a_0+a_{11}\cos(\theta_{\mathrm{fso}}w_1)+b_{11}\sin(\theta_{\mathrm{fso}}w_1)\\&+a_{\mathrm{wg1}}\cos(\theta_{\mathrm{wgi}}w_{\mathrm{w}})+b_{\mathrm{w1}}\sin(\theta_{\mathrm{wgi}}w_{\mathrm{w}})\\&+a_{\mathrm{wg2}}\cos(2\theta_{\mathrm{wgi}}w_{\mathrm{w}})+b_{\mathrm{w2}}\sin(2\theta_{\mathrm{wgi}}w_{\mathrm{w}})\end{aligned} \tag{3.70}$$

则令柔轮发生形变量为 $\Delta\theta_{\mathrm{fs}}$ 的扭矩为

$$\tau_{\mathrm{fs}}=\frac{\tan(\Delta\theta_{\mathrm{fs}}C_{\mathrm{fs}}K_{\mathrm{fs0}})}{C_{\mathrm{fs}}} \tag{3.71}$$

利用关节输入/输出双位置反馈和关节刚度来估算关节扭矩的方法如图 3.18 所示。

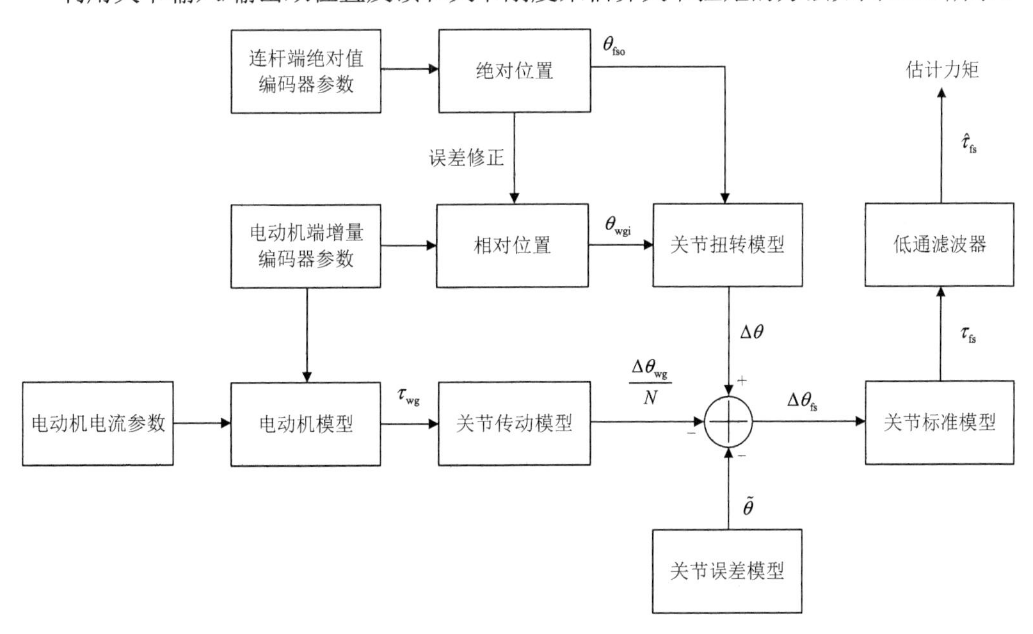

图 3.18　关节刚度扭矩估算方法

在关节实验平台中，使用伺服电动机驱动器来检测电动机电流，波发生器扭矩 τ_{wg} 可以通过电机输出扭矩进行估算：

$$\tau_{\mathrm{m}}=J_{\mathrm{in}}\ddot{\theta}_{\mathrm{wg}}+\tau_{\mathrm{fm}}+\tau_{\mathrm{wg}} \tag{3.72}$$

式中，J_{in} 为电机转子、输出轴和波发生器的组合惯量；τ_{m} 为电机输出扭矩；τ_{fm} 为电机内部摩擦。

具体计算中，由于 $J_{in}\ddot{\theta}_{wg}$ 相对于电动机输出扭矩 τ_m 来说很小，为了方便计算，忽略 $J_{in}\ddot{\theta}_{wg}$。因此，式（3.72）可以简化为

$$\tau_{wg} = \tau_m - \tau_{fm} \tag{3.73}$$

为了补偿式（3.73）中的电机内部摩擦力矩，需对电机内部摩擦作用进行分析。

1）当输入波发生器中的驱动扭矩与传动速度方向一致时，负载和电机摩擦力矩与电机转矩反向。

2）当电机驱动转矩与传动速度方向相反时，电机转矩和摩擦力矩同向。

综上，可以得到电机摩擦力矩和电机转矩的关系，则波发生器扭矩可以进一步估算如下。

若 $\dot{\theta}_{wgi}(t) > \varepsilon$，那么波发生器扭矩可以估算为

$$\begin{cases} \tau_{wg}(t) = \tau_m(t) - \tau_{fm} & \tau_m(t) > \tau_{fm} \\ \tau_{wg}(t) = \tau_m(t) + \tau_{fm} & \tau_m(t) < -\tau_{fm} \\ \tau_{wg}(t) = \tau_{fs}(t)/N & -\tau_{fm} < \tau_m(t) < \tau_{fm} \end{cases} \tag{3.74}$$

若 $\dot{\theta}_{wgi}(t) < -\varepsilon$，那么波发生器扭矩可以估算为

$$\begin{cases} \tau_{wg}(t) = \tau_m(t) - \tau_{fm} & \tau_m(t) > \tau_{fm} \\ \tau_{wg}(t) = \tau_m(t) + \tau_{fm} & \tau_m(t) < -\tau_{fm} \\ \tau_{wg}(t) = \tau_{fs}(t)/N & -\tau_{fm} < \tau_m(t) < \tau_{fm} \end{cases} \tag{3.75}$$

若 $-\varepsilon < \dot{\theta}_{wgi}(t) < \varepsilon$，那么波发生器扭矩可以估算为

$$\tau_{wg}(t) = \tau_{wg}(t-1) \tag{3.76}$$

式中，ε 为根据速度信号噪声的大小确定的常数，代表电机摩擦的判定阈值。

2. 关节刚度估算扭矩实验

根据上述扭矩估算方法，应用关节实验平台对该方法进行实验验证，其中将估测扭矩和输出扭矩进行比较。用于实验验证的实验关节如图 3.19 所示，具体实验步骤如图 3.20 所示。

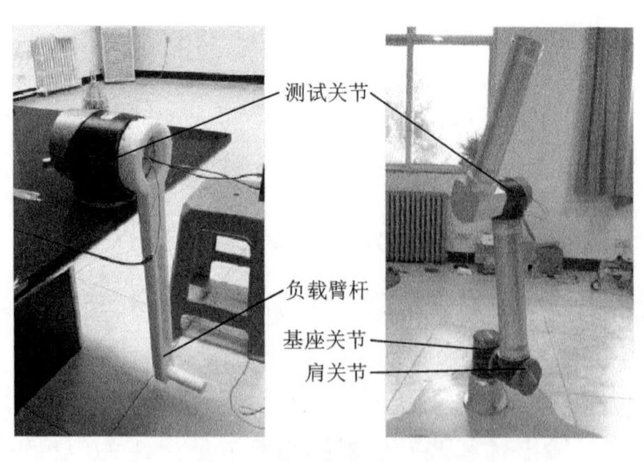

图 3.19　用于实验验证的实验关节

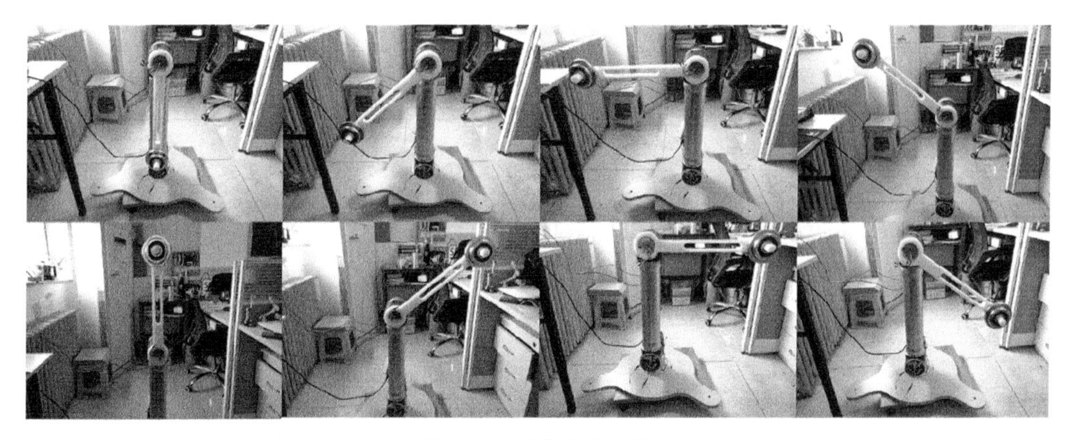

图 3.20　具体实验步骤

参数滤波估计为

$$\hat{\tau}_{fs}[i]=0.95\hat{\tau}_{fs}[i-1]+0.025\tau_{fs}[i]+0.025\tau_{fs}[i-1] \tag{3.77}$$

式中，$\hat{\tau}_{fs}$ 为滤波后的估测扭矩；τ_{fs} 为滤波前通过关节双编码器反馈得到的关节扭矩估测值。

在第一次实验中，通过用正弦参考轨迹控制测试关节运动来缓慢地改变负载扭矩。关节扭矩变化可以通过匀低速转动关节来实现，此时关节输出扭矩近似等于负载扭矩，如图 3.21 所示。估测扭矩与负载扭矩之间的最大差值为 1.09N · m，差值的均方根值为 0.325N · m。

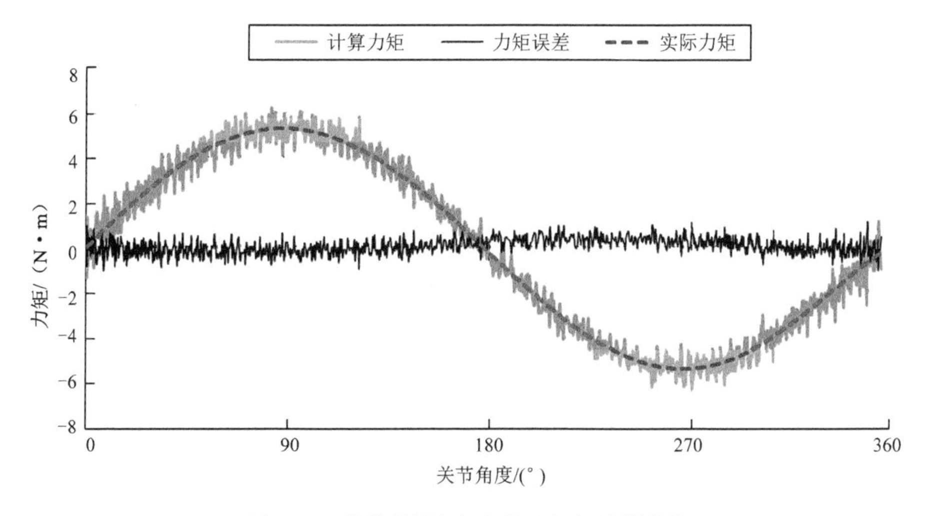

图 3.21　关节估测扭矩与输出扭矩误差曲线

第二次实验的输出结果如图 3.22 所示。通过在臂杆两个方向上手动施加随机外部碰撞力矩，负载扭矩迅速变化，该扭矩通过关节电流估算得到。第二次实验中，估计扭矩与输出扭矩之间的最大差值为 1.3918N · m，差值的均方根值为 0.255N · m。

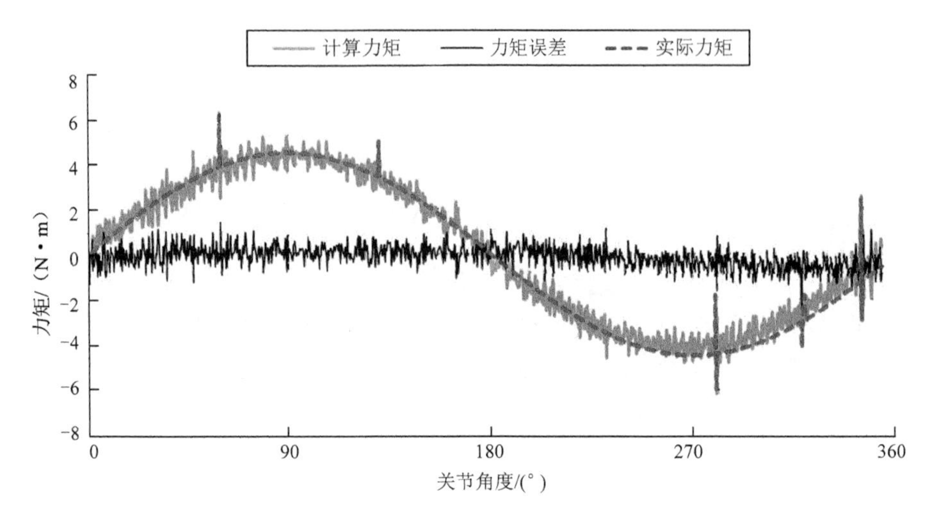

图 3.22　关节估测扭矩与输出扭矩快速响应曲线

第三次实验中，在距测试关节轴心约 400mm 处，用一根钢丝将一个 1.25kg 的哑铃片悬挂到连接件上。如图 3.23 所示，估计扭矩与输出扭矩之间的最大差值为 0.67N·m。图 3.23 中的扭矩估计值和关节扭矩输出值之间的差异是由关节静摩擦造成的。

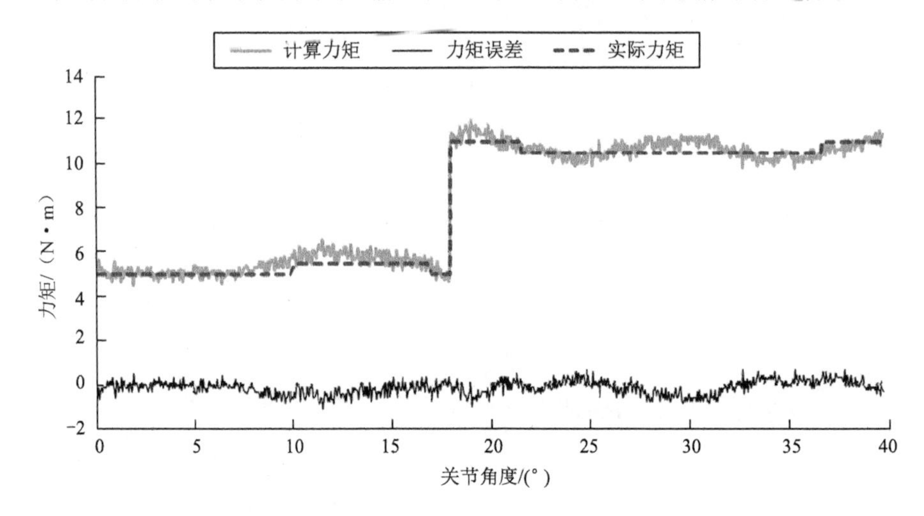

图 3.23　关节估测扭矩与输出扭矩动态负载突变曲线

以上实验对所提出的关节刚度估测关节扭矩的方法进行了验证。实验表明，该方法估测出的关节扭矩误差较小，负载变化响应迅速，能够在关节低速负载状态下反映关节实际输出扭矩，满足控制系统要求。

3.3.2　关节重力矩和摩擦力矩补偿

对关节的重力矩和摩擦力矩进行精准补偿是实现零力控制首先要解决的问题。机器人重力矩主要与臂杆参数、关节位姿和末端负载等参数有关；而摩擦力矩则主要受谐波减速器与机器人运动状态等因素影响，依据摩擦力辨识结果对摩擦力进行补偿。

1. 关节摩擦力矩辨识模型

关节摩擦力矩补偿主要发生的位置为谐波减速器，在 3.2.1 节中已经对摩擦力进行了详细建模和参数辨识。摩擦力模型为

$$\tau_{\mathrm{f}} = a\operatorname{sign}(\dot{\theta}) + b\dot{\theta} + c(1-\mathrm{e}^{d\dot{\theta}}) \tag{3.78}$$

辨识后的参数参见表 3.4。依据辨识结果可以得到关节摩擦力和关节转动速度之间的关系，关节速度可以通过输出端编码器进行测量采集。因此，通过电机端力矩环进行控制，可使输出扭矩实时补偿电机摩擦。

2. 关节负载重力矩模型

对于轻量化机器人，由于机器人转动惯量很小，可以忽略不计，因此各关节所受重力矩可只考虑各关节所处位姿，则重力矩 $\boldsymbol{M}$ 计算如下：

$$\begin{pmatrix} M_1 \\ M_2 \\ \vdots \\ M_N \end{pmatrix} = \begin{pmatrix} G_{11} & 0 & \cdots & 0 \\ 0 & G_{22} & \cdots & 0 \\ \vdots & \vdots & & \vdots \\ 0 & 0 & \cdots & G_{nn} \end{pmatrix} \begin{pmatrix} N_1(q) \\ N_2(q) \\ \vdots \\ N_n(q) \end{pmatrix} \tag{3.79}$$

即

$$\boldsymbol{M} = \boldsymbol{G}_0 \boldsymbol{N}(q) \tag{3.80}$$

式中，$\boldsymbol{M}$ 为关节重力矩；$\boldsymbol{G}_0$ 为重力矩辨识常量；$\boldsymbol{N}(q)$ 为连杆位置量。

在实际测量中，矩阵 $\boldsymbol{G}_{ii}(1 \leqslant i \leqslant n)$ 含有部分 0 元素，0 元素所在列项可以舍去，即舍去 0 元素所对应的 $\boldsymbol{N}(q)$ 中的行项，则式（3.79）可简化为

$$\begin{pmatrix} T_1 \\ T_2 \\ \vdots \\ T_n \end{pmatrix} = \begin{pmatrix} g_{11} & g_{12} & \cdots & g_{1k} \\ g_{21} & g_{22} & \cdots & g_{2k} \\ \vdots & \vdots & & \vdots \\ g_{n1} & g_{n2} & \cdots & g_{nk} \end{pmatrix} \begin{pmatrix} n_1(q) \\ n_2(q) \\ \vdots \\ n_k(q) \end{pmatrix} \quad n \leqslant k \leqslant n^2 \tag{3.81}$$

矩阵 $\boldsymbol{G}_0$ 中有 k 个未知量，求解未知量需选取 k 个不同的关节位姿 q_i，得到 k 个线性无关的位置矢量 $\boldsymbol{n}_k(q)$，实时监测关节 1 的转矩矩阵 $\boldsymbol{G}_{1i}$，即可通过式（3.81）求解 k 组线性无关的方程组，得到矩阵 $\boldsymbol{G}_0$ 中第一行 g_{1k} 的具体数值。依此类推，可采集其他关节不同位姿下的转矩，建立相应方程组，求出常数矩阵 $\boldsymbol{G}_0$ 中对应的参数。

下面以机器人简化模型二连杆为例，具体分析 $\boldsymbol{G}_0$ 的计算方法。如图 3.24 所示，$\boldsymbol{G}_{l1}$、$\boldsymbol{G}_{l2}$、$\boldsymbol{G}_{q1}$、$\boldsymbol{G}_{q2}$、$\boldsymbol{G}_{q3}$、$\boldsymbol{G}_{\mathrm{load}}$ 分别为各杆、各关节及负载自重。对该模型进行分析，则各关节重力矩模型中的各个参数可以表示为

$$\boldsymbol{M} = \boldsymbol{G}_0 \boldsymbol{N}(q) \tag{3.82}$$

$$\boldsymbol{M} = \begin{pmatrix} \boldsymbol{M}_1 \\ \boldsymbol{M}_2 \end{pmatrix} \tag{3.83}$$

$$\boldsymbol{N}(q) = \begin{pmatrix} \cos q_1 \\ \cos(q_2 - q_1) \end{pmatrix} \tag{3.84}$$

$$\boldsymbol{G}_0=\begin{pmatrix} G_{l1}x_1+(G_{q2}+G_{l2}+G_{q3}+M_{\text{load}})l_1 & G_{l2}x_2+(G_{\text{load}}+G_{q3})l_2 \\ 0 & G_{l2}x_2+(G_{\text{load}}+G_{q3})l_2 \end{pmatrix} \tag{3.85}$$

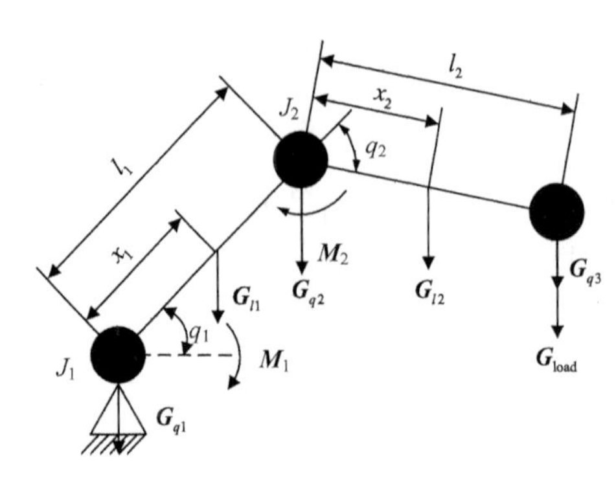

图 3.24　二连杆机器人简图

通过采集多组特殊关节位置参数，建立方程组，计算出常量矩阵 $\boldsymbol{G}_0$。在式（3.85）中，改变机器人负载端重力 $\boldsymbol{G}_{\text{load}}$ 会导致重力补偿值发生变化，常量矩阵 $\boldsymbol{G}_0$ 受负载大小影响，位姿矩阵 $\boldsymbol{N}(q)$与负载大小无关，由此可得，$\boldsymbol{G}_{\text{load}}$ 与 $\boldsymbol{G}_0$ 线性相关。因此，为了获取矩阵 $\boldsymbol{G}_0$ 中各元素与负载 $\boldsymbol{G}_{\text{load}}$ 之间的线性关系系数，需计算两种或两种以上已知载荷的常量矩阵 $\boldsymbol{G}_0$。

3. 关节摩擦和重力矩补偿方法

依据关节参数辨识结果，重力矩 $\boldsymbol{M}$ 与摩擦力矩 $\boldsymbol{\tau}_{\text{f}}$ 的整体补偿值为

$$\boldsymbol{M}_{\tau}=\boldsymbol{M}+\boldsymbol{\tau}_{\text{f}}=\boldsymbol{G}_0\boldsymbol{N}(\theta)+a\text{sign}(\dot{\theta})+b\dot{\theta}+c(1-\text{e}^{d\dot{\theta}}) \tag{3.86}$$

将上述等式转化为

$$\frac{\boldsymbol{M}_{\tau}}{\boldsymbol{K}_{\text{T}}}=\frac{\boldsymbol{G}_0}{\boldsymbol{K}_{\text{T}}}\boldsymbol{N}(\theta)+\frac{1}{\boldsymbol{K}_{\text{T}}}\left[a\text{sign}(\dot{\theta})+b\dot{\theta}+c(1-\text{e}^{d\dot{\theta}})\right] \tag{3.87}$$

式中，$\boldsymbol{K}_{\text{T}}$ 为转矩常数。

令

$$\begin{cases} \boldsymbol{I}_{\text{g}}=\dfrac{\boldsymbol{M}}{\boldsymbol{K}_{\text{T}}} \\ \boldsymbol{I}_0=\dfrac{\boldsymbol{G}_0}{\boldsymbol{K}_{\text{T}}} \\ \boldsymbol{I}_{\text{f}}=\dfrac{1}{\boldsymbol{K}_{\text{T}}}(a\text{sign}(\dot{\theta})+b\dot{\theta}+c(1-\text{e}^{d\dot{\theta}}) \end{cases} \tag{3.88}$$

则式（3.87）可简化为

$$\boldsymbol{I}_{\text{c}}=\boldsymbol{I}_{\text{g}}+\boldsymbol{I}_{\text{f}}=\boldsymbol{I}_0\boldsymbol{N}(\theta)+\boldsymbol{I}_{\text{f}} \tag{3.89}$$

式中，$\boldsymbol{I}_{\text{g}}$ 为负载重力补偿电流；$\boldsymbol{I}_{\text{f}}$ 为关节摩擦力补偿电流。

可依据如下方法对重力矩和摩擦力矩进行补偿。

1）改变负载臂杆角度，测量相应角度下关节的双编码器反馈信息，应用关节等效

刚度，结合关节电动机电流，求得常量矩阵 $\boldsymbol{I}_0$。通过式（3.82）可以得到负载臂杆任意角度下的重力矩补偿值。

2）依据关节的摩擦力参数辨识结果，补偿摩擦力。

3）依据双编码器所估测的力矩，通过式（3.89）可得用于抵消重力和摩擦力的补偿力矩所对应的电流值。

4）由于双编码器估测力矩的方法存在误差，且依据该模型的重力与摩擦力补偿项同样存在偏差，因此可在补偿摩擦力时留有适当余量，应用未补偿的摩擦力来平衡测量和建模过程中的部分误差，提高系统稳定性。

3.3.3　基于力矩补偿的关节零力控制实验

机器人零力控制，即机器人在外力作用下运动，使其所在的工作环境仿佛不受重力和摩擦力影响的控制方法[20]。零力控制的本质是补偿机器人示教过程中的重力和摩擦力，主要分为基于位置模式和基于力矩模式的零力控制方法。

1. 基于位置模式的零力控制算法

Kushida[21]和 Goto[22]提出了一种基于伺服电动机位置控制模式的零力控制系统，具体控制框图如图 3.25 所示。

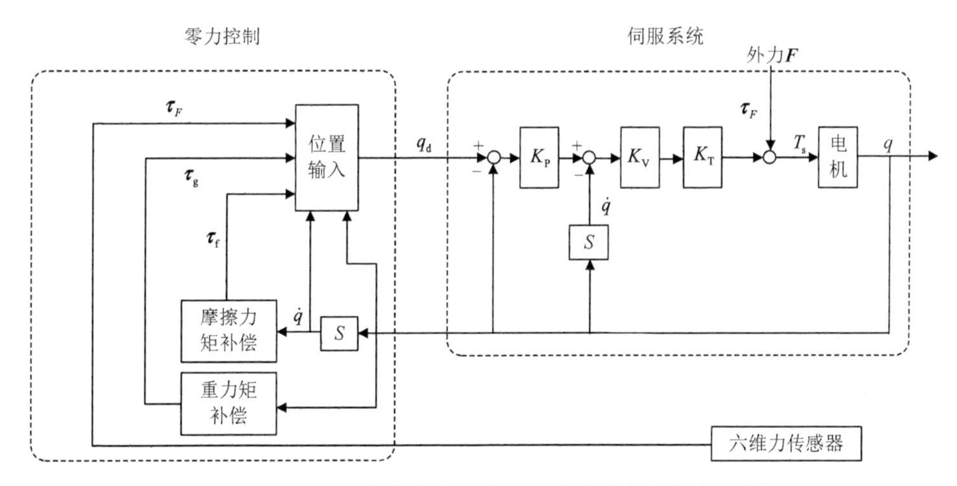

图 3.25　基于六维力传感器的位置模式零力控制系统框图

控制模型为

$$\boldsymbol{\tau}_{\mathrm{s}}=\boldsymbol{K}_{\mathrm{T}}K_{\mathrm{V}}[K_{\mathrm{P}}(q_{\mathrm{d}}-q)-\dot{q}]+\boldsymbol{\tau}_F \tag{3.90}$$

式中，K_{P} 为控制系统位置环增益；K_{V} 为速度环增益；$\boldsymbol{K}_{\mathrm{T}}$ 为转矩常数；$\boldsymbol{\tau}_F$ 为关节外力；q_{d} 为期望位置命令。

在进行零力控制时各关节位置命令为

$$q_{\mathrm{d}}=K_{\mathrm{P}}^{-1}[K_{\mathrm{V}}^{-1}K_{\mathrm{T}}^{-1}\times(\boldsymbol{\tau}_{\mathrm{f}}+\boldsymbol{\tau}_{\mathrm{g}}+\boldsymbol{\tau}_F)+\dot{q}]+q \tag{3.91}$$

式中，$\boldsymbol{\tau}_{\mathrm{g}}$ 为关节重力矩；$\boldsymbol{\tau}_{\mathrm{f}}$ 为关节摩擦力矩。

基于位置模式的零力控制算法依托于外接的多维力传感器，该传感器能够直接测量机器人末端受力。零力控制算法依据传感器实时反馈，结合重力与摩擦力的补偿项，实现机器人整体所受合力的反馈，通过计算可得关节期望位置 q_{d}，即关节位置命令。该方法是以六维力传感器直接检测机器人整体受力为前提的，但是六维力传感器的分辨率普遍约为 0.125N，对复杂多变力的感知灵敏度和精度都欠佳；且该传感器只针对机器人末端受力进行检测，对于其他位置，如协作机器人的机械臂杆和其他关节等均无法实现精确的外力检测；同时，对于工业机器人来说，为每一台机器人加装六维力传感器成本也较高。因此，该方法的应用面较窄，并不适用于全面与人交互的工作空间。

另外一种基于关节力矩传感器的位置模式零力控制系统框图如图 3.26 所示。该控制方法通过每个机器人关节内部的力矩传感器得到每个关节所受外力矩参数，经过对机器人整体进行建模，计算出外力矩，得到机器人整体受力情况，以期望位置 θ_{d} 作为关节位移指令，实现零力控制。

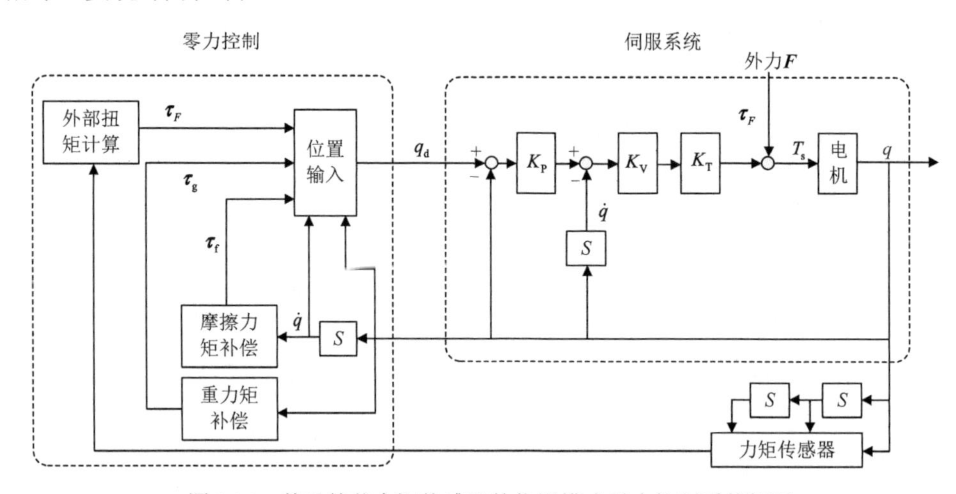

图 3.26　基于关节力矩传感器的位置模式零力控制系统框图

该方法依托于每个关节内部加装的扭矩传感器，需要考虑力矩传感器的关节走线问题和谐波减速器密封问题，对于关节结构有较高要求；同时，关节扭矩传感器具有较大柔性，会降低关节稳定性，影响机器人整体运动精度。力矩传感器的各种性能参数都会对机器人的运动状态和运动轨迹产生影响，导致机器人轨迹发生变化。

2. 基于力矩模式的零力控制算法

除上述基于位置模式的控制方式外，应用电机力矩模式的力矩补偿是一种更为准确及时的补偿方式。基于电机力矩模式的零力控制系统框图如图 3.27 所示，机器人控制器通过电机力矩模式，依靠电流环，输出力矩命令 $\boldsymbol{\tau}_{\mathrm{s}}$，使得

$$\boldsymbol{\tau}_{\mathrm{s}} = \boldsymbol{\tau}_{\mathrm{f}} + \boldsymbol{g}(q) + \tau_F \tag{3.92}$$

由图 3.27 可知，机器人自重和系统的摩擦力由伺服电机的输出转矩命令直接克服。当机器人末端受到外力干扰时，计算力矩 $\boldsymbol{\tau}_F$ 只需克服机器人运动过程中的非线性耦合项和惯性力项，便能够使机器人随所受外力方向运动：

$$\boldsymbol{\tau}_F = \boldsymbol{M}(q)\ddot{q} + \boldsymbol{C}(q,\dot{q}) \tag{3.93}$$

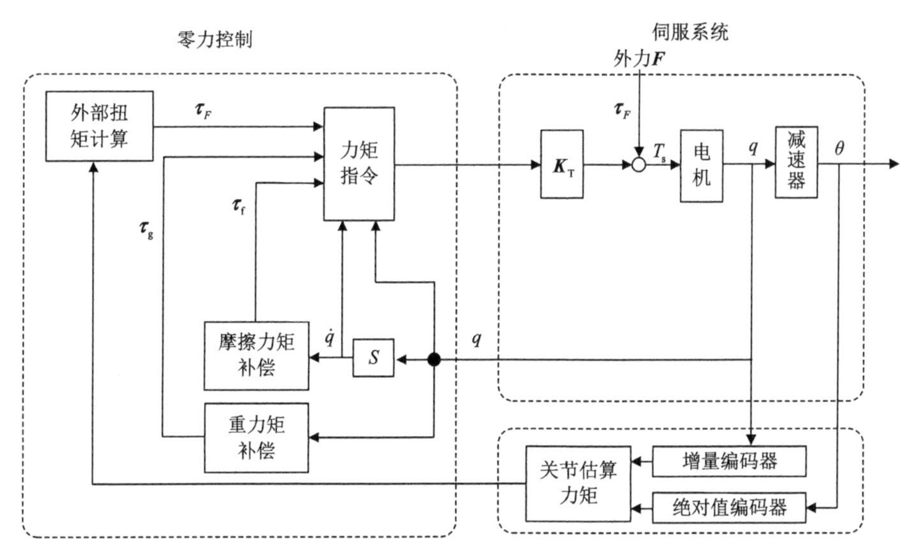

图 3.27　基于关节力矩估测方法的力矩模式零力控制系统框图

综上，基于力矩模式的零力控制方法无须外接传感器，也无须力传感器即可对重力和摩擦力进行补偿，使机器人处于零力控制状态，为机器人的安全控制策略和拖动示教奠定基础。

3. 关节零力控制实验验证

采用基于力矩模式的零力控制方法，分别针对前期低减速比直驱关节和高减速比关节进行力矩控制实验。首先，通过简易直驱分离关节实验平台，实现基于重力补偿的 PD 控制，如图 3.28 所示。

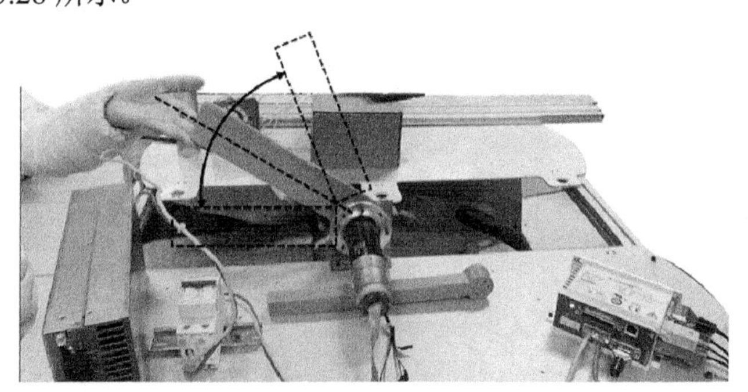

图 3.28　直驱分离关节实验平台

由于是直驱系统，传动摩擦可以忽略不计。该控制实验主要实现了以下功能。

1）当关节负载杆受到碰撞后，程序能够依据检测到的电机电流变化计算瞬时碰撞力矩，并采用碰撞停止策略，驱使电机停止转动，此时制动器处于开合状态。

2）当电机停止转动时，切换为力矩模式，此时拨动电机负载杆，基于拨动大小进行 PD 控制，使得负载杆呈衰减阻尼摆动状态，并逐渐恢复碰撞停止位置。

3）当平台切换为零力模式时，负载杆在无外力状态下保持静止，在有拖动外力时随外力转动，外力消失，转动停止。

由于直驱系统传动部分结构简单，易于建模，基于力矩补偿的零力控制较容易实现。因此，增加第二组实验，在直驱系统的基础上增加高减速比的谐波减速器进行传动输出，如图 3.29 所示。

图 3.29　基于谐波传动的简易关节实验平台

对具有谐波传动的关节进行参数采集，可以得到关节转动两周时的电机电流变化，如图 3.30 所示。

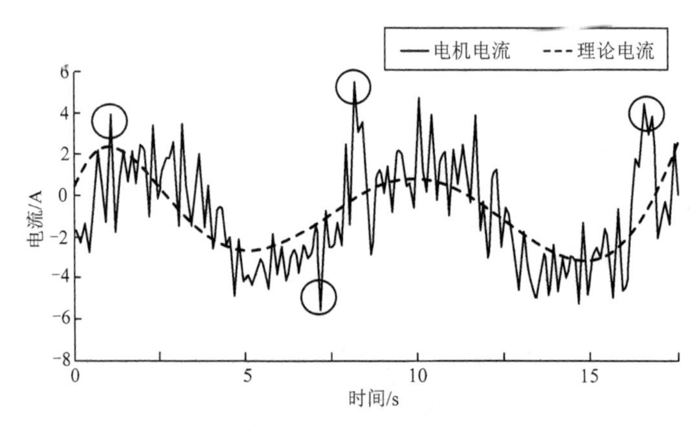

图 3.30　基于谐波传动的电机电流变化

从图 3.30 中可以明显看到，由于增加了谐波减速器，关节内部摩擦对电机输出扭矩影响明显，使得曲线具有较大波动，且容易出现突变数据点。因此，需要对关节进行详细建模，同时对采集的数据进行低通滤波处理。

通过对关节结构进行优化和加工，应用图 3.20 所示的改进测试平台对机器人力矩补偿进行实验验证。肩关节和肘关节在静止时的电流和力矩曲线如图 3.31 所示。

由图 3.31 可知，此时电机处于使能状态，其主要作用是令关节保持原位，此时电流主要用来克服负载力矩和关节静摩擦。观察图 3.31 中的力矩曲线，可以发现力矩位置在某一固定值附近抖动变化。

关闭电机使能，对负载臂杆进行拖动实验，以逆时针方向拖动四周，如图 3.32 所示，可以得到关节电流和估算出的关节外力矩，关节实际位置如图 3.33 所示。

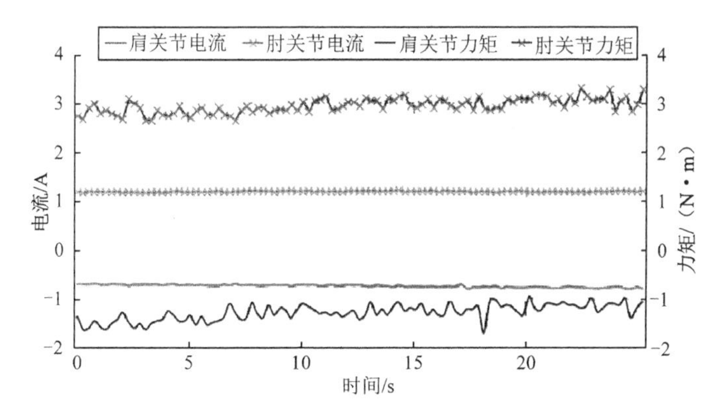

图 3.31　肩关节和肘关节在静止时的电流和力矩曲线

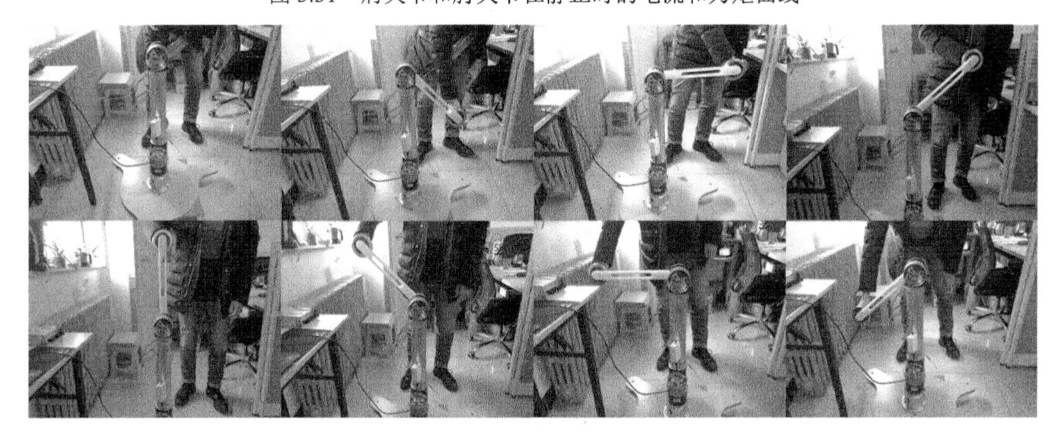

图 3.32　关节拖动实验

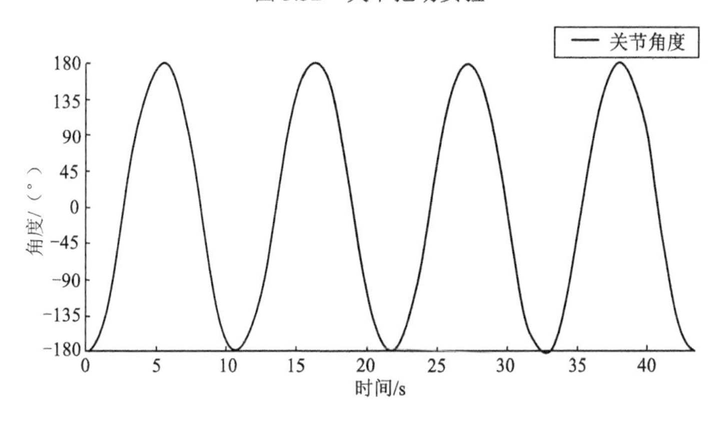

图 3.33　关节实际位置

此时，由于电机没有使能，因此电流不做功，处于零值状态，此时的关节力矩即为外力矩，如图 3.34 和图 3.35 所示。

采用关节零力控制算法，对关节重力和摩擦力进行补偿，对关节进行拖动实验，如图 3.36 所示。同样以逆时针方向拖动两周，关节补偿电流和力矩补偿后外力矩波动如图 3.37 和图 3.38 所示。

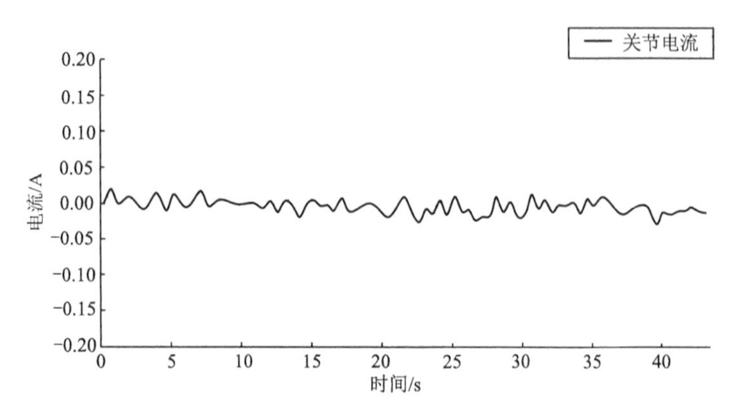

图 3.34　关节实际电流

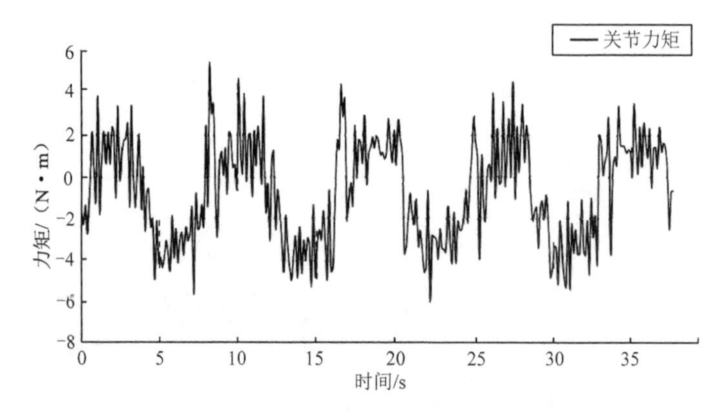

图 3.35　关节实际力矩

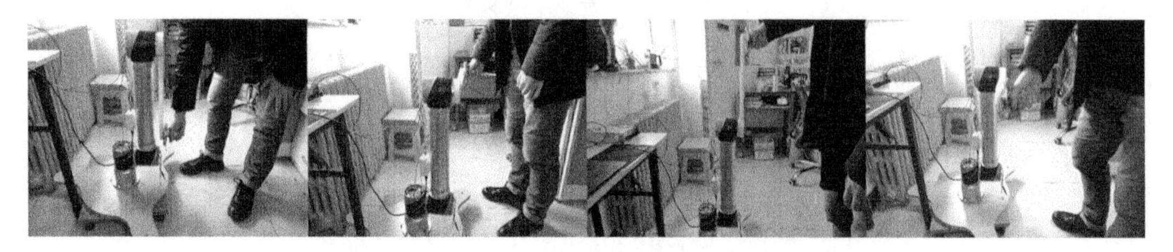

图 3.36　关节重力和摩擦力补偿拖动实验

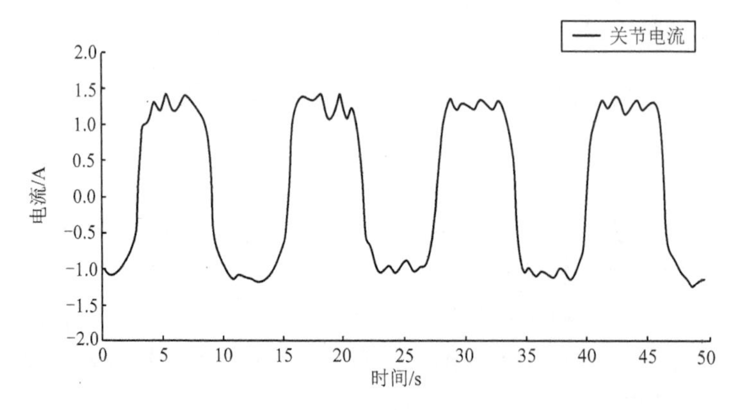

图 3.37　关节补偿电流

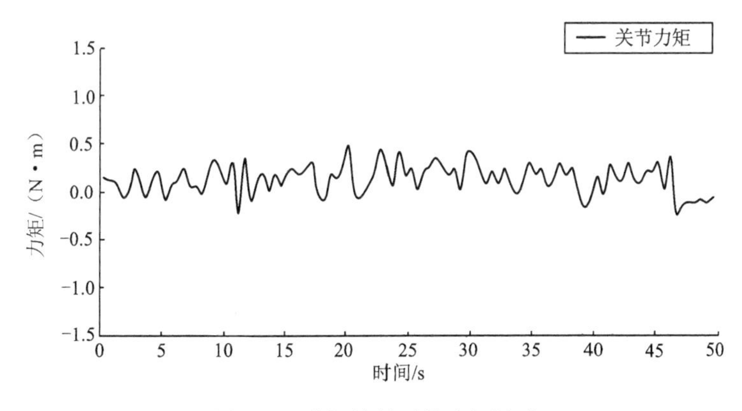

图 3.38 力矩补偿后外力矩波动

分析实验结果，经过重力及摩擦力补偿后，机器人可以补偿关节重力与摩擦力，但是力矩与电流参数不可避免会有部分抖动。因此，可以优化数据采集模块，提高数据处理精度，保证控制稳定性。本小节中的拖动实验仅针对低速拖动和小负载的情况，并不涉及关节负载杆快速拖动时的关节参数变化。

本 章 小 结

本章聚焦协作机器人关节常见的力反馈方式问题，以模块化关节作为研究对象，建立关节动力学模型，分析关节刚度变化，研究基于关节输入/输出力矩差值的关节力矩反馈方法，并将其应用于关节零力控制，实现连接臂杆负载拖动。本章立足于保证关节运动精度，实现关节柔顺控制的关键点，分析关节柔性产生机理，研究无力矩传感器的力矩反馈方法，为关节柔顺控制提供理论支持，并为加速下一代协作机器人研究进行有益积累。

参 考 文 献

[1] SPONG M W . Modeling and control of elastic joint robots[J]. ASME Journal of Dynamic Systems, Measurement, and Control. 1987, 109(4): 310-319.

[2] 张奇，刘振，谢宗武，等．具有谐波减速器的柔性关节参数辨识[J]．机器人，2014，36(2)：164-170．

[3] TUTTLE T D. Understanding and modeling the behavior of a harmonic drive gear transmission[M]. Cambridge: Massachusetts Institute of Technology, 1992.

[4] ZHU W H . Precision control of robots with harmonic drives[C]// IEEE International Conference on Robotics and Automation. Rome: IEEE, 2007: 3831-3836.

[5] ALBUSCHFFER A, HIRZINGER G. Parameter identification and passivity based joint control for a 7DOF torque controlled light weight robot[C]// IEEE International Conference on Robotics and Automation. Berkeley: IEEE, 2001: 2852-2858.

[6] LUCA A D, FARINA R, LUCIBELLO P . On the control of robots with visco-elastic joints[C]// IEEE International Conference on Robotics and Automation. Barcelona: IEEE, 2005: 4297-4302.

[7] ZHANG H, AHMAD S, LIU G. Modeling of torsional compliance and hysteresis behaviors in harmonic drives[J]. IEEE/ASME Transactions on Mechatronics, 2014, 20(1): 178-185.

[8] ZHANG H, AHMAD S, LIU G. Torque estimation technique of robotic joint with harmonic drive transmission[C]// IEEE International Conference on Robotics and Automation. Karlsruhe: IEEE, 2013: 3034-3039.

[9] 李剑敏．齿啮式谐波减速器传动精度问题分析[J]．现代零部件，2006(7)：88-89.

[10] 袁奇，余德汝，莫锦秋，等．基于高精度光栅的谐波减速器回差测试系统[J]．机械设计与研究，2015，31(4)：53-56.

[11] H D. Technologies, CSD and SHD ultra-flat component sets and gearheads, Harmonic Drive Technologies, Peabody, 2012.

[12] PHILLIPS S M, BALLOU K R . Friction modeling and compensation for an industrial robot[J]. Journal of Robotic Systems, 1993, 10(7): 947-971.

[13] 张飞．大型空间机械臂关节性能测试平台研制及参数辨识研究[D]．哈尔滨：哈尔滨工业大学，2012.

[14] 石广宇，曹军，刘亚秋．基于 Stribeck 摩擦模型的 PID 控制[J]．电子技术与软件工程，2014(10)：190-192.

[15] 刘建成，刘学敏，徐玉如．极大似然法在水下机器人系统辨识中的应用[J]．哈尔滨工程大学学报，2001，5(22)：1-4.

[16] 宋文尧，张牙．卡尔曼滤波[M]．北京：科学出版社，1991.

[17] 刘宇，李瑰贤，夏丹，等．基于改进遗传算法辨识空间机器人动力学参数[J]．哈尔滨工业大学学报，2010，42(11)：1734-1739.

[18] NGUYEN N T. Least-squares parameter identification[J]. Model-Reference Adaptive Control, 2018: 125-149.

[19] GAUSS C F. Theory of the motion of the heavenly bodies moving about the sun in conic sections: A translation of gauss's "Theoria Motus." with an appendix[M]. Boston: Little, Brown and Company, 1857.

[20] KUSHIDA D, NAKAMURA M, GOTO S, et al. Human direct teaching of industrial articulated robot arms based on forceless control[J]. Artificial Life and Robotics, 2001, 5(1): 26-32.

[21] KUSHIDA K. Flexible motion realized by forcefree control[C]// International Conference on Robotics and Automation. Seoul: ICRA, 2001: 2747-2752.

[22] GOTO S. Forcefree control with independent compensation for inertia, friction and gravity of industrial articulated robot arm[C]// International Conference on Robotics and Automation. Taipei: ICRA, 2003: 4386-4391.

第 4 章　协作机器人避障算法研究

协作机器人避障算法研究一直是机器人领域的研究热点之一，但目前的协作机器人避障算法还存在诸多不足之处，如常见的精度性、实时性和稳定性等问题。本章的主要内容是在传统避障算法的基础上对其进行改进，使其更加完善。

首先，对障碍物定位进行研究，在对障碍物图像进行预处理后，利用空间点重建方法获得障碍物坐标，并通过标定板实验来间接证明改进后的算法定位精度符合实际要求。

接下来，针对传统避障算法的不足之处，提出一种基于主从任务转化的闭环控制避障算法。主从任务转化是通过监测协作机器人各杆件与障碍物之间的最小距离变化，来实现避障任务和末端期望轨迹跟踪任务的主从切换，从而解决当障碍物位于协作机器人末端期望轨迹上时，避障运动和期望轨迹跟踪运动存在的相互冲突问题。考虑协作机器人避障时其末端跟踪精度差的问题，引入对协作机器人末端期望位置和实际位置的误差控制，这能显著提高机器人末端跟踪精度。同时，该算法还适用于多障碍物避障和动态避障，具有计算量小和躲避速度变化连续等优点。

最后，通过三自由度平面机器人的仿真实验和在 UR5 协作机器人实验平台上进行的实体实验，验证该算法的正确性。实验结果表明，该算法能够有效解决当障碍物位于机器人末端期望轨迹上时，避障运动和期望轨迹跟踪运动存在的冲突问题，使得机器人在避障的同时不仅能够高精度地跟踪末端期望轨迹，而且能够完成多障碍物避障和动态避障。

4.1　障碍物的定位研究

本节是对协作机器人避障算法的研究。众所周知，进行避障任务的前提是获得障碍物的位置，进而进行之后轨迹规划以达到避障的目的。在机器人轨迹规划研究中，通常采用视觉传感器对物体进行识别定位。本节采用双目摄像机来获取障碍物的图像坐标，然后利用三维重建得到障碍物的空间坐标。实验证明这种方法对障碍物的定位具有较高的精度。通过该方法获得的障碍物定位坐标对后面机器人的避障算法研究有着重要意义。

4.1.1　图像预处理

自然界中的各种颜色都是由红（R）、绿（G）、蓝（B）3 种基色（RGB 代表红、绿、蓝 3 种颜色通道，都是从 0～255 共 256 种色级）按照一定的比例糅合而成的，人眼看见的是连续的图像信号。为了便于计算机处理，需要将连续的图像离散化，即进行数字化处理。这种数字化处理通常包括采样和量化两个环节。

1. 图像灰度化处理

采样就是把图像坐标值离散化。首先，把一幅连续图像划分为 $M \times N$ 个网格，每一个网格用一个灰度值表示；采样过后，每个网格所对应的灰度值依然是连续的。为了形成数字函数，灰度值也必须转换成离散值，这就是量化，即离散化图像的灰度值。

一幅图像通过采样和量化后就成为一幅数字化图像，可以用一个矩阵来表示：

$$\boldsymbol{f}(x,y)=\begin{bmatrix} f(0,0) & f(0,1) & \cdots & f(0,n-1) \\ f(1,0) & f(1,1) & \cdots & f(1,n-1) \\ \vdots & \vdots & & \vdots \\ f(m-1,0) & f(m-1,1) & \cdots & f(m-1,n-1) \end{bmatrix} \tag{4.1}$$

这是一个灰度化矩阵，矩阵里的元素称为像素，像素的两个参数 x、y 表示其在图像中的位置，像素的函数值表示像素的灰度值。

灰度化的目的是把以形为 $M \times N \times 3$ 的矩阵的储存图像转换为 $M \times N$ 矩阵形式的图像。例如，一幅 1024×768×3 的 RGB 格式彩色图像，灰度化处理后就变为 1024×768 的图像。1024×768 是一个二维矩阵，其中每一个元素的值是通过一定算法把 R、G、B 3 个分量处理成的一个分量，每个灰度图像的分量范围是 0～255，这也说明经过灰度化处理后的图像信息量少了很多，所以对图像的处理速度相应也会更快[1-3]。灰度化处理方法一般有分量法、最大值法、平均值法、加权平均值法 4 种[4-5]。

这里采用加权平均值法对图像进行灰度化处理。加权平均值法的原理是根据 RBG 格式图像 3 个分量的重要性不同，分别对分量不同的权值进行转换，算法公式如下：

$$F(i,j)=\alpha \cdot R(i,j)+\beta \cdot G(i,j)+\gamma B(i,j) \tag{4.2}$$

式中，i、j 为元素的行数和列数；$F(i,j)$ 为元素的灰度值；α、β、γ 为 $R(i,j)$、$G(i,j)$、$B(i,j)$ 3 个分量的权值。

灰度化处理是图像处理中的重要一步，这里利用 MATLAB 软件编写算法来对图像进行灰度化处理。灰度化处理后的图像效果如图 4.1 所示。

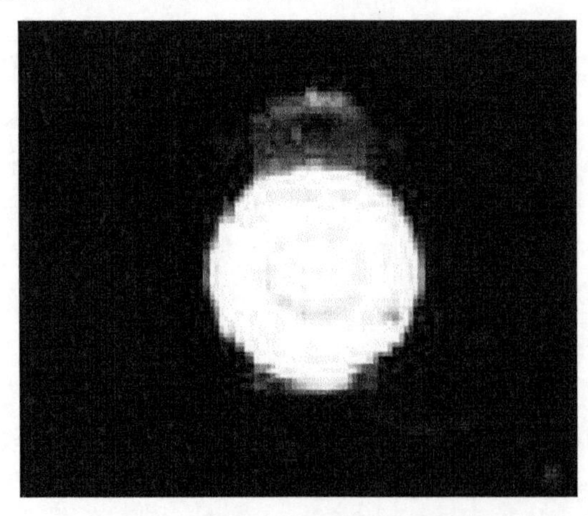

图 4.1　灰度化处理后的图像效果

为了更好地识别障碍物，需要在地上铺上一层黑布，障碍物位于黑布之上，即在一个较黑的背景下存在一个较亮的障碍物，这样的条件接近理想条件，图像处理能够较好识别。但从图 4.1 中可以看出，图像仍然不够完美，还存在一些噪声，需要进一步处理。

2. 图像滤波处理

在图像获取、图像储存和图像处理的整个过程中，图像上通常会被添加一些不必要的噪声，而这些噪声对图像的特征提取、识别会造成一定的干扰，因此对图像进行滤波处理至关重要。常用的几种图像预处理方法有中值滤波和均值滤波等。在进行一系列实验对比研究之后，最后选用中值滤波的方法对图像进行去噪处理。下面对均值滤波和中值滤波进行介绍和比较。

3. 均值滤波

均值滤波是一种线性滤波方法，又称为线性滤波。其原理是对目标点的像素值用模板范围内的所有像素值的平均值代替，即对于待处理的目标像素点(x, y)，选择一个模板，对该目标点领域内的所有像素值进行相加并计算平均值，然后把求取的平均值赋给目标像素点作为该点的像素值。若原始图像为 $f(x, y)$，滤波后图像为 $g(x, y)$，m 为模板内的像素个数，则有如下公式：

$$g(x,y)=\sum_{m} f(x,y)/m \tag{4.3}$$

国内外学者长期研究发现，均值滤波对高斯噪声有一定的效果，但是对椒盐噪声的效果不是很理想，因此均值滤波不适合在此进行去噪处理。

4. 中值滤波

中值滤波[6]是指将滤波模板（通常为 3×3 和 5×5）中值像素值按照从小到大（或从大到小）进行排序，然后把该序列的中值赋值给该像素点。例如，一个像素值是 4 的像素点的 8 领域像素值分别是 2、3、5、1、8、9、7、6，那么按照从小到大排序后的序列是 1、2、3、4、5、6、7、8、9，中值为 5，所以用中值滤波处理后该处的像素值变为 5。经研究发现，选用 3×3 的模板效果较好。设输入图像为 $f(x, y)$，输出图像为 $g(x, y)$，W 为二维模板，则中值滤波的算法公式如下：

$$g(x,y)=\mathrm{med}\{f(x-k,y-l),(k,l\in W)\} \tag{4.4}$$

在实际情况下，图像上的噪声主要是高斯噪声和椒盐噪声[7]。研究发现，中值滤波对椒盐噪声的处理效果良好，对高斯噪声的处理也有一定效果，因此中值滤波更适合进行去噪处理。

由于环境的不确定性，可能同时存在高斯噪声和椒盐噪声，因此采用中值滤波对灰度化后的图像进行处理，处理后的图像如图 4.2 所示。可以看出，中值滤波（3×3）能够有效地对图像的噪声进行衰减，而且能够有效地保持原始图像的边缘信息。

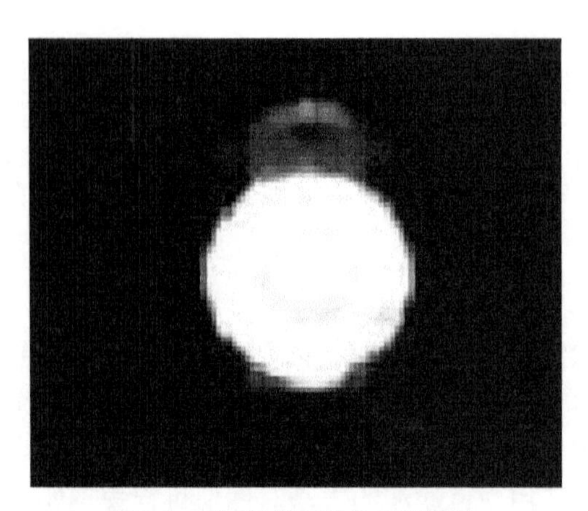

图 4.2 中值滤波处理后的图像

5. 图像的二值化处理

图像的二值化处理是一种常用的图像分割技术，主要利用图像中灰度级的不同把图像分为目标和背景，图像中需要的部分作为目标，不需要的部分作为背景。这就需要选取一个阈值，以确定图像中的像素点是属于目标还是属于背景，从而达到图像分割的目的。图像的二值化处理能够大量地缩减存储空间，从而使以后的处理和分析更加容易。

图像二值化的数学表示如下：

$$g(x,y)=\begin{cases}Z_{\mathrm{O}} & f(x,y)>Z\\ Z_{\mathrm{B}} & f(x,y)\leqslant Z\end{cases} \tag{4.5}$$

式中，Z 为选取的阈值；Z_{O} 和 Z_{B} 为选定的作为目标和背景的任意一个灰度值；$f(x,y)$ 为像素的灰度值；$g(x,y)$ 为经过二值化处理后的像素的灰度值。

当原始像素大于阈值时，经过二值化处理就变为目标；当原始像素小于阈值时，经过二值化处理就变为背景，从而达到图像分割的目的。容易得知，阈值的选取是一个十分关键的环节，阈值选取过大过多，目标就会被误认为背景；阈值选取过低，则会出现相反的情况。到目前为止，还未找到一种对所有图像都可有效分割的阈值选取方法。下面主要介绍两种常用的阈值选取方法。

1）直接固定阈值法。直接固定阈值法是一种最简单的阈值确定方法，也是应用较多的一种方法。使用该方法的前提是必须对待处理图像的灰度情况有一定了解，然后通过比较简单的步骤，直接确定一个阈值，或者通过不断地实验满足自己的要求（一般是在平均灰度的附近实验，选取一个符合自己要求的阈值）。

2）直方图分割法。直方图分割法适用于灰度直方图呈现明显的双峰状且两峰之间的谷底较窄的图像。为了更好地说明直方图分割法，设待处理的图像 $f(x,y)$ 的灰度直方图如图 4.3 所示，其高度表示具有该灰度值的像素数目。$f(x,y)$ 的灰度范围是 $[Z_1,Z_5]$。由灰度直方图可以看出，在 Z_2 和 Z_4 处存在明显的双峰，而在 Z_3 处存在明显的峰谷，且峰谷的宽度较窄，该图为比较理想的灰度直方图。对应在较黑的背景下存在较亮的障碍物的一幅图像，通常选择峰谷 Z_3 作为阈值来区分背景和目标。

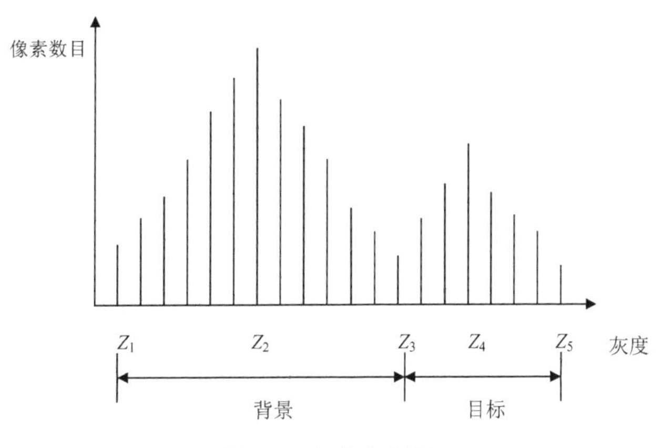

图 4.3　灰度直方图

由于实验环境基本保持不变，即灯光等环境是几乎不变的，因此这里采用直接固定阈值法对中值滤波处理后的图像进行二值化处理。在整个实验环境确定后，在图像的平均灰度附近实验阈值，最终确定选择 120 的阈值进行二值化处理。二值化处理后的图像效果如图 4.4 所示，可以看出，这种选取能够有效地完成目标和背景的分割。

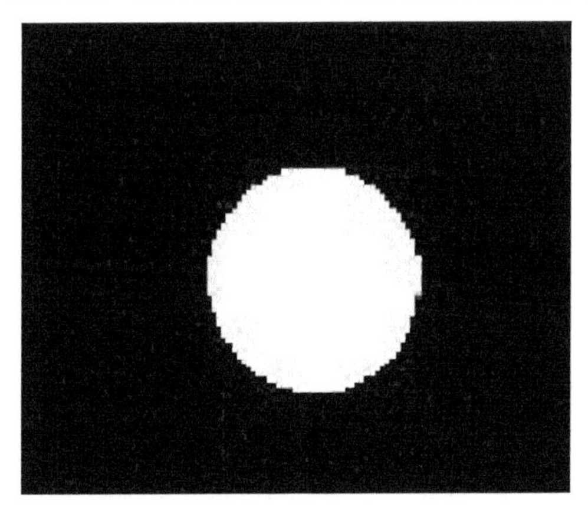

图 4.4　二值化处理后的图像效果

4.1.2　图像处理中的坐标系关系

在图像处理的过程中主要存在 4 种坐标系，分别为世界坐标系、图像坐标系、像素坐标系、摄像机坐标系。要得到世界坐标系中障碍物的坐标，需要首先清楚这 4 种坐标系之间的转换关系。

1. 摄像机坐标系和图像坐标系

如图 4.5 所示，在焦平面的中心点处建立的坐标系为摄像机坐标系，焦平面与成像平面相互平行，在成像平面中心处建立的坐标系为图像坐标系，两坐标系的 X 轴、Y 轴对应平行，并且两平面的距离为焦距 f。

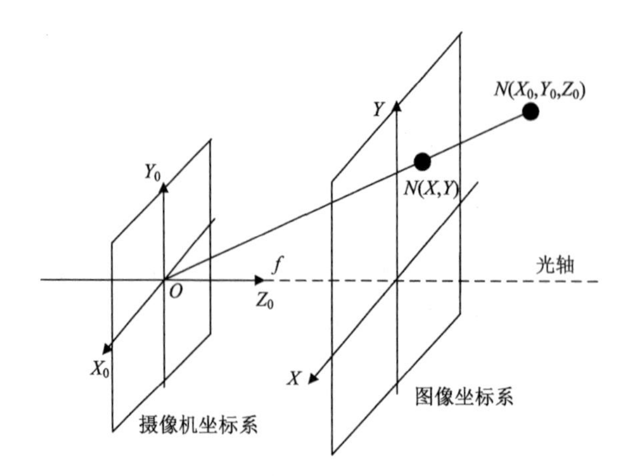

图 4.5　摄像机坐标系和图像坐标系

由相似三角形知识可得

$$\frac{X}{X_0}=\frac{f}{Z_0} \tag{4.6}$$

$$\frac{Y}{Y_0}=\frac{f}{Z_0} \tag{4.7}$$

则可以得到摄像机坐标系和图像坐标系的关系为

$$Z_0\begin{bmatrix} X \\ Y \\ 1 \end{bmatrix}=\begin{bmatrix} f & 0 & 0 & 0 \\ 0 & f & 0 & 0 \\ 0 & 0 & 1 & 0 \end{bmatrix}\begin{bmatrix} X_0 \\ Y_0 \\ Z_0 \\ 1 \end{bmatrix} \tag{4.8}$$

2. 摄像机坐标系和世界坐标系

摄像机在世界坐标系中是运动的，当摄像机位置确定后，摄像机坐标系相对于世界坐标系的相对位置也就确定了。摄像机坐标系与世界坐标系的关系可以用两个三维坐标系之间的几何关系来表示，即旋转关系和平移关系。平移矢量表示两个坐标系的相对位置关系，旋转矩阵表示角度关系。图 4.6 所示为摄像机坐标系和世界坐标系的关系。

物体在世界坐标系和摄像机坐标系之间的关系可以用齐次矩阵的形式来表示，两个坐标系的关系如下：

$$\begin{bmatrix} X_0 \\ Y_0 \\ Z_0 \\ 1 \end{bmatrix}=\begin{bmatrix} \boldsymbol{R} & \boldsymbol{T} \\ \boldsymbol{0}^{\mathrm{T}} & 1 \end{bmatrix}\begin{bmatrix} X_{\mathrm{W}} \\ Y_{\mathrm{W}} \\ Z_{\mathrm{W}} \\ 1 \end{bmatrix} \tag{4.9}$$

式中，$\boldsymbol{R}$ 为 3×3 正交单位矩阵；$\boldsymbol{T}$ 为三维平移矢量；$\boldsymbol{0}=(0,0,0)^{\mathrm{T}}$ 。

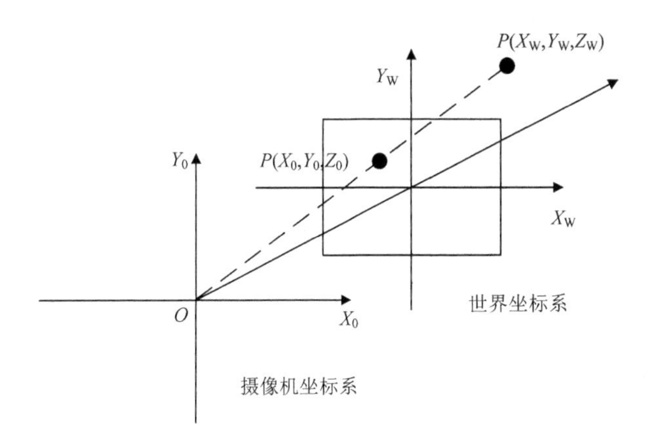

图 4.6　摄像机坐标系和世界坐标系的关系

3. 图像坐标系和像素坐标系

摄像机采集的图像是以数字形式保存的，并以二维数组的形式储存在计算机中[8]。如果某幅数字图像在计算机内以 $M \times N$ 的数组保存在计算机内，即一个 M 行 N 列的数组，则 M 行 N 列的每一个元素（称为像素）的数值代表图像点的亮度（或称为灰度）[9]。

如图 4.7 所示，建立像素坐标系 u、v，像素坐标 (u,v) 表示该像素在该二维数组中的行数和列数，图像坐标系的单位为像素，像素坐标系的坐标原点建立在 O_1 上，该点一般位于图像中心处，x 轴和 y 轴分别与 u 轴和 v 轴平行。(x,y) 是以 mm 为单位的坐标系，(u,v) 是以像素为单位的坐标系。

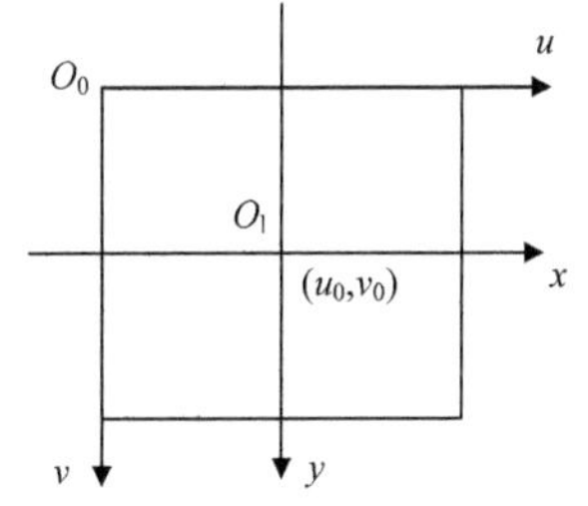

图 4.7　图像坐标系和像素坐标系

假设 O_1 在像素坐标系中的坐标为 (u_0,v_0)，每一个像素在图像坐标系占据的物理尺寸为 $\mathrm{d}x$、$\mathrm{d}y$，则像素坐标系与图像坐标系之间存在如下转换关系：

$$\begin{cases} u = \dfrac{x}{\mathrm{d}x} + u_0 \\ v = \dfrac{y}{\mathrm{d}y} + v_0 \end{cases} \tag{4.10}$$

用矩阵形式表示为

$$\begin{bmatrix} u \\ v \\ 1 \end{bmatrix} = \begin{bmatrix} \dfrac{1}{\mathrm{d}x} & 0 & u_0 \\ 0 & \dfrac{1}{\mathrm{d}y} & v_0 \\ 0 & 0 & 1 \end{bmatrix} \begin{bmatrix} x \\ y \\ 1 \end{bmatrix} \tag{4.11}$$

4. 世界坐标系和像素坐标系

要想得到世界坐标系的坐标，最重要的是得到世界坐标系和像素坐标系的关系。通过上面 3 个坐标系之间的转换关系，容易得到世界坐标系和像素坐标系的关系如下：

$$
\begin{aligned}
Z_0\begin{bmatrix} u \\ v \\ 1 \end{bmatrix} &= Z_0\begin{bmatrix} \dfrac{1}{\mathrm{d}x} & 0 & u_0 \\ 0 & \dfrac{1}{\mathrm{d}y} & v_0 \\ 0 & 0 & 1 \end{bmatrix}\begin{bmatrix} x \\ y \\ 1 \end{bmatrix} = \begin{bmatrix} \dfrac{1}{\mathrm{d}x} & 0 & u_0 \\ 0 & \dfrac{1}{\mathrm{d}y} & v_0 \\ 0 & 0 & 1 \end{bmatrix}\begin{bmatrix} f & 0 & 0 & 0 \\ 0 & f & 0 & 0 \\ 0 & 0 & 1 & 0 \end{bmatrix}\begin{bmatrix} X_0 \\ Y_0 \\ Z_0 \\ 1 \end{bmatrix} \\
&= \begin{bmatrix} \dfrac{1}{\mathrm{d}x} & 0 & u_0 \\ 0 & \dfrac{1}{\mathrm{d}y} & v_0 \\ 0 & 0 & 1 \end{bmatrix}\begin{bmatrix} f & 0 & 0 & 0 \\ 0 & f & 0 & 0 \\ 0 & 0 & 1 & 0 \end{bmatrix}\begin{bmatrix} \boldsymbol{R} & \boldsymbol{T} \\ \boldsymbol{0}^{\mathrm{T}} & 1 \end{bmatrix}\begin{bmatrix} X_{\mathrm{W}} \\ Y_{\mathrm{W}} \\ Z_{\mathrm{W}} \\ 1 \end{bmatrix} \\
&= \begin{bmatrix} \dfrac{f}{\mathrm{d}x} & 0 & u_0 & 0 \\ 0 & \dfrac{f}{\mathrm{d}y} & v_0 & 0 \\ 0 & 0 & 1 & 0 \end{bmatrix}\begin{bmatrix} \boldsymbol{R} & \boldsymbol{T} \\ \boldsymbol{0}^{\mathrm{T}} & 1 \end{bmatrix}\begin{bmatrix} X_{\mathrm{W}} \\ Y_{\mathrm{W}} \\ Z_{\mathrm{W}} \\ 1 \end{bmatrix} \\
&= \begin{bmatrix} \alpha_x & 0 & u_0 & 0 \\ 0 & \alpha_y & v_0 & 0 \\ 0 & 0 & 1 & 0 \end{bmatrix}\begin{bmatrix} \boldsymbol{R} & \boldsymbol{T} \\ \boldsymbol{0}^{\mathrm{T}} & 1 \end{bmatrix}\begin{bmatrix} X_{\mathrm{W}} \\ Y_{\mathrm{W}} \\ Z_{\mathrm{W}} \\ 1 \end{bmatrix} \\
&= \boldsymbol{M}_1\boldsymbol{M}_2\begin{bmatrix} X_{\mathrm{W}} \\ Y_{\mathrm{W}} \\ Z_{\mathrm{W}} \\ 1 \end{bmatrix} = \boldsymbol{M}\begin{bmatrix} X_{\mathrm{W}} \\ Y_{\mathrm{W}} \\ Z_{\mathrm{W}} \\ 1 \end{bmatrix}
\end{aligned} \tag{4.12}
$$

$\boldsymbol{M}_1$ 由 α_x、α_y、u_0、v_0 决定，由于 α_x、α_y、u_0、v_0 只与摄像机内部参数有关，因此称这些参数为摄像机内部参数；M_2 由摄像机相对于世界坐标系的位置决定，称为摄像机外部参数。摄像机标定的目的就是通过实验及相关数学计算得到上述内外参数。

4.1.3　空间点重建

在通过摄像机标定实验得到所需要的内外参数后，由摄像机得到待检测位置的像素坐标后就能够重建空间点的三维坐标。

1. 空间点重建方法

将世界坐标系建立在摄像机上，在此处设定世界坐标系的坐标原点与左摄像机的坐标原点重合，且各个坐标轴方向相同。假设空间中一点 P，它在世界坐标系中的坐标为 $(X_{\mathrm{W}}, Y_{\mathrm{W}}, Z_{\mathrm{W}})$，在左右摄像机坐标系下的坐标分别为 $(X_{\mathrm{CL}}, Y_{\mathrm{CL}}, Z_{\mathrm{CL}})$ 和 $(X_{\mathrm{CR}}, Y_{\mathrm{CR}}, Z_{\mathrm{CR}})$，左右图像坐标分别为$(X_L, Y_L, Z_L)$和$(X_R, Y_R, Z_R)$，左右图像像素坐标分别为$(u_L, v_L)$和$(u_R, v_R)$。根据式（4.12），可以得出如下关系：

$$Z_{CL}\begin{bmatrix} u_L \\ v_L \\ 1 \end{bmatrix} = \boldsymbol{M}_L \begin{bmatrix} X_W \\ Y_W \\ Z_W \\ 1 \end{bmatrix} = \begin{bmatrix} m_{11}^1 & m_{12}^1 & m_{13}^1 & m_{14}^1 \\ m_{21}^1 & m_{22}^1 & m_{23}^1 & m_{24}^1 \\ m_{31}^1 & m_{32}^1 & m_{33}^1 & m_{34}^1 \end{bmatrix} \begin{bmatrix} X_W \\ Y_W \\ Z_W \\ 1 \end{bmatrix} \tag{4.13}$$

$$Z_{CR}\begin{bmatrix} u_R \\ v_R \\ 1 \end{bmatrix} = \boldsymbol{M}_R \begin{bmatrix} X_W \\ Y_W \\ Z_W \\ 1 \end{bmatrix} = \begin{bmatrix} m_{11}^2 & m_{12}^2 & m_{13}^2 & m_{14}^2 \\ m_{21}^2 & m_{22}^2 & m_{23}^2 & m_{24}^2 \\ m_{31}^2 & m_{32}^2 & m_{33}^2 & m_{34}^2 \end{bmatrix} \begin{bmatrix} X_W \\ Y_W \\ Z_W \\ 1 \end{bmatrix} \tag{4.14}$$

式中，$\boldsymbol{M}_L = \begin{bmatrix} m_{11}^1 & m_{12}^1 & m_{13}^1 & m_{14}^1 \\ m_{21}^1 & m_{22}^1 & m_{23}^1 & m_{24}^1 \\ m_{31}^1 & m_{32}^1 & m_{33}^1 & m_{34}^1 \end{bmatrix}$、$\boldsymbol{M}_R = \begin{bmatrix} m_{11}^2 & m_{12}^2 & m_{13}^2 & m_{14}^2 \\ m_{21}^2 & m_{22}^2 & m_{23}^2 & m_{24}^2 \\ m_{31}^2 & m_{32}^2 & m_{33}^2 & m_{34}^2 \end{bmatrix}$分别是左右摄像机的投影矩阵，投影矩阵通过摄像机标定进行求解。消去Z_{CL}和Z_{CR}，可以得到关于世界坐标系的(X_W, Y_W, Z_W)的 4 个公式，如下：

$$\begin{cases} (u_L m_{31}^1 - m_{11}^1)X_W + (u_L m_{32}^1 - m_{12}^1)Y_W + (u_L m_{33}^1 - m_{13}^1)Z_W = m_{14}^1 - u_L m_{34}^1 \\ (v_L m_{31}^1 - m_{21}^1)X_W + (v_L m_{32}^1 - m_{22}^1)Y_W + (v_L m_{33}^1 - m_{23}^1)Z_W = m_{24}^1 - v_L m_{34}^1 \\ (u_R m_{31}^2 - m_{11}^2)X_W + (u_R m_{32}^2 - m_{12}^2)Y_W + (u_R m_{33}^2 - m_{13}^2)Z_W = m_{14}^2 - u_R m_{34}^2 \\ (v_R m_{31}^2 - m_{21}^2)X_W + (v_R m_{32}^2 - m_{22}^2)Y_W + (v_R m_{33}^2 - m_{23}^2)Z_W = m_{24}^2 - v_R m_{34}^2 \end{cases} \tag{4.15}$$

由式（4.15）的 4 个公式可以求出点 P 的世界坐标(X_W, Y_W, Z_W)，且求出的 P 点是唯一解。通过最小二乘法求解$\boldsymbol{P}(X_W, Y_W, Z_W)$，步骤如下。

用矩阵形式表示，可得下式：

$$\boldsymbol{KP} = \boldsymbol{Q} \tag{4.16}$$

式中，

$$\boldsymbol{K} = \begin{bmatrix} u_L m_{31}^1 - m_{11}^1 & u_L m_{32}^1 - m_{12}^1 & u_L m_{33}^1 - m_{13}^1 \\ v_L m_{31}^1 - m_{21}^1 & v_L m_{32}^1 - m_{22}^1 & v_L m_{33}^1 - m_{23}^1 \\ u_R m_{31}^2 - m_{11}^2 & u_R m_{32}^2 - m_{12}^2 & u_R m_{33}^2 - m_{13}^2 \\ v_R m_{31}^2 - m_{21}^2 & v_R m_{32}^2 - m_{22}^2 & v_R m_{33}^2 - m_{23}^2 \end{bmatrix} \tag{4.17}$$

$$\boldsymbol{P} = \begin{bmatrix} X_W \\ Y_W \\ Z_W \end{bmatrix} \tag{4.18}$$

$$\boldsymbol{Q} = \begin{bmatrix} m_{14}^1 - u_L m_{34}^1 \\ m_{24}^1 - v_L m_{34}^1 \\ m_{14}^2 - u_R m_{34}^2 \\ m_{24}^2 - v_R m_{34}^2 \end{bmatrix} \tag{4.19}$$

根据最小二乘法，得到 P 点的世界坐标：

$$\boldsymbol{P}=\begin{bmatrix} X_{\mathrm{W}} \\ Y_{\mathrm{W}} \\ Z_{\mathrm{W}} \end{bmatrix}=(\boldsymbol{K}^{\mathrm{T}}\boldsymbol{K})^{-1}\boldsymbol{K}^{\mathrm{T}}\boldsymbol{Q} \tag{4.20}$$

根据已经标定的摄像机的内外参数，在获取左右图像坐标的基础上，可以重建空间某一点的三维坐标 $(X_{\mathrm{W}},Y_{\mathrm{W}},Z_{\mathrm{W}})$。

2. 空间点重建精度分析

考虑直接测量物体的三维坐标误差较大的问题，提出一种间接检测重建精度的方法。这里使用的标定板是手工制作的，每个方格边长为 20mm。用标定板定位几个角点的三维坐标，如点 $\boldsymbol{A}_1(X_{1\mathrm{W}},Y_{1\mathrm{W}},Z_{1\mathrm{W}})$ 和 $\boldsymbol{A}_2(X_{2\mathrm{W}},Y_{2\mathrm{W}},Z_{2\mathrm{W}})$，通过数学公式 $L_{\mathrm{W}}=\sqrt{(X_{2\mathrm{W}}-X_{1\mathrm{W}})^2+(Y_{2\mathrm{W}}-Y_{1\mathrm{W}})^2+(Z_{2\mathrm{W}}-Z_{1\mathrm{W}})^2}$ 求解两个角点的距离。由于相邻角点的距离是 20mm，因此通过比较 L_{W} 与角点之间的距离便可验证定位精度，这是一种间接检测重建精度的方法。该方法的优点是不需要直接测量角点的实际三维坐标，避免了测量的不便和误差，具有较好的检测重建精度。

图 4.8 所示为左右摄像机获取的棋盘标定板，可以对其中的 3 个点进行三维坐标定位精度检测。获取的 3 个点的图像像素坐标及计算出的世界坐标如表 4.1 所示。

图 4.8　左右摄像机获取的棋盘标定板

表 4.1　角点的坐标

角点	左图像角点坐标/像素	右图像角点坐标/像素	世界坐标/mm
1	(347.277 ,267.517)	(225.199, 267.578)	(201.34,180.58,301.23)
2	(353.283, 309.844)	(226.953,309.803)	(241.12,180.45,300.35)
3	(313.788,312.365)	(184.364,312.409)	(241.52,141.42,300.98)

已知标定板每一小格的实际距离为 20mm，则根据距离数学公式可以计算出 1 和 2、2 和 3 的长度，如表 4.2 所示。

表 4.2　实际距离和测量距离比较

角点	实际距离/mm	测量距离/mm	误差值/mm
1 和 2	40	39.79	0.21
2 和 3	40	39.04	0.96

从表 4.2 中的比较结果可以看出，误差范围在 1mm 之内，高于人工测量精度，基本满足实际工程中的定位、测量等要求，所以可以采用这种方法检测障碍物的球心坐标。通过该方法检测到机械手臂基座的空间坐标和障碍物的空间坐标，然后把机械手臂基座看作坐标原点，计算得出障碍物球心相对于机械手臂基座的相对坐标为(0.2, 0, 0)，单位为 m。

4.2　协作机器人避障算法研究

协作机器人避障规划的实现[10]主要分为以下两个环节。

1）环境建模：通过某种手段获得障碍物的位置信息，即获得障碍物中心的坐标信息，也就是获得协作机器人的环境信息，为协作机器人的避障规划奠定基础。

2）避障轨迹规划：在第一个环节获得障碍物的位置信息后，结合协作机器人自身的模型得到障碍物和协作机器人的相对位置信息，采用某种避障算法获得机器人相对障碍物的运动信息，然后转变为机器人的关节运动信息，即协作机器人的避障规划。

对障碍物定位方法的研究在 4.1 节已经介绍，即已经完成了协作机器人避障规划的第一个环节，接下来主要是完成协作机器人避障规划的第二个环节，即对协作机器人避障算法的研究。

4.2.1　避障算法的确定

协作机器人避障规划中，避障算法的选择尤为重要。避障算法的好坏直接影响避障的效果和避障的效率高低。本节主要从求解关节轨迹方式的不同之处进行分类，继而进行比较选择。

1. 求解关节轨迹的方法

在获得障碍物的位置信息后，需要采用某种避障算法进行避障轨迹规划，最终形成关节的轨迹。求解关节轨迹的方法通常有以下 3 种。

（1）人工势场法

人工势场法由 Khatib[11]首次提出。其基本思想为在笛卡儿坐标系中引入势场的概念，在障碍物周围充满着排斥势场，排斥力随着协作机器人杆件与障碍物之间距离的减小而增大，反之随着距离的增大排斥力减小；而在目标物体的周围充满着吸引势场，吸引力随着协作机器人杆件与目标物之间距离的减小而减小，反之随着距离的增大而增大。基于人工势场法的无碰撞路径规划就是通过求解各个连杆的势场总和、搜索势函数梯度下降的方向，最后转化为关节的运动。

人工势场法是一种比较经典的求解关节轨迹的方法，但其存在一些不足之处。由于笛卡儿空间中同时存在两种势能，在某些区域容易存在局部最小值点，造成协作机器人无法继续运动；并且当障碍物位于目标物体附近时，机械手无法到达目标点；另外，该方法的主要目的是无碰撞地到达目标位置，对机械手末端路径并没有明确的要求。

（2）附加背离速度法

附加背离速度法由 Klein[12]于 1984 年提出。该方法的主要思想是首先找到协作机器人杆件上的标志点，即距离障碍物最近的点，然后给标志点一个远离障碍物的速度。由于协作机器人的逆解具有多个解，因此可以求得既满足末端操作任务又能满足背离障碍物速度的关节轨迹。该方法也存在不足之处，其在满足远离障碍物的速度时会以牺牲末端操作任务为代价，因此在躲避障碍物的同时对末端期望轨迹的跟踪精度较差。

（3）梯度投影法

梯度投影法由 Liegeois 于 1977 年提出。其实质是一种速度层面上的逆运动学求解法。梯度投影法的解由最小范数解和齐次解组成，最小范数解用来保证协作机器人末端对期望轨迹的跟踪运动，齐次解是在末端期望轨迹跟踪的零空间中通过自运动来实现避障的。该方法主要应用于机器人避障，通过对速度项积分得到笛卡儿空间坐标系中位置坐标和关节角度的映射关系，求解的关节角度不唯一。它能够在满足协作机器人末端运动任务的同时，通过关节自运动实现避障任务[13]。

正是由于梯度投影法具有在满足协作机器人末端运动任务的同时，还可以通过关节自运动来实现避障任务，因此该方法成为协作机器人逆运动学求解时最基本也是最主要的方法。但是梯度投影法也存在不足之处，当前迭代点十分靠近约束区域边界，而找到的最快下降方向又指向区域边界时，为了保证新迭代点的可行性，迭代点只能向该方向做微小移动，当然目标函数值不会得到很大的改善。可是如果在问题求解的过程中这种情况频繁出现，势必影响算法的收敛速度。

2. 避障算法的选择

为了更加清楚地反映避障规划过程，可用图 4.9 对整个避障规划过程进行直观描述。

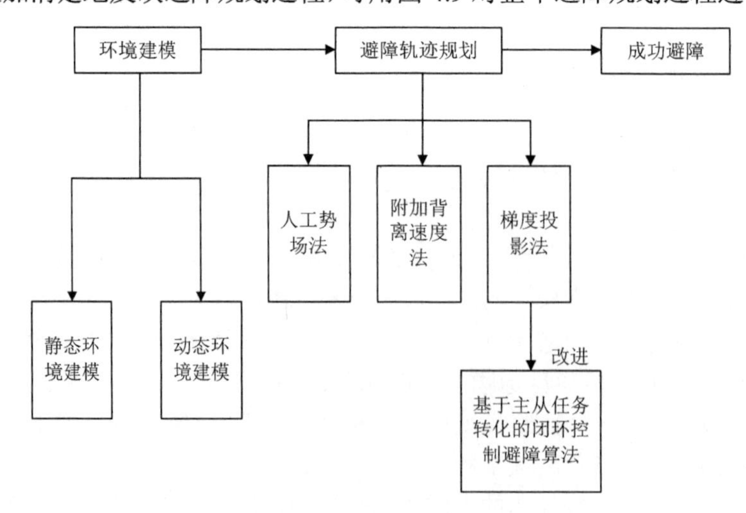

图 4.9　避障规划过程

由图 4.9 可以看出，协作机器人避障规划存在两个环节，这里主要对第二个环节即避障算法进行研究。求解关节轨迹的方法主要分为人工势场法、附加背离速度法和梯度投影法。由于要求协作机器人在完成避障任务的同时还能够完成对末端期望轨迹的跟踪任务，因此这 3 种算法中梯度投影法比较适合。但梯度投影法在处理协作机器人避障方面仍有缺陷，针对梯度投影法的不足之处，这里提出一种基于主从任务转化的闭环控制避障算法。

4.2.2　平面三自由度机器人建模

避障算法的数学建模是在平面冗余度机器人和空间冗余度机器人的基础上进行的，为了验证算法的可行性，用平面三自由度机器人作为研究对象，建立图 4.10 所示模型，并根据基础知识推导出位移方程和雅可比矩阵。

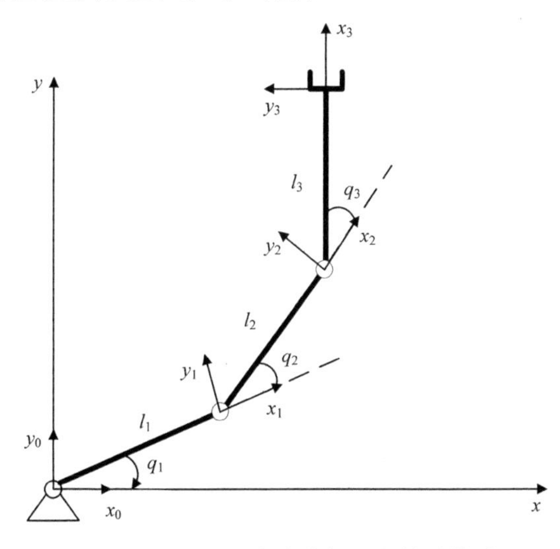

图 4.10　平面三自由度机器人数学模型

从图 4.10 中可以看出针对避障规划，只需要考虑机器人的位置坐标，而不需要考虑机器人每个坐标系的姿态。因此，对平面而言两个自由度是合理的，平面三自由度机器人具有一个多余的自由度，使得它对平面避障而言是一个冗余度机器人，满足本节的要求。下面主要根据前文基础知识推导位移方程和雅可比矩阵。

这里利用 D-H 参数表述串联机器人各个连杆之间的关系。D-H 参数包括 4 个参数：连杆扭角 α_i、关节角 θ_i、连杆长度 a_i 和关节偏移量 d_i，其中，连杆扭角 α_i 和关节角 θ_i 表述的是邻连杆之间的连接关系，连杆长度 a_i 和关节偏移量 d_i 表述的是各个连杆自身的参数。平面三自由度机器人 D-H 参数如表 4.3 所示。

表 4.3　平面三自由度机器人 D-H 参数

连杆	a_i	α_i	d_i	θ_i
1	l_1	0	0	q_1
2	l_2	0	0	q_2
3	l_3	0	0	q_3

注：a_i 为沿着 X_{i-1} 轴从 Z_{i-1} 移动到 Z_i 的距离；α_i 为绕着 X_{i-1} 轴从 Z_{i-1} 转到 Z_i 的角度；d_i 为沿着 Z_i 轴从 X_{i-1} 到 X_i 的距离；θ_i 为绕着 Z_i 轴从 X_{i-1} 到 X_i 的距离。

表 4.3 中，q_1、q_2、q_3为平面三自由度机器人的 3 个自由度变量，l_1、l_2、l_3为根据具体情况设定的恒定量。表 4.4 给出了实验时 3 个变量和 3 个恒定量的初始值与变化范围。为了简化计算量，通常将恒定量设定为 1。

表 4.4　各个量的初始值和变化范围

变量符号	初始值	变化范围
q_1	60°	±180°
q_2	-120°	±180°
q_3	0	±180°
l_1	设定的恒定量（通常为 1m）	0
l_2	设定的恒定量（通常为 1m）	0
l_3	设定的恒定量（通常为 1m）	0

转换矩阵的通式如下：

$$\boldsymbol{A}_i=\begin{bmatrix}\cos\theta_i & -\sin\theta_i\cos\alpha_i & \sin\theta_i\sin\alpha_i & a_i\cos\theta_i\\ \sin\theta_i & \cos\theta_i\cos\alpha_i & -\cos\theta_i\sin\alpha_i & a_i\sin\theta_i\\ 0 & \sin\alpha_i & \cos\alpha_i & d_i\\ 0 & 0 & 0 & 1\end{bmatrix}\tag{4.21}$$

因此，可以根据表 4.3 推导出各个连杆的变化矩阵，为

$$\boldsymbol{A}_1=\begin{bmatrix}\cos(q_1) & -\sin(q_1) & 0 & l_1\cos(q_1)\\ \sin(q_1) & \cos(q_1) & 0 & l_1\sin(q_1)\\ 0 & 0 & 1 & 0\\ 0 & 0 & 0 & 1\end{bmatrix}\tag{4.22}$$

$$\boldsymbol{A}_2=\begin{bmatrix}\cos(q_2) & -\sin(q_2) & 0 & l_2\cos(q_2)\\ \sin(q_2) & \cos(q_2) & 0 & l_2\sin(q_2)\\ 0 & 0 & 1 & 0\\ 0 & 0 & 0 & 1\end{bmatrix}\tag{4.23}$$

$$\boldsymbol{A}_3=\begin{bmatrix}\cos(q_3) & -\sin(q_3) & 0 & l_3\cos(q_3)\\ \sin(q_3) & \cos(q_3) & 0 & l_3\sin(q_3)\\ 0 & 0 & 1 & 0\\ 0 & 0 & 0 & 1\end{bmatrix}\tag{4.24}$$

将各个连杆的变化矩阵相乘就可以得到平面三自由度机器人的末端手爪的变换矩阵$\boldsymbol{T}_3$，它是关于关节变量q_1、q_2、q_3和关节恒定量l_1、l_2、l_3的函数。$\boldsymbol{T}_3$主要表示固连在机器人的末端手爪上的坐标系相对于基坐标系中的位姿。

$$\boldsymbol{T}_3=\begin{bmatrix}\cos(q_1+q_2+q_3) & -\sin(q_1+q_2+q_3) & 0 & l_1\cos(q_1)+l_2\cos(q_1+q_2)+l_3\cos(q_1+q_2+q_3)\\ \sin(q_1+q_2+q_3) & \cos(q_1+q_2+q_3) & 0 & l_1\sin(q_1)+l_2\sin(q_1+q_2)+l_3\sin(q_1+q_2+q_3)\\ 0 & 0 & 1 & 0\\ 0 & 0 & 0 & 1\end{bmatrix}\tag{4.25}$$

由于平面三自由度机器人仅考虑位置坐标而不考虑姿态，因此可以得到手爪坐标系相对于原点的位移方程，如下：

$$\begin{cases} x = l_1\cos(q_1) + l_2\cos(q_1+q_2) + l_3\cos(q_1+q_2+q_3) \\ y = l_1\sin(q_1) + l_2\sin(q_1+q_2) + l_3\sin(q_1+q_2+q_3) \end{cases} \tag{4.26}$$

式（4.26）被称为平面三自由度机器人的运动学方程，它是求解所有运动学问题的基础。

上面的推导过程适用于普遍的空间和平面机器人，以求得机器人的运动学方程，该方法具有普遍的适用性。

考虑后面的避障算法将会应用到雅可比矩阵，下面求解其雅可比矩阵 $\boldsymbol{J}$，它是关于变量 q_1、q_2、q_3 和恒定量 l_1、l_2、l_3 的函数。为了说明避障算法普遍适用于空间和平面，后面的算法主要按照适合于平面和空间的计算进行。通常情况下，平面和空间机器人都能够用微分变换法求得雅可比矩阵 $\boldsymbol{J}$。由于本节针对的是平面情况，可直接求出其雅可比矩阵，如下：

$$\boldsymbol{J} = \begin{bmatrix} -l_1s_1 - l_2s_{12} - l_3s_{123} & -l_2s_{12} - l_3s_{123} & -l_3s_{123} \\ l_1c_1 + l_2c_{12} + l_3c_{123} & l_2c_{12} + l_3c_{123} & l_3c_{123} \end{bmatrix} \tag{4.27}$$

式中，$s_1 = \sin(q_1)[s_2 = \sin(q_2),\ s_3 = \sin(q_3)]$，$s_{12} = \sin(q_1+q_2)$，$s_{123} = \sin(q_1+q_2+q_3)$；$c_1 = \cos(q_1)[c_2 = \cos(q_2),\ c_3 = \cos(q_3)]$，$c_{12} = \cos(q_1+q_2)$，$c_{123} = \cos(q_1+q_2+q_3)$。

其目的是精简矩阵，在需要时可按上述方法进行精简。

后文的避障算法中要应用到雅可比矩阵的伪逆，其公式如下：

$$\boldsymbol{J}^{+} = \boldsymbol{J}^{\mathrm{T}}(\boldsymbol{J}\boldsymbol{J}^{\mathrm{T}})^{-1} \tag{4.28}$$

伪逆的计算量极大，又都是矩阵之间的计算，这也是选择平面三自由度机器人作为研究对象的原因之一。对于此，采用 MATLAB 软件来计算，其计算伪逆的 M 文件如下：

```
syms q1 q2 q3 l1 l2 l3;
j=[-l1*sin(q1)-l2*sin(q1+q2)-l3*sin(q1+q2+q3),-l2*sin(q1+q2)-l3*sin(q1+q2+q3),-l3*sin(q1+q2+q3);l1*cos(q1)+l2*cos(q1+q2)+l3*cos(q1+q2+q3),l2*cos(q1+q2)+l3*cos(q1+q2+q3),l3*cos(q1+q2+q3)];
jn=[-l1*sin(q1)-l2*sin(q1+q2)-l3*sin(q1+q2+q3),l1*cos(q1)+l2*cos(q1+q2)+l3*cos(q1+q2+q3);-l2*sin(q1+q2)-l3*sin(q1+q2+q3),l2*cos(q1+q2)+l3*cos(q1+q2+q3);-l3*sin(q1+q2+q3),l3*cos(q1+q2+q3)];
jw=(jn)*inv(j*(jn))
```

其中，q1、q2、q3、l1、l2、l3 分别代表 q_1、q_2、q_3、l_1、l_2、l_3，j 代表雅可比矩阵 $\boldsymbol{J}$，jn 代表雅可比矩阵的转置矩阵 $\boldsymbol{J}^{\mathrm{T}}$，jw 代表雅可比矩阵的伪逆矩阵 $\boldsymbol{J}^{+}$。

由于显示的结果过于庞大，这里就不再给出结果。在后续的仿真过程中，直接将结果写入编程算法中，存储于计算机，以方便后面避障算法的计算。

4.2.3　避障指标的确定

本节主要对避障指标的选择进行研究。避障指标的选择在避障算法中极为重要，避障指标选取的好坏会直接影响避障效果的好坏。因此，如何选择一个计算简单、避障效果优秀的避障指标在避障研究中是一个关键的问题。为了便于研究，选择一个标准的球体作为障碍物，在实验中用地球仪代替障碍物，地球仪的球心即为障碍物所处的位置，即将障碍物抽象为一个点模型。下面介绍点模型的障碍物常用的避障指标。

第一种常用的避障指标是被称为距离之和的避障指标 D_{sum}[14]（图 4.11），其基本思想为：首先计算出障碍物到各杆件的距离，然后计算出障碍物到各杆件的距离之和，避障时，对 D_{sum} 进行优化，使其尽可能的大，这样就可以保证机械手臂远离障碍物。但是这种指标存在一定的缺点，它是将障碍物距离各杆件的距离之和作为衡量障碍物和机器人各臂杆件的相对位置关系，并对 D_{sum} 进行优化使其尽可能大，这样显得不够严谨；而且最重要的一点是，当机器人位于某种特殊的位姿时，障碍物到各杆件的垂点可能会落在机器人杆件的延长线上，如图 4.12 所示。显然，由于机器人杆件的延长线并不是机械手臂杆件的一部分，再用距离之和避障指标已经不能衡量障碍物和机器人各臂杆件的相对位置关系了。

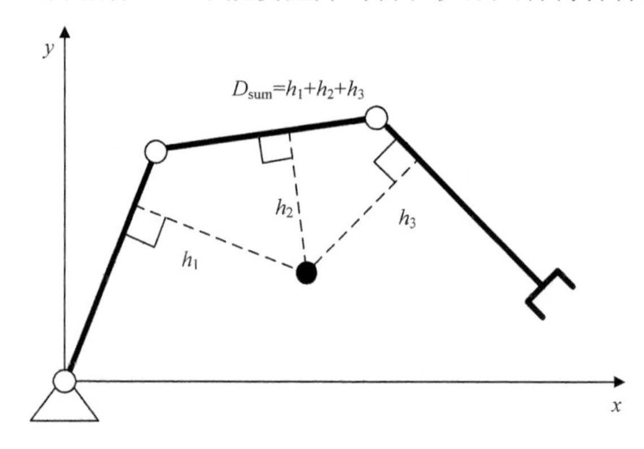

图 4.11　距离之和避障指标 D_{sum}

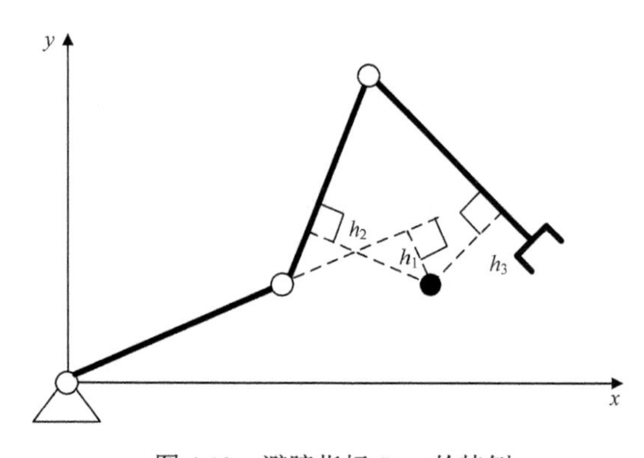

图 4.12　避障指标 D_{sum} 的特例

第二种常用的避障指标是被称为阈值控制的避障指标 $D_{threshold}$（图 4.13），其表达式如下：

$$D_{threshold} = \begin{cases} k\left(\dfrac{1}{d} - \dfrac{1}{d_0}\right) & d \leqslant d_0 \\ 0 & d > d_0 \end{cases} \tag{4.29}$$

式中，$D_{threshold}$ 为避障指标；k 为放大系数，用于控制避障指标变化的快慢；d 为机器人臂杆件距离障碍物的最小距离；d_0 为设定的距离阈值。

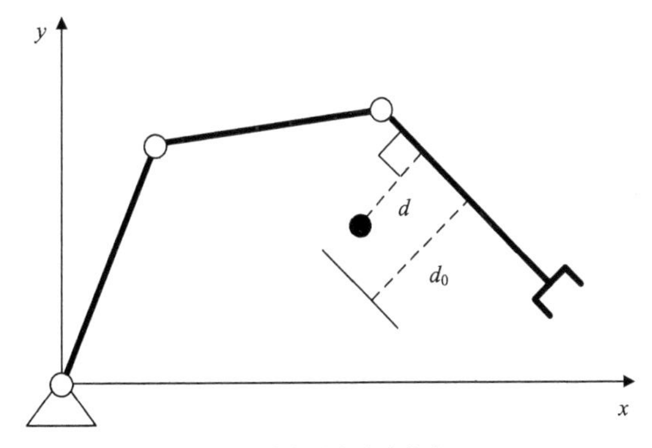

图 4.13　阈值控制避障指标 $D_{\text{threshold}}$

避障指标 $D_{\text{threshold}}$ 的基本思想为：首先确定一个距离阈值 d_0，然后计算出障碍物到机器人臂杆件的最小距离，记为 d。若最小距离大于距离阈值，则避障指标为 0；若最小距离不大于距离阈值，则避障指标 $D_{\text{threshold}}=k\left(\frac{1}{d}-\frac{1}{d_0}\right)$。其优化的方向为使避障指标 $D_{\text{threshold}}$ 尽可能的小，因此容易得知其物理意义即为使最小距离大于阈值距离，也就是使障碍物与机器人臂杆件的最小距离大于设定的阈值距离，从而保证机器人的安全。

避障指标 $D_{\text{threshold}}$ 用于避障算法时也具有良好的避障效果，但是该算法依然不能真实地表示机器人对障碍物的躲避运动。为此，这里提出了一种最短距离避障指标 $H_{\min}$。

最短距离避障指标 $H_{\min}$[15]的基本思想为：遍历机器人上所有的点，找到距离障碍物最近的点，该点被命名为标志点。用该标志点和障碍物的距离（障碍物和机器人的最短距离）来衡量机器人与障碍物之间的相对位置关系，并给标志点一个远离障碍物的速度，速度方向为障碍物指向标志点的方向，速度大小与最短距离的大小有关。首先设定一个距离阈值，当最小距离大于距离阈值时，躲避速度为 0；当最小距离小于距离阈值时，躲避速度大小与最小距离具有一定的函数关系，躲避速度随着最小距离的减小而变大。之所以如此设定，是因为障碍物运动具有随机性，最短距离可以准确地衡量障碍物距离机器人的危险程度。如图 4.14 所示，障碍物和机器人之间的最短距离作为避碰指标时，

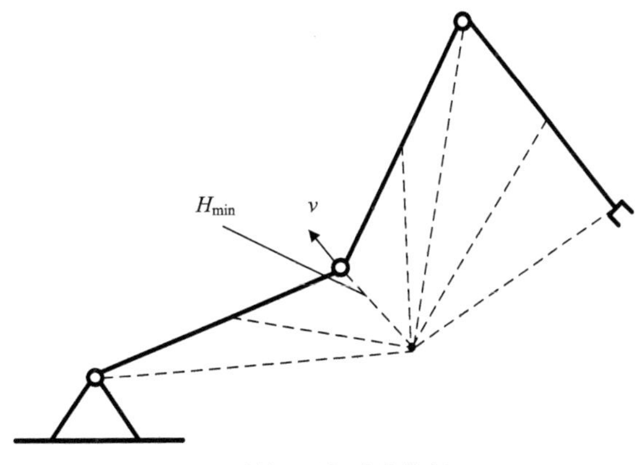

图 4.14　最短距离避障指标 $H_{\min}$

不仅计算简便，而且能产生良好的避障效果，同时给标志点一个躲避障碍物的速度，更能够反映机器人躲避障碍物的真实性。

标志点定义为机器人上距离障碍物最近的点，以机器人为研究对象，即机器人上与障碍物最近的点。为了描述标志点的计算方式，把机器人各臂杆件简化为线段，障碍物简化为点。过点向线段作垂线，垂点即为标志点，如图 4.15（a）所示，图中 O 点为障碍物位置，线段 AB 为机器人臂杆件，D 点为垂点。然而在某些情况下，D 点有可能落在 AB 的延长线上，如图 4.15（b）和（c）所示，若此时依然选择垂点作为标志点，则显得不够准确，因为延长线不属于机器人的一部分。

为了有效地解决这个问题，下面介绍 3 种可能情况下标志点的确定方法。当遇到图 4.15（a）所示情况时，标志点 C 就为垂点 D；当遇到图 4.15（b）所示情况时，标志点 C 就为机器人臂杆件端点 A；当遇到图 4.15（c）所示情况时，标志点 C 就为机器人臂杆件端点 B，这样就能够真实地反映最短距离情况。

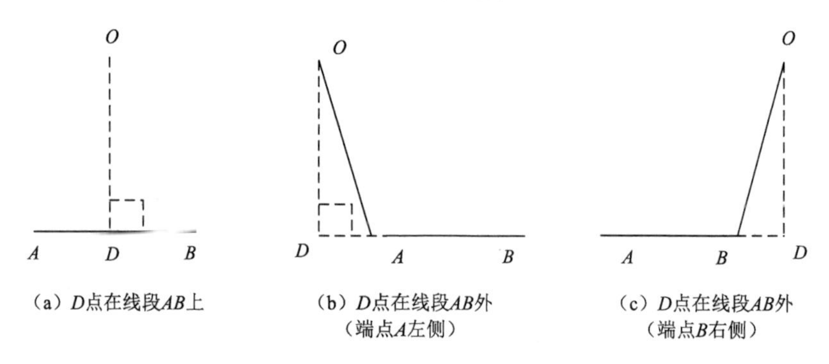

图 4.15　3 种情况下标志点的确定

标志点确定的数学描述如下：机器人臂杆件（AB）与障碍物（O）之间的几何关系如图 4.16 所示，AB 的单位方向矢量为

$$\boldsymbol{e}_i = (\boldsymbol{x}_B - \boldsymbol{x}_A) / l_i \tag{4.30}$$

式中，$\boldsymbol{x}_A$、$\boldsymbol{x}_B$ 分别为 A 点、B 点在该坐标系下的坐标；l_i 为对应的杆件长度；i 为杆件，$i \in 1,2,\cdots,n$。

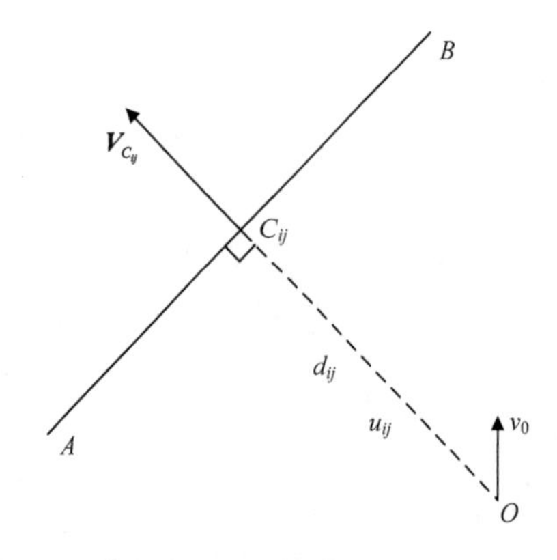

图 4.16　机器人臂杆件（AB）与障碍物（O）之间的几何关系

在这里定义一个变量 β_{ij}，它代表 AB 的单位方向矢量和矢量 $\boldsymbol{AO}$ 的叉乘的值，j 为障碍物，$j \in 1,2,\cdots,n$，而标志点 C_{ij} 的位置与 β_{ij} 的正负有关。β_{ij} 定义如下：

$$\beta_{ij} = \boldsymbol{e}_i^{\mathrm{T}}(\boldsymbol{x}_O - \boldsymbol{x}_A) \tag{4.31}$$

式中，$\boldsymbol{x}_O$ 为障碍物在该坐标系下的坐标。

当 β_{ij} 小于 0 时，即 $\angle OAB$ 为钝角时［图 4.15（b）］，标志点就选择 A 点；当 β_{ij} 大于 0 而小于 l_i 时［图 4.15（a）］，标志点就选择 D 点；当 β_{ij} 大于 l_i 时［图 4.15（c）］，标志点就选择 B 点。

综上所述，标志点 C_{ij} 的坐标表达式为

$$\boldsymbol{x}_{C_{ij}} = \begin{cases} \boldsymbol{x}_A & \beta_{ij} < 0 \\ \boldsymbol{x}_A + \beta_{ij}\boldsymbol{e}_i & l_i \geqslant \beta_{ij} \geqslant 0 \\ \boldsymbol{x}_B & \beta_{ij} > l_i \end{cases} \tag{4.32}$$

得到标志点的坐标后，下面计算障碍物和机器人的最小距离，即标志点和障碍物的距离。

O 点指向标志点的矢量表示如下：

$$\boldsymbol{d}_{ij} = \boldsymbol{x}_{C_{ij}} - \boldsymbol{x}_O \tag{4.33}$$

则对于一根杆件，可得到障碍物和杆件的最小距离，为

$$\left\|\boldsymbol{d}_{ij}\right\| = \left\|\boldsymbol{x}_{C_{ij}} - \boldsymbol{x}_O\right\| \tag{4.34}$$

所以，点 O 到点 C_{ij} 的单位方向矢量为

$$\boldsymbol{u}_{ij} = (\boldsymbol{x}_{C_{ij}} - \boldsymbol{x}_O) / \left\|\boldsymbol{d}_{ij}\right\| \tag{4.35}$$

点 O 沿 OC_{ij} 方向的速度分量为

$$\boldsymbol{v}_{C_{ij}} = v_0 \boldsymbol{u}_{ij} \tag{4.36}$$

式中，v_0 为给定的标志点避障速度初始值，v_0 为一标量。

考虑从检测到障碍物到运动规划的完成需要一定的时间，则实际点 O 与 C_{ij} 的距离为

$$\left\|\boldsymbol{d}_{ij}^{*}\right\| = \left\|\boldsymbol{d}_{ij}\right\| - \boldsymbol{v}_{C_{ij}} \times t \tag{4.37}$$

则标志点与障碍物的距离为 $\|\boldsymbol{d}_0\| = \min\{\boldsymbol{d}_{ij}*\}$，即为机器人和障碍物之间的最小距离，对应的 $\boldsymbol{d}_0$ 则为障碍物指向标志点的矢量，可以看出此方法适合多障碍物动态避障。

最小距离对应的障碍物指向标志点的单位矢量为

$$\boldsymbol{n}_0 = \frac{\boldsymbol{d}_0}{\left\|\boldsymbol{d}_0\right\|} \tag{4.38}$$

假设此时标志点躲避障碍物的速度大小为 $\boldsymbol{v}_{C_{ij}}$，则此时标志点躲避障碍物的速度为

$$\boldsymbol{V}_{C_{ij}} = \boldsymbol{v}_{C_{ij}} \times \boldsymbol{n}_0 \tag{4.39}$$

也可以完全按照数学求极小值的方法求解障碍物和机器人臂杆件的最小距离，并确定标志点，然后同样给标志点一个上述的躲避速度。其具体的过程描述如下。

首先求得一根杆件与障碍物之间的最小距离，然后同理求得每一根杆件和障碍

物的最小距离，再取最小距离作为障碍物和机器人的最小距离。利用式（4.30）求得杆件 AB 的单位矢量 $\boldsymbol{e}_i$，表示为 (e_{ix},e_{iy},e_{iz})，则连杆上任意一点的坐标可以表示为

$$\begin{cases} x(k)=x_A+ke_{ix} \\ y(k)=y_A+ke_{iy} \\ z(k)=z_A+ke_{iz} \end{cases} \tag{4.40}$$

式中，$k\in[0,l_i]$，为连杆上的点到左端点的距离。

此时，障碍物和连杆上任意一点的距离表示为

$$d(i)=\sqrt{(x_A+ke_{ix}-x_O)^2+(y_A+ke_{iy}-y_O)^2+(z_A+ke_{iz}-z_O)^2} \tag{4.41}$$

令 $A=x_A-x_O$，$B=y_A-y_O$，$C=z_A-z_O$，代入式（4.41）可得

$$\begin{aligned} d(i)&=\sqrt{(A+ke_{ix})^2+(B+ke_{iy})^2+(C+ke_{iz})^2} \\ &=\sqrt{k^2+2(Ae_{ix}+Be_{iy}+Ce_{iz})k+A^2+B^2+C^2} \end{aligned} \tag{4.42}$$

再令 $D=Ae_{ix}+Be_{iy}+Ce_{iz}$，代入式（4.42）可得

$$d(i)=\sqrt{k^2+2Dk+A^2+B^2+C^2} \tag{4.43}$$

式（4.43）的单调性与 $k^2+2Dk+A^2+B^2+C^2$ 的单调性是一样的，下面主要讨论二次函数 $t(i)=k^2+2Dk+A^2+B^2+C^2$ 的最小值情况。

如果 $0\leqslant -D\leqslant l_i$，则

$$t(k)_{\min}=t(-D)=k^2+2Dk+A^2+B^2+C^2=A^2+B^2+C^2-D^2$$

则此时最短距离为

$$d(i)_{\min}=d(-D)=\sqrt{A^2+B^2+C^2-D^2} \tag{4.44}$$

如果 $-D<0$，则

$$t(k)_{\min}=t(0)=k^2+2Dk+A^2+B^2+C^2=A^2+B^2+C^2$$

则此时最短距离为

$$d(i)_{\min}=d(0)=\sqrt{A^2+B^2+C^2} \tag{4.45}$$

如果 $-D>l_i$，则

$$t(k)_{\min}=t(l_i)=k^2+2Dk+A^2+B^2+C^2=k^2+2Dl_i+A^2+B^2+C^2$$

则此时最短距离为

$$d(i)_{\min}=d(l_i)=\sqrt{k^2+2Dl_i+A^2+B^2+C^2} \tag{4.46}$$

因此，最后得到的障碍物到机器人的最短距离为

$$H_{\min}=\min\{d(i)_{\min}\} \tag{4.47}$$

4.2.4 基于主从任务转化的闭环控制避障算法建模

协作机器人避障算法研究一直是机器人领域的研究热点之一。针对传统算法的不足，这里提出一种基于主从任务转化的闭环控制避障算法。主从任务转化通过监测机器人各臂杆件与障碍物之间的最小距离变化来实现避障任务和期望轨迹跟踪任务的主从切换，从而解决当障碍物位于机器人末端期望轨迹上时，避障运动和期望轨

迹跟踪运动存在的相互冲突问题。考虑机器人避障时其末端跟踪精度差的问题，引入对协作机器人末端期望位置和实际位置的误差控制，使协作机器人末端跟踪精度显著提高。

1. 基于梯度投影的避障算法

对于协作机器人而言，梯度投影法是一种常用的基于速度层面的逆运动学方法，本小节将其作为研究协作机器人避障的基础。

（1）算法建模

一般地，机器人的运动学方程为

$$\boldsymbol{x} = \boldsymbol{x}(\boldsymbol{q}) \tag{4.48}$$

式中，$\boldsymbol{x} \in \mathbf{R}^m$，为机器人末端在笛卡儿坐标系下的位姿，它构成机器人末端的操作空间；$\boldsymbol{q} \in \mathbf{R}^n$，为机器人在关节空间下的坐标，它构成机器人的关节空间。

机器人的雅可比矩阵定义为它的关节速度到末端操作速度的线性变换，可以看成从关节空间向操作空间运动速度的映射关系。式（4.48）两边同时对时间求导，可以推导出机器人末端操作速度与关节速度之间的关系：

$$\dot{\boldsymbol{x}} = \boldsymbol{J}(\boldsymbol{q})\dot{\boldsymbol{q}} \tag{4.49}$$

式中，$\dot{\boldsymbol{x}} \in \mathbf{R}^m$，为机器人末端在操作空间的广义速度，简称为操作速度；$\boldsymbol{J}(\boldsymbol{q})=\partial \boldsymbol{x}/\partial \boldsymbol{q} \in \mathbf{R}^{m\times n}$（$m$ 取决于操作空间的维数，n 取决于机器人的自由度），为机器人末端的雅可比矩阵；$\dot{\boldsymbol{q}} \in \mathbf{R}^n$，为关节速度矢量。

对于非冗余度协作机器人，关节空间到操作空间的变换矩阵 $\boldsymbol{J}(\boldsymbol{q})$ 是一个方阵。一般情况下，通过式（4.49），可以根据 $\dot{\boldsymbol{x}}$ 反解出相对应的关节速度 $\dot{\boldsymbol{q}}$。但是，当机器人位于奇异位形时，机器人的逆雅可比矩阵不存在，运动学逆解可能不存在；并且在奇异位形附近，$\boldsymbol{J}(\boldsymbol{q})$ 是一个病态矩阵，逆运动学解得的关节角速度可能会趋于无穷大。但一般地，当机器人的雅可比矩阵 $\boldsymbol{J}(\boldsymbol{q})$ 是满秩方阵时，运动学逆解为

$$\dot{\boldsymbol{q}} = \boldsymbol{J}^{-1}(\boldsymbol{q})\dot{\boldsymbol{x}} \tag{4.50}$$

但是对于冗余度协作机器人，因为有 $m < n$，可知其雅可比矩阵不是一个方阵。根据矩阵论相关知识，可知无论该雅可比矩阵是否是满秩方阵，它都没有常规的逆解，只存在广义逆。因此，大部分的冗余度协作机器人的逆运动学是基于广义逆的解法来进行研究的[16]。冗余度协作机器人的运动学逆解可表示为

$$\dot{\boldsymbol{q}} = \dot{\boldsymbol{q}}_{\mathrm{s}} + \dot{\boldsymbol{q}}_{\mathrm{h}} = \boldsymbol{J}^{+}\dot{\boldsymbol{x}} + (\boldsymbol{I} - \boldsymbol{J}^{+}\boldsymbol{J})\nabla \boldsymbol{H}(\boldsymbol{q}) \tag{4.51}$$

式中，$\boldsymbol{J}^{+} = \boldsymbol{J}^{\mathrm{T}}(\boldsymbol{J}\boldsymbol{J}^{\mathrm{T}})^{-1}$，为 $\boldsymbol{J}$ 的广义逆，$\boldsymbol{I} \in \mathbf{R}^{n\times n}$，为单位阵。

可以看出，对于冗余度协作机器人来说，式（4.49）的解 $\dot{\boldsymbol{q}}$ 由两部分组成，其中式（4.51）中的 $\dot{\boldsymbol{q}}_{\mathrm{s}}$ 为最小范数解，它位于雅可比矩阵的行空间 $\boldsymbol{R}(\boldsymbol{J}^{+})$ 中；第二项 $\dot{\boldsymbol{q}}_{\mathrm{h}}$ 为式（4.49）的通解，它位于雅可比矩阵的零空间 $\boldsymbol{N}(\boldsymbol{J})$ 中。容易得知 $\dot{\boldsymbol{q}}_{\mathrm{s}}$ 与 $\dot{\boldsymbol{q}}_{\mathrm{h}}$ 正交，因此雅可比矩阵的行空间 $\boldsymbol{R}(\boldsymbol{J}^{+})$ 与雅可比矩阵的零空间 $\boldsymbol{N}(\boldsymbol{J})$ 互为正交补空间。$\dot{\boldsymbol{q}}_{\mathrm{s}}$ 用于保证机器人的第一任务，即保证机器人的末端速度，也就是保证机器人的末端跟踪轨迹；$\dot{\boldsymbol{q}}_{\mathrm{h}}$ 位于雅可比矩阵的零空间 $\boldsymbol{N}(\boldsymbol{J})$ 中，用于保证机器人的次要任务，即第二任务，也就是完成机器人的自运动。因为 $\dot{\boldsymbol{q}}_{\mathrm{h}}$ 位于雅可比矩阵的零空间中，所以它的运动对第一任务的

运动没有影响，其物理意义是首先保证机器人完成第一任务，在保证第一任务的前提下通过零空间的自运动对某一个次要任务进行优化。

式（4.51）中的 $\boldsymbol{H}(\boldsymbol{q})$为优化指标，它为 $\boldsymbol{q}$ 的表达式，通过选择不同的优化指标可以完成不同的次要任务。$\nabla\boldsymbol{H}(\boldsymbol{q})$ 为优化指标 $\boldsymbol{H}(\boldsymbol{q})$的梯度，它的物理意义为以最大的速率增大或者减小的关节速度矢量方向，表示如下：

$$\nabla \boldsymbol{H}(\boldsymbol{q}) = \begin{bmatrix} \dfrac{\partial \boldsymbol{H}}{\partial \boldsymbol{q}_1} & \dfrac{\partial \boldsymbol{H}}{\partial \boldsymbol{q}_2} & \dfrac{\partial \boldsymbol{H}}{\partial \boldsymbol{q}_3} & \cdots & \dfrac{\partial \boldsymbol{H}}{\partial \boldsymbol{q}_n} \end{bmatrix}^{\mathrm{T}} \tag{4.52}$$

为了避免机器人自运动时关节速度过大或者太小，通常在第二项前面加上一个系数 k（通常为一个固定值），这个系数称为放大系数。这样式（4.51）就转换为

$$\dot{\boldsymbol{q}} = \dot{\boldsymbol{q}}_{\mathrm{s}} + \dot{\boldsymbol{q}}_{\mathrm{h}} = \boldsymbol{J}^{+}\dot{\boldsymbol{x}} + k(\boldsymbol{I} - \boldsymbol{J}^{+}\boldsymbol{J})\nabla \boldsymbol{H}(\boldsymbol{q}) \tag{4.53}$$

即梯度投影法的基本公式。

当该算法用于避障时，即优化指标 $\boldsymbol{H}(\boldsymbol{q})$用避障指标代替，该梯度投影法就有了具体的物理意义。在处理避障问题时，梯度投影法右边第一项是满足末端轨迹的跟踪，即机器人末端的运动；右边第二项是在不影响末端轨迹的前提下通过机器人的自运动来实现障碍物的躲避。式（4.53）的整体物理意义可以描述如下：协作机器人首先完成末端期望轨迹的跟踪任务（这是首要任务），在保证首要任务的基础上，通过零空间的自运动完成对障碍物的躲避运动，即末端期望轨迹的跟踪任务第一，避障任务第二。避障任务是在末端期望轨迹的跟踪任务的零空间进行的，理论上避障任务不会影响机器人的末端对末端期望轨迹的跟踪任务[17]。

基于梯度投影法，并运用所提出的最短距离避障指标 $H_{\min}$，在此前提下，为使协作机器人能够躲避障碍物，需要使距离障碍物最近点 $\boldsymbol{x}_0$（标志点）具有一个躲避障碍物的速度 $\dot{\boldsymbol{x}}_0$，即

$$\boldsymbol{J}_0\dot{\boldsymbol{q}} = \dot{\boldsymbol{x}}_0 \tag{4.54}$$

式中，$\dot{\boldsymbol{x}}_0$ 为标志点躲避障碍物的速度；$\boldsymbol{J}_0$ 为标志点处对应计算得到的雅可比矩阵。

将式（4.54）代入式（4.53）可得

$$\dot{\boldsymbol{q}} = \boldsymbol{J}^{+}\dot{\boldsymbol{x}} + k[\boldsymbol{J}_0(\boldsymbol{I} - \boldsymbol{J}^{+}\boldsymbol{J})]^{+}(\dot{\boldsymbol{x}}_0 - \boldsymbol{J}_0\boldsymbol{J}^{+}\dot{\boldsymbol{x}}) \tag{4.55}$$

这就是基于梯度投影的避障算法，也是经典的梯度投影法。为了更好地理解基于梯度投影的避障算法的运算流程，可用图 4.17 表示该算法的运算过程。

式（4.55）的物理意义是：等号右边第一项为末端轨迹跟踪，保证末端需要的速度 $\dot{\boldsymbol{x}}$；右边第二项是保证距离障碍物最近点（标志点）的躲避速度 $\dot{\boldsymbol{x}}_0$ 并不会影响末端轨迹的跟踪，即对末端期望轨迹的跟踪任务为首要任务，避障运动为次要任务，避障运动在末端期望轨迹的跟踪任务的零空间中，利用协作机器人的自运动来实现避障。通过这种方法，可以同时完成机器人末端的轨迹跟踪和对障碍物的躲避运动。

（2）算法存在的问题

由于协作机器人具有多余的自由度，因此其逆运动学不再是简单的求解方法。协作机器人的逆运动学主要是采用梯度投影法进行求解，把梯度投影法中的优化指标用避障指标替换，这就成为协作机器人的避障算法。协作机器人的避障主要是基于梯度

投影法进行的。梯度投影法有效地解决了协作机器人的避障问题，也被国内外学者广泛使用，但是该算法仍有不足之处。经过分析研究概括出传统梯度投影法的不足之处如下。

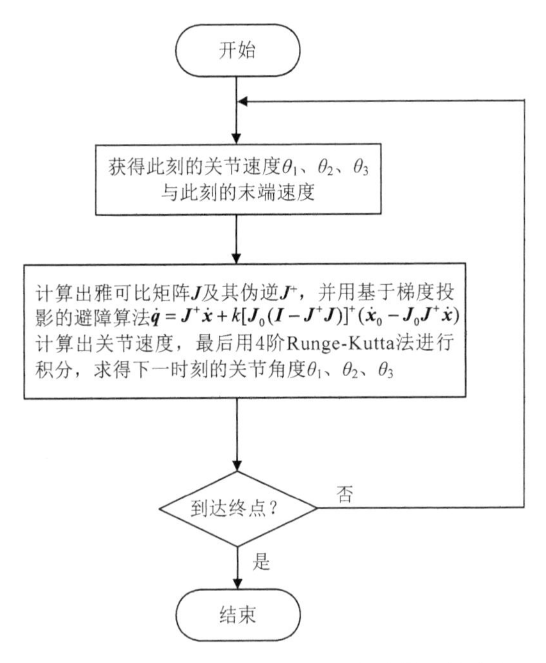

图 4.17　基于梯度投影的避障算法的运算流程

1）传统梯度投影法用于机器人避障方面多针对单一静态障碍物避障，而由于机器人工作环境极为复杂，有可能存在多个障碍物或者动态障碍物，考虑到机器人与人的安全性，以及算法的实用性，传统的经典梯度投影法已不再能够满足人们对机器人避障的要求，研究出一种能够同时适用于静态障碍物避障、动态障碍物避障、多障碍物避障的算法是目前急需的[18]。

2）传统梯度投影法是机器人逆运动学比较经典的方法，它由两部分组成，第一部分为机器人的特解，满足机器人手部对末端期望轨迹的跟踪运动，为机器人的首要任务；第二部分为机器人的通解，通过引入不同的优化指标完成不同的任务，为机器人的次要任务。可以这样理解，梯度投影法是在满足机器人对末端期望轨迹的跟踪任务的前提下，利用其自运动完成其他任务。它被用于避障时，其意义就是在满足机器人对末端期望轨迹的跟踪任务的前提下，利用其零空间的自运动完成避障任务，因此该算法能够解决机器人的避障问题[19]。但是在某些特殊位形时其算法会失效，如当障碍物位于机器人末端期望轨迹上时，由于末端期望轨迹的跟踪为首要任务，避障为次要任务，此刻避障算法就会失效。

3）梯度投影是一个开环控制的算法。造成机器人手部对末端期望轨迹的跟踪精度有限，无法满足高精度应用场景的需求。

4）很明显可以看出，在梯度投影法中，放大系数 k 的选取是十分重要的，它将直接影响机器人自运动的速度。k 选得过大会导致自运动的速度过大，造成机器人关节速度超限，甚至造成机器人的控制不稳定从而引起关节速度的振荡问题。因此，如何正确选择 k 值是一个既复杂又极为重要的问题。

5）当机器人位于奇异位形时，雅可比矩阵 $\boldsymbol{J}(\boldsymbol{q})$的伪逆是不存在的，而且在奇异位形附近雅可比矩阵是病态的，最小范数解的关节速度矢量可能会趋于无穷大，这对机器人的控制是不利的。因此，在设置机器人避障算法时一定要尽量避免机器人的奇异位形[20]。

6）计算量的难度问题。由于梯度投影法用于避障时涉及雅可比矩阵及其伪逆的算法，可知其计算量是比较大的，应该采用相应方法如把雅可比矩阵变为标量等缩小算法的计算难度。

梯度投影法用于协作机器人避障时，其不足之处如上述所列，究其原因主要是算法设计不够完善，本书在经典梯度投影法的基础上，提出了改进的方法有助于解决上述问题。

2. 基于主从任务转化的避障算法

基于梯度投影法的避障算法能够解决大部分协作机器人的避障问题，但是该算法仍然具有一定的局限性，由于该算法是在不影响末端轨迹跟踪的前提下利用自运动来避障，因此当障碍物位于末端轨迹上时（图 4.18），协作机器人的末端轨迹跟踪和障碍物的躲避就会产生矛盾，造成算法失效。

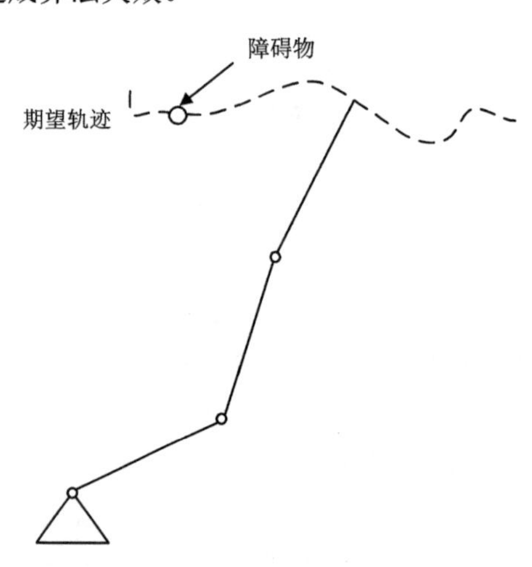

图 4.18　障碍物位于末端期望轨迹上

障碍物位于末端期望轨迹上时算法失效的问题是协作机器人避障方面最需要解决的问题，但目前提出的解决方法还很少，需要进一步研究。

对于本小节的协作机器人的避障任务，仅需要给标志点一个躲避障碍物的速度，速度的方向为沿着障碍物指向标志点的直线方向，其实质是一个一维的约束问题。因此，可以把避障运动的操作空间缩减为一维空间，这将大大减少计算量。下面对前面提出的算法存在的第 6 个问题进行优化解决。

首先引入缩减的避障运动操作空间。设 $\boldsymbol{d}_0$ 为障碍物上最近点指向标志点的矢量，则其单位矢量为

$$\boldsymbol{n}_0 = \frac{\boldsymbol{d}_0}{\|\boldsymbol{d}_0\|} \tag{4.56}$$

则标志点运动的雅可比矩阵可以简化为

$$\boldsymbol{J}_{d_0} = \boldsymbol{n}_0^{\mathrm{T}} \boldsymbol{J}_0 \tag{4.57}$$

同理，标志点躲避障碍物的速度可以简化为

$$\dot{\boldsymbol{x}}_{d_0} = \boldsymbol{n}_0^{\mathrm{T}} \dot{\boldsymbol{x}}_0 \tag{4.58}$$

由于 $\boldsymbol{n}_0 \in \mathbf{R}^{m\times1}$，因此其转置 $\boldsymbol{n}_0^{\mathrm{T}} \in \mathbf{R}^{1\times m}$，这就使得 $\boldsymbol{J}_0 \in \mathbf{R}^{m\times n}$ 变为 $\boldsymbol{J}_{d_0} \in \mathbf{R}^{1\times n}$，$\dot{\boldsymbol{x}}_0 \in \mathbf{R}^{m\times1}$ 变为 $\dot{\boldsymbol{x}}_{d_0} \in \mathbf{R}^{1\times1}$，矩阵被缩减，从而使计算更加简单。

基于梯度投影的避障算法就转换为下式：

$$\dot{\boldsymbol{q}} = \boldsymbol{J}^{+}\dot{\boldsymbol{x}} + k[\boldsymbol{J}_{d_0}(\boldsymbol{I} - \boldsymbol{J}^{+}\boldsymbol{J})]^{+}(\dot{\boldsymbol{x}}_{d_0} - \boldsymbol{J}_{d_0}\boldsymbol{J}^{+}\dot{\boldsymbol{x}}) \tag{4.59}$$

基于梯度投影法的避障算法中的 $\dot{\boldsymbol{x}}_0 \in \mathbf{R}^{m\times1}$ 和 $\boldsymbol{J}_0\boldsymbol{J}^{+}\dot{\boldsymbol{x}} \in \mathbf{R}^{m\times1}$ 对应变成了 $\dot{\boldsymbol{x}}_{d0} \in \mathbf{R}^{1\times1}$ 和 $\boldsymbol{J}_{d_0}\boldsymbol{J}^{+}\dot{\boldsymbol{x}} \in \mathbf{R}^{1\times1}$，即都变成了标量，降低了计算量。同时，基于梯度投影法的避障算法中的 $[\boldsymbol{J}_0(\boldsymbol{I} - \boldsymbol{J}^{+}\boldsymbol{J})]^{+} \in \mathbf{R}^{n\times m}$ 变成了 $[\boldsymbol{J}_{d_0}(\boldsymbol{I} - \boldsymbol{J}^{+}\boldsymbol{J})]^{+} \in \mathbf{R}^{n\times1}$，降低了矩阵求逆的难度，同时也解决了奇异性问题，避免了奇异性问题造成的关节速度超限的问题，解决了前面提出的算法存在的第 5 个和第 6 个问题。

基于上述分析提出基于主从任务转化的避障算法，该算法的形式为

$$\dot{\boldsymbol{q}} = \boldsymbol{J}_{d_0}^{+}\dot{\boldsymbol{x}}_{d_0} + (\boldsymbol{I} - \beta\boldsymbol{J}_{d_0}^{+}\boldsymbol{J}_{d_0})\boldsymbol{J}^{+}\dot{\boldsymbol{x}} \tag{4.60}$$

$$\dot{\boldsymbol{x}}_{d_0} = \alpha v_0 \tag{4.61}$$

式中，$\dot{\boldsymbol{x}}_{d_0} \in \mathbf{R}^{1\times1}$；$\alpha$、$\beta$ 为引入的转化变量。

其中，α、β 变量定义如下：

$$\alpha = \begin{cases} 0 & \|\boldsymbol{d}_0\| > d_{\mathrm{m}} \\ \dfrac{2d_{\mathrm{m}}}{d_{\mathrm{m}} + \|\boldsymbol{d}_0\|} & \|\boldsymbol{d}_0\| \leqslant d_{\mathrm{m}} \end{cases} \tag{4.62}$$

$$\beta = \begin{cases} 0 & \|\boldsymbol{d}_0\| > d_{\mathrm{m}} \\ 1 & \|\boldsymbol{d}_0\| \leqslant d_{\mathrm{m}} \end{cases} \tag{4.63}$$

式中，d_{m} 为事先设定的距离阈值；$\|\boldsymbol{d}_0\|$ 为标志点和障碍物的距离，即障碍物与机器人的最小距离。

第一种情况，当 $\|\boldsymbol{d}_0\|$ 大于距离阈值 d_{m} 时，可以得到：

$$\alpha = \beta = 0 \tag{4.64}$$

此刻，协作机器人的避障算法转化为下式：

$$\dot{\boldsymbol{q}} = \boldsymbol{J}^{+}\dot{\boldsymbol{x}} \tag{4.65}$$

此时只进行机器人末端对末端期望轨迹的跟踪运动，没有机器人对障碍物的躲避运动，因此可以实现较高的跟踪精度。

第二种情况，随着机器人接近障碍物，即当 $\|\boldsymbol{d}_0\| \approx d_{\mathrm{m}}$ 时，可以得到：

$$\alpha \approx 1,\ \beta = 1 \tag{4.66}$$

此刻，协作机器人的避障算法转化为下式：

$$\dot{\boldsymbol{q}} = \boldsymbol{J}_{d_0}^{+} v_0 + (\boldsymbol{I} - \boldsymbol{J}_{d_0}^{+} \boldsymbol{J}_{d_0}) \boldsymbol{J}^{+} \dot{\boldsymbol{x}} \tag{4.67}$$

此时机器人以避障为主要任务，机器人末端对末端期望轨迹的跟踪任务限制在避障的零空间中。由此可以看出，两个任务互不影响，也能够解决障碍物位于末端期望轨迹上时算法失效的问题，但是机器人末端对末端期望轨迹的跟踪的误差增大。

第三种情况，当障碍物无限接近机器人，即最小距离$\| \boldsymbol{d}_0 \| \approx 0$时，可以得到：

$$\alpha \approx 2,\ \beta = 1 \tag{4.68}$$

此刻，协作机器人的避障算法转化为下式：

$$\dot{\boldsymbol{q}} = \boldsymbol{J}_{d_0}^{+} (2v_0) + (\boldsymbol{I} - \boldsymbol{J}_{d_0}^{+} \boldsymbol{J}_{d_0}) \boldsymbol{J}^{+} \dot{\boldsymbol{x}} \tag{4.69}$$

此时机器人依然以避障为主要任务，机器人末端对末端期望轨迹的跟踪任务限制在避障的零空间中。由此可以看出，两个任务也互不影响，当障碍物位于末端期望轨迹上时算法依然有效，但是在这种情况下机器人末端对末端期望轨迹的跟踪误差就更大了。

为了更好地理解基于主从任务转化的避障算法的运算流程，可用图 4.19 表示该算法的运算过程。

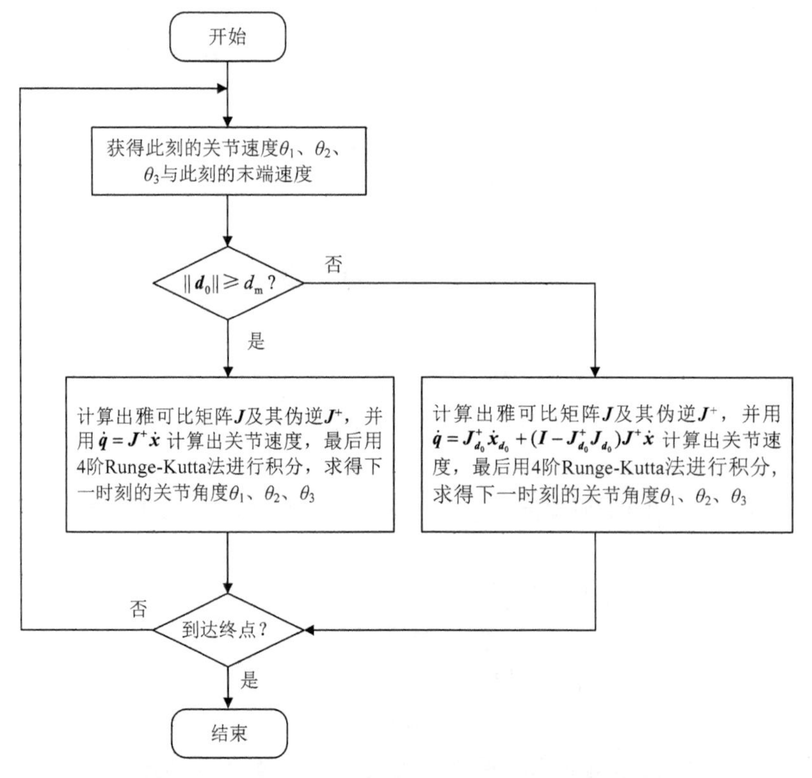

图 4.19　基于主从任务转化的避障算法的运算流程

3. 基于主从任务转化的闭环控制避障算法

基于主从任务转化的避障算法相比于基于梯度投影法的避障算法优化了很多，基本解决了基于梯度投影法的避障算法中提出的问题，但其还存在一些不足。由于开环控制在对各关节角速度进行积分求解时不可避免地会出现结果漂移，导致任务空间出现误差，也就会导致末端轨迹的跟踪精度下降；而且采用基于主从任务转化的避障算法进行避障时以避障运动作为第一任务，机器人对末端期望轨迹的跟踪任务为次要任务，即为了达到避障效果会牺牲机器人对末端期望轨迹的跟踪精度。综上所述，当采用基于主从任务转化的避障算法进行避障时，末端期望轨迹的跟踪精度会较差。为了克服这个缺点，引入对末端期望位置（$\boldsymbol{x}_d$）和实际位置（$\boldsymbol{x}$）的误差控制。

显然，末端期望轨迹（$\boldsymbol{x}_d$）和实际位置（$\boldsymbol{x}$）的误差可表示为

$$\boldsymbol{e} = \boldsymbol{x}_d - \boldsymbol{x} \tag{4.70}$$

式（4.70）两边同时对时间求导，可以得到速度误差为

$$\dot{\boldsymbol{e}} = \dot{\boldsymbol{x}}_d - \dot{\boldsymbol{x}} \tag{4.71}$$

又由于机器人末端操作速度与关节速度之间的关系为

$$\dot{\boldsymbol{x}} = \boldsymbol{J}(\boldsymbol{q})\dot{\boldsymbol{q}} \tag{4.72}$$

这里令式（4.73）成立，其中 $\boldsymbol{K}$ 是一个正定矩阵，$\boldsymbol{K}$ 的正确选取可以保证末端的跟踪精度显著提高，有

$$\dot{\boldsymbol{e}} + \boldsymbol{K}\boldsymbol{e} = 0 \tag{4.73}$$

结合式（4.70）～式（4.73）可得

$$\dot{\boldsymbol{q}} = \boldsymbol{J}^{+}(\boldsymbol{q})[\dot{\boldsymbol{x}}_d + \boldsymbol{K}(\boldsymbol{x}_d - \boldsymbol{x})] \tag{4.74}$$

在联立式（4.74）和基于主从任务转化的避障算法的基础上，提出基于主从任务转化的闭环控制避障算法。该算法的表达式如下：

$$\dot{\boldsymbol{q}} = \boldsymbol{J}_{d_0}^{+}\dot{\boldsymbol{x}}_{d_0} + (\boldsymbol{I} - \beta\boldsymbol{J}_{d_0}^{+}\boldsymbol{J}_{d_0})\boldsymbol{J}^{+}[\dot{\boldsymbol{x}}_d + \boldsymbol{K}(\boldsymbol{x}_d - \boldsymbol{x})] \tag{4.75}$$

式中，变量 $\dot{\boldsymbol{x}}_{d_0}$ 表示如下：

$$\dot{\boldsymbol{x}}_{d_0} = \boldsymbol{n}_0^{\mathrm{T}}\dot{\boldsymbol{x}}_0 \tag{4.76}$$

$$\dot{\boldsymbol{x}}_0 = \begin{cases} 0 & \|\boldsymbol{d}_0\| \geqslant d_{\mathrm{m}} \\ \dfrac{v_{\mathrm{m}}}{2}\left[\cos\left(\pi\dfrac{\|\boldsymbol{d}_0\|}{d_{\mathrm{m}}}\right)+1\right]\boldsymbol{n}_0 & \|\boldsymbol{d}_0\| < d_{\mathrm{m}} \end{cases} \tag{4.77}$$

同时，式（4.75）中的变量 β 为重要变量，其表达式如下：

$$\beta = \begin{cases} 0 & \|\boldsymbol{d}_0\| \geqslant d_{\mathrm{m}} \\ 1 & \|\boldsymbol{d}_0\| < d_{\mathrm{m}} \end{cases} \tag{4.78}$$

式中，$\dot{\boldsymbol{x}}_{d_0}$ 为标志点的避障速度值，它与变量 β 都随着 $\|\boldsymbol{d}_0\|$ 的变化而变化。

$\dot{\boldsymbol{x}}_0$ 的设定主要是考虑避障的实际物理意义，即当最小距离大于距离阈值时没有躲避速度；而当最小距离小于距离阈值时，避障速度随着距离的减小而增大。引入余弦函数

主要是考虑躲避速度变化的连续性。v_m为标志点能产生的最大躲避速度值，需要根据实际情况进行设定。

第一种情况，当障碍物与机器人的最小距离大于距离阈值时，即当$\|\boldsymbol{d}_0\| > d_m$时，可以得到：

$$\dot{\boldsymbol{q}} = \boldsymbol{J}^{+}[\dot{\boldsymbol{x}}_d + \boldsymbol{K}(\boldsymbol{x}_d - \boldsymbol{x})] \tag{4.79}$$

此时只进行机器人末端对末端期望轨迹的跟踪运动，没有机器人对障碍物的躲避运动，同时还引入对末端期望位置($\boldsymbol{x}_d$)和实际位置($\boldsymbol{x}$)的误差控制，因此可以实现较高的跟踪精度。

第二种情况，随着机器人接近障碍物，使得最小距离小于距离阈值时，即$\|\boldsymbol{d}_0\| < d_m$，表达式进行了一定的转换，变为

$$\dot{\boldsymbol{q}} = \boldsymbol{J}_{d_0}^{+}\dot{\boldsymbol{x}}_{d_0} + (\boldsymbol{I} - \boldsymbol{J}_{d_0}^{+}\boldsymbol{J}_{d_0})\boldsymbol{J}^{+}[\dot{\boldsymbol{x}}_d + \boldsymbol{K}(\boldsymbol{x}_d - \boldsymbol{x})] \tag{4.80}$$

此时机器人以避障为主要任务，机器人对末端期望轨迹的跟踪任务限制在避障的零空间中，当障碍物位于末端期望轨迹上时避障运动和机器人对末端期望轨迹的跟踪任务也不会发生冲突；并且，通过引入一个误差控制，使得在避障为主要任务时，机器人对末端期望轨迹的跟踪精度较高。

为了更好地理解基于主从任务转化的闭环控制避障算法的运算流程，可用图 4.20 表示该算法的运算过程。

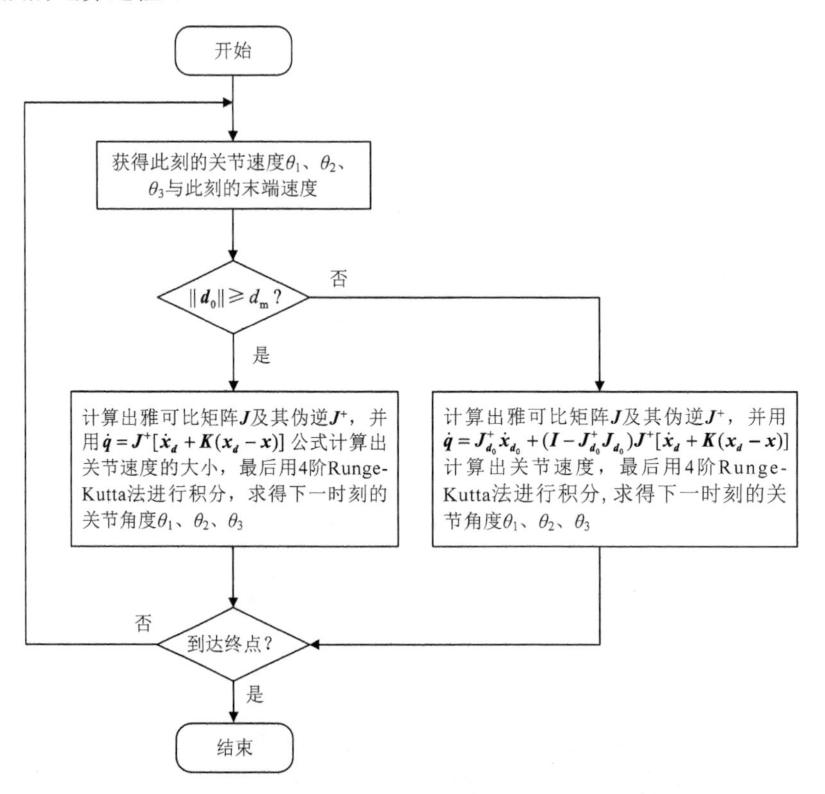

图 4.20　基于主从任务转化的闭环控制避障算法的运算流程

基于主从任务转化的闭环控制避障算法是本小节最终采用的避障算法，该算法优于前面的基于梯度投影法的避障算法和基于主从任务转化的避障算法，同时优化了基于梯度投影法的避障算法的不足之处，是目前应用于解决协作机器人避障问题的有益尝试。

基于主从任务转化的闭环控制避障算法是一种闭环控制算法，其算法也可用控制工程的表示方法表示，如图 4.21 所示。

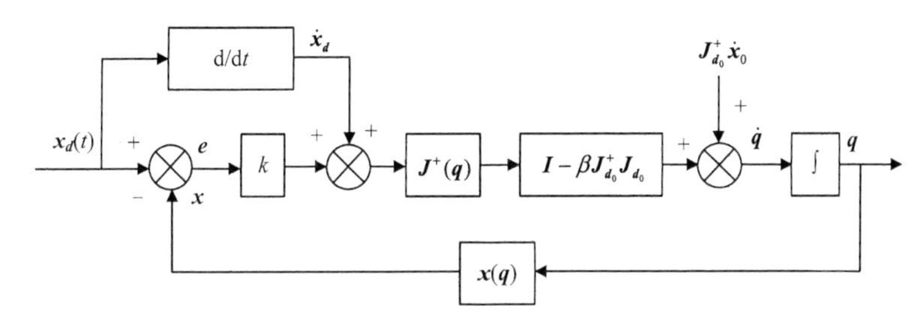

图 4.21　基于主从任务转化的闭环控制避障算法表示

从图 4.21 中可以看出，该算法引入对末端期望轨迹坐标和末端实际轨迹坐标的误差控制，从而提高了机器人对末端期望轨迹的跟踪精度。其通过不断地循环求解下一个时刻的关节角度值来实现关节的运动，直到机器人末端到达终点位置。

4.2.5　仿真实验与分析

为了验证所提出的基于主从任务转化的闭环控制避障算法的有效性及该算法的优势，将该算法应用于三自由度平面冗余度协作机器人（图 4.22），并在 MATLAB 软件环境下进行仿真实验。

为了配合后面的实物实验验证，这里将仿真实验条件按照实物条件设定。三自由度平面冗余度协作机器人仿真实验条件如表 4.5 所示。

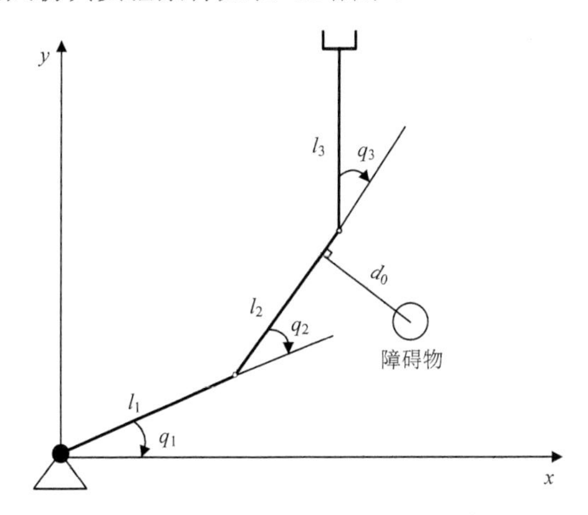

图 4.22　三自由度平面冗余度协作机器人

表 4.5　三自由度平面冗余度协作机器人仿真实验条件

变量符号	初始值	变化范围
q_1/(°)	60	±180
q_2/(°)	−120	±180
q_3/(°)	0	±180
l_1/m	0.425	0
l_2/m	0.392	0
l_3/m	0.09475	0

由表 4.5 可以看出，仿真实验条件为：l_1=0.425m，l_2=0.392m，l_3=0.09475m；初始关节角度 $q_1=60°$，$q_2=-120°$，$q_3=0°$。考虑关节电机能够提供的转速大小，经过实验设定标志点能产生的最大躲避速度值 v_m=0.1m/s；设定末端期望轨迹是起始点为(0.456, −0.0535)，终点为(0, 0.04)的直线，运行时间为 10s，并且机器人末端期望运动为匀速直线运动。这里经过多次实验，选取 $\boldsymbol{K}=\begin{bmatrix}15 & 0\\ 0 & 15\end{bmatrix}$。

首先，对无障碍物环境下机器人对末端期望轨迹的跟踪运动进行仿真，仿真实验条件与上述仿真实验条件一样，只是没有障碍物。仿真结果如图 4.23 所示。

图 4.23 是采用基于主从任务转化的闭环控制避障算法的结果，可以看出在无障碍物存在的条件下，机器人能够成功地对末端期望轨迹进行跟踪，并且跟踪精度为 100%，没有任何误差。为了验证无障碍物存在时机器人对末端期望轨迹的跟踪精度为 100%，对实际末端轨迹和期望末端轨迹的距离（跟踪误差距离）进行仿真验证，仿真结果如图 4.24 所示。从仿真结果可以看出，从 0s 到 10s 跟踪误差距离一直为 0，因此在无障碍物存在时机器人对末端期望轨迹的跟踪精度为 100%。

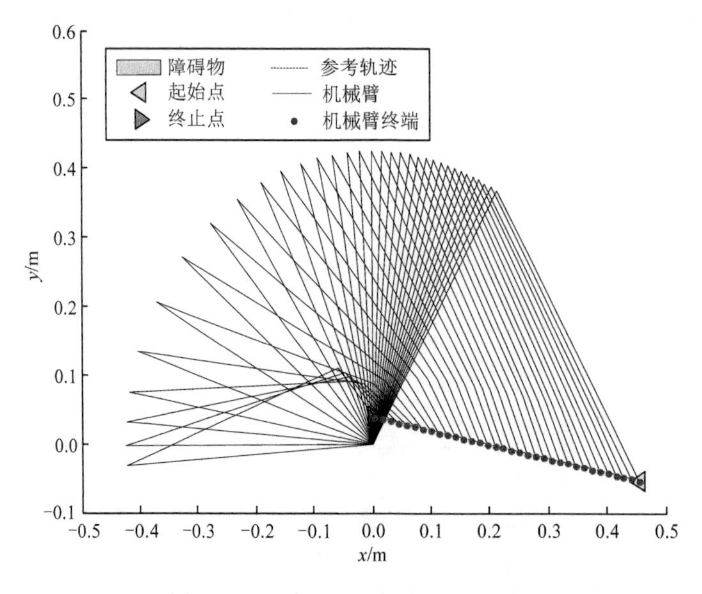

图 4.23　无障碍物时机器人运动情况

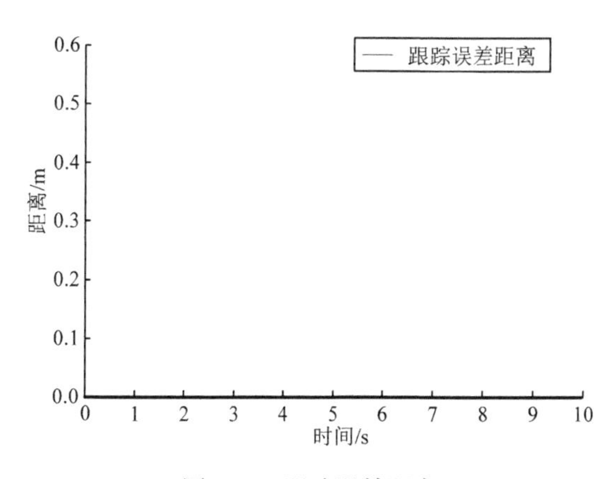

图 4.24　跟踪误差距离

在整个跟踪过程中，机器人的 3 个转动关节的角速度和角加速度变化曲线如图 4.25 所示，可以看出在机器人对末端期望轨迹的跟踪运动过程中，关节角速度是连续变化的而且曲线较光滑，符合实际要求；在整个过程中关节角加速度也基本是连续变化的，同样也较光滑，刚开始时加速度会急剧变化是因为启动过程中关节角速度从无到有，这是一个正常的瞬时变化，因此加速度变化也是符合实际要求的。

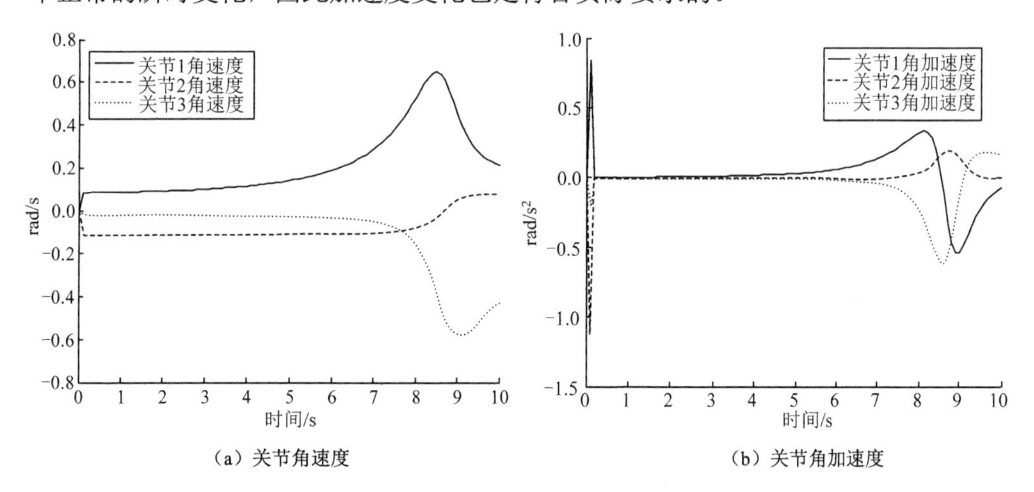

（a）关节角速度　（b）关节角加速度

图 4.25　无障碍物时关节的角速度和角加速度变化曲线

上述仿真为无障碍物存在时的结果，可以看出所提出的算法能够在无障碍物存在时无误差地对末端期望轨迹进行跟踪，效果较好。本节需要验证的是障碍物位于末端期望轨迹上时算法是否有效，以及机器人对末端期望轨迹的跟踪精度问题。下面介绍障碍物位于末端期望轨迹上时，在应用 3 种不同避障算法情况下的机器人运动情况。该实验仿真条件和最初的设定一样，即设定标志点能产生的最大躲避速度值 v_m=0.1m/s；设定末端期望轨迹是起始点为(0.456, −0.0535)，终点为(0, 0.04)的直线，运行时间为 10s，并且机器人末端期望运动为匀速直线运动；障碍物为圆心位于(0.2, 0)，半径是 0.05m 的圆形，距离阈值 d_m 为 0.07m，所以有障碍物位于末端期望轨迹上，选取 $\boldsymbol{K}=\begin{bmatrix}15 & 0\\ 0 & 15\end{bmatrix}$。

当机器人采用传统避障算法，即采用基于梯度投影法的避障算法[式（4.53）]时，其运动情况如图 4.26 所示，可知当障碍物位于末端期望轨迹上时，此类算法失效，不能实现避障。因为传统算法以机器人对末端期望轨迹的跟踪运动为第一任务，避障运动在跟踪任务的零空间中为第二任务，对跟踪任务不会产生任何的影响，即当障碍物位于末端期望轨迹上时，机器人会把这种情况作为无障碍物处理，所以算法会失效，不能成功避障。

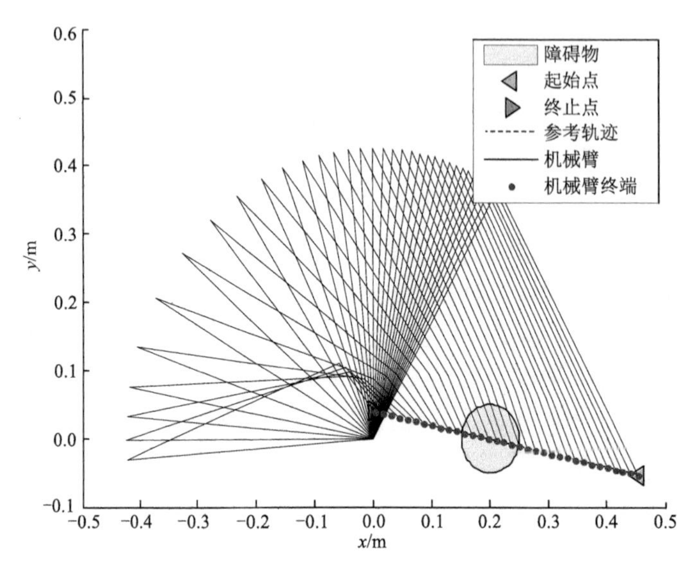

图 4.26　采用传统避障算法的机器人运动情况

当采用传统避障算法时，机器人的运动情况和无障碍物存在时的机器人运动情况是一样的，那么机器人的 3 个转动关节的角速度和角加速度应该和无障碍物时一致，其角速度和角加速度变化曲线如图 4.27 所示。从图 4.27 中可以看出，其与无障碍物时是一样的，曲线连续变化且比较光滑，满足实际应用需要。

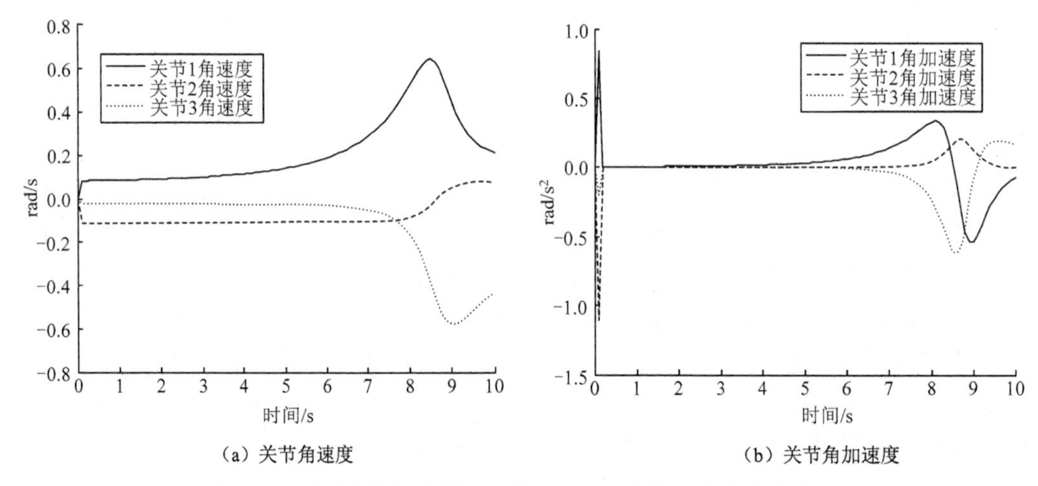

（a）关节角速度　　（b）关节角加速度

图 4.27　采用传统避障算法时关节角速度和角加速度变化曲线

当机器人采用基于主从任务转化的避障算法[式（4.60）]时，其运动情况如图 4.28 所示，可以看出其能够成功避障，但是具有较大的跟踪误差。刚开始避障时，机器人末端就距离障碍物很远处绕开障碍物，而并不是紧靠障碍物边缘绕开；并且绕开障碍物后机器人并没有跟踪末端期望轨迹运动，跟踪误差明显增大。因此，这种方法虽然能够成功避障，但是跟踪误差较大，并不是最优结果。

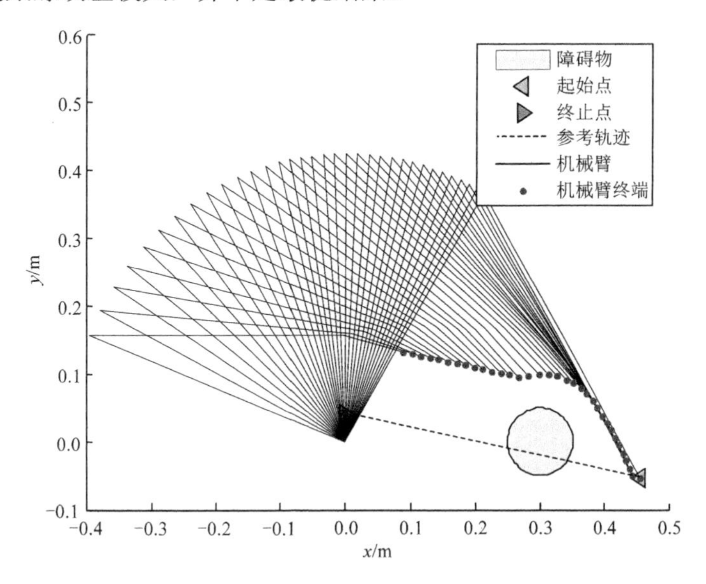

图 4.28　采用基于主从任务转化的避障算法的机器人运动情况

为了更好地分析其跟踪精度，得到图 4.29 所示结果。首先观察其跟踪误差距离，可以看出跟踪误差距离在前 5s 一直处于增大状态，并且其值已经超过了设定的阈值距离，从 5s 到 10s 虽然有一定的下降并保持一定的值，但是已经远远超过了设定的距离阈值；再观察障碍物与机器人的最小距离，刚开始时最小距离就大于设定的距离阈值，在避障

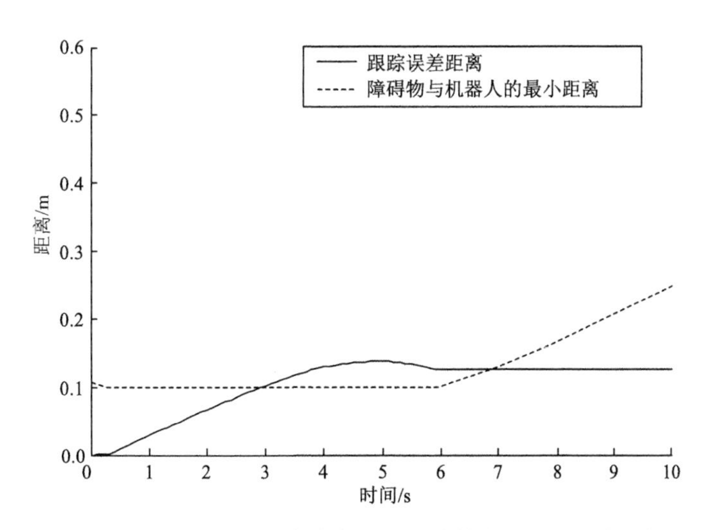

图 4.29　采用基于主从任务转化的避障算法的跟踪误差距离

时一直保持不变，然后直线增大。从这两条曲线可以看出，机器人对末端期望轨迹的跟踪精度较差。

当应用该方法时，机器人关节的角速度和角加速度变化曲线如图 4.30 所示。角速度和角加速度仅在开始时和 6s 时发生了突变，观察图 4.29，刚开始时速度从无到有，6s 时末端速度突然发生改变，其他时间速度和加速度光滑连续，可知避障算法生效，机器人一直处于可控状态。

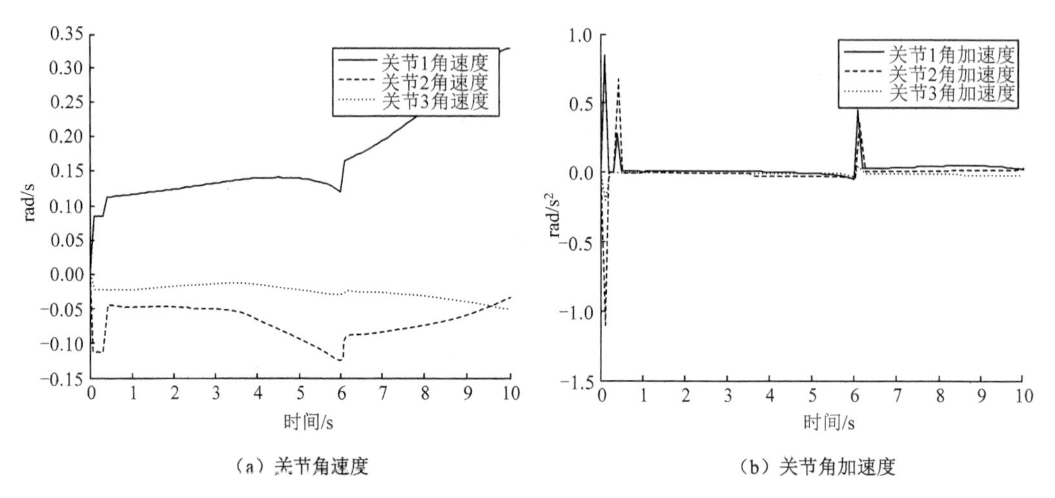

图 4.30　采用基于主从任务转化的避障算法时关节角速度和角加速度变化曲线

当机器人采用基于主从任务转化的闭环控制避障算法[式（4.75）]时，其运动情况如图 4.31 所示，从图中可以明显看出这种算法不仅具有良好的避碰效果，而且末端轨迹跟踪精度也较高，在避障的过程中机器人末端是紧靠障碍物绕开的，绕开障碍物后再沿着末端期望轨迹进行跟踪运动，效果比较理想。

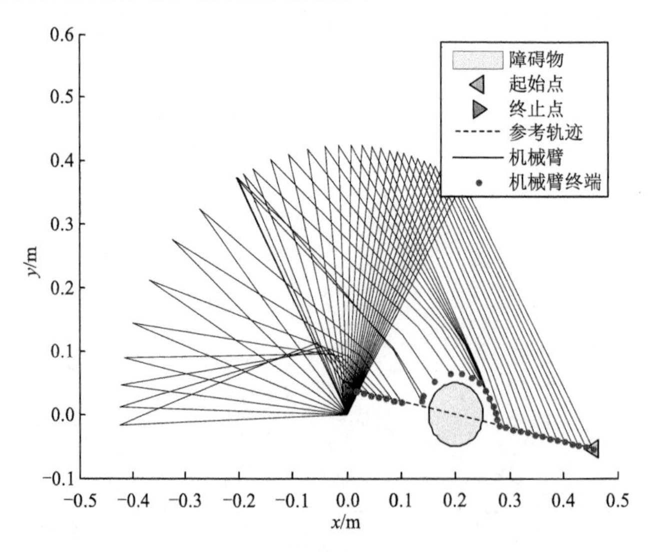

图 4.31　采用基于主从任务转化的闭环控制避障算法的机器人运动情况

为了更直观地分析轨迹跟踪精度和避障效果，图 4.32 给出了采用基于主从任务转化的闭环控制避障算法的跟踪误差距离和机器人与障碍物的最小距离。

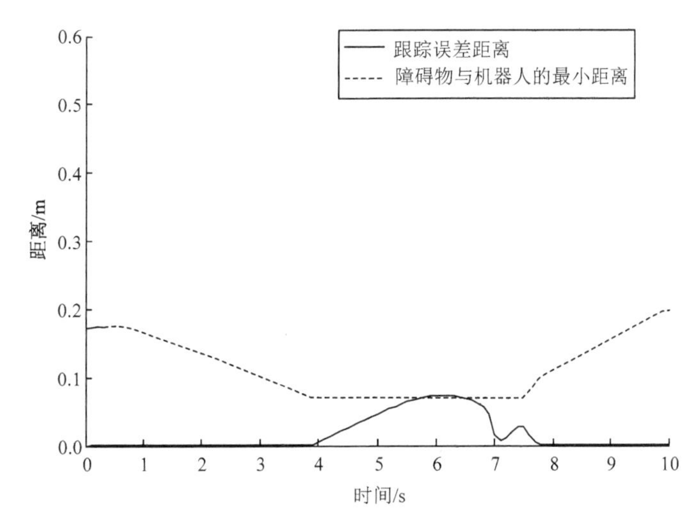

图 4.32 采用基于主从任务转化的闭环控制避障算法的跟踪误差距离

由图 4.32 可知，在 1～4s，机器人与障碍物的最小距离大于距离阈值 d_m=0.07m，此时障碍物对机器人末端的跟踪运动没有影响，只有机器人对末端期望轨迹的跟踪运动，跟踪误差距离几乎为 0，跟踪精度非常高；在 4～8s，最小距离达到了距离阈值 d_m=0.07m，此时机器人迅速进行任务切换，以避障运动为主，进而使最小距离不再减小，一直稳定地保持在非常接近 0.07m 的数值，体现出算法的避障效果良好，避障效率高，而且机器人末端是按照设定的距离阈值紧靠障碍物绕开的，跟踪精度较高；当大于 8s 时，最小距离逐渐增大，避障运动逐渐削弱，进而跟踪误差迅速减小并收敛到期望轨迹，体现了跟踪算法的快速响应能力，避障效果符合预期。

当采用基于主从任务转化的闭环控制避障算法时，机器人关节角速度和角加速度变化曲线如图 4.33 所示。从图 4.32 可以看出，前 4s 为机器人对末端期望轨迹的跟踪运动，因此对应的图 4.33 的角速度和角加速度都较光滑平稳；避障运动从第 4s 开始，可以看出对应的图 4.33 的角速度和角加速度有明显的改变，但还是较稳定；在 7～8s 这个时间段，角速度和角加速度变化较大，也出现了明显的波峰和波谷，这是因为这段时间机器人末端从避障运动变为对末端期望轨迹的跟踪运动，角速度发生突变，自然角加速度也会发生一定的变化，不过仍在一定的变化范围内，属于正常现象。

基于主从任务转化的闭环控制避障算法还有一个优点，其不仅能解决存在一个障碍物时的避障问题，而且还能解决多障碍物同时存在时的避障问题。多障碍物同时存在时的仿真条件和上面的仿真条件相同，只是障碍物增加到了 3 个。多障碍物同时存在的情况主要分为障碍物集中分布方式和障碍物分散分布方式，障碍物集中分布时障碍物坐标分别设定为(0.2, 0)、(0.2, 0.03)、(0.23, 0.02)，而障碍物分散分布时障碍物坐标分别设定为(0.2, 0)、(0.35, −0.03)、(0.4, 0.2)。为了不让障碍物互相遮挡和便于观察，这里在仿

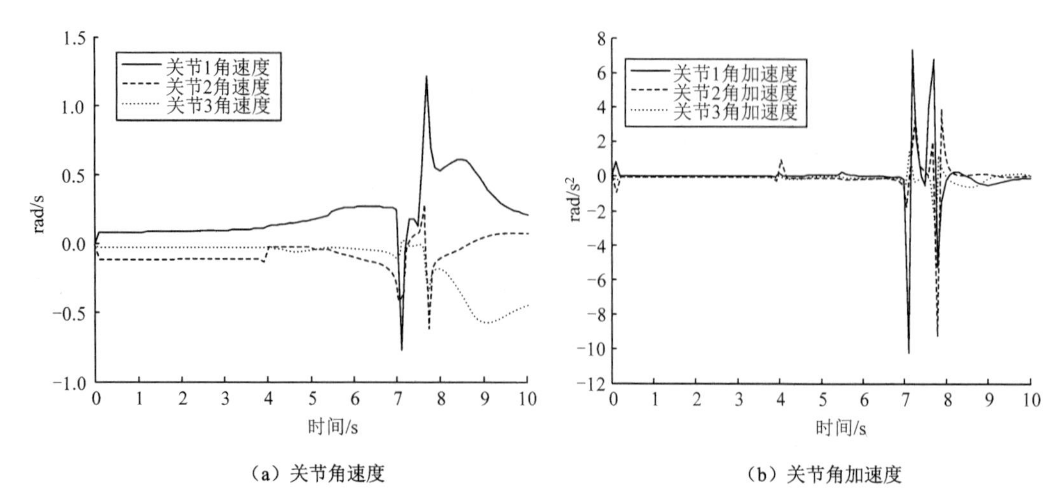

（a）关节角速度　（b）关节角加速度

图 4.33　采用基于主从任务转化的闭环控制避障算法时关节角速度和角加速度变化曲线

真时不设置障碍物的大小，仅设置障碍物的位置。当障碍物集中分布时，其仿真结果如图 4.34 所示；当障碍物分散分布时，其仿真结果如图 4.35 所示。由图 4.34 和图 4.35 可以看出，障碍物集中分布和障碍物分散分布时机器人末端都是按照设定的距离阈值紧靠障碍物绕开的。仿真结果表明，基于主从任务转化的闭环控制避障算法能够实现多障碍物同时存在时的避障问题，且机器人对末端期望轨迹的跟踪具有较高精度。

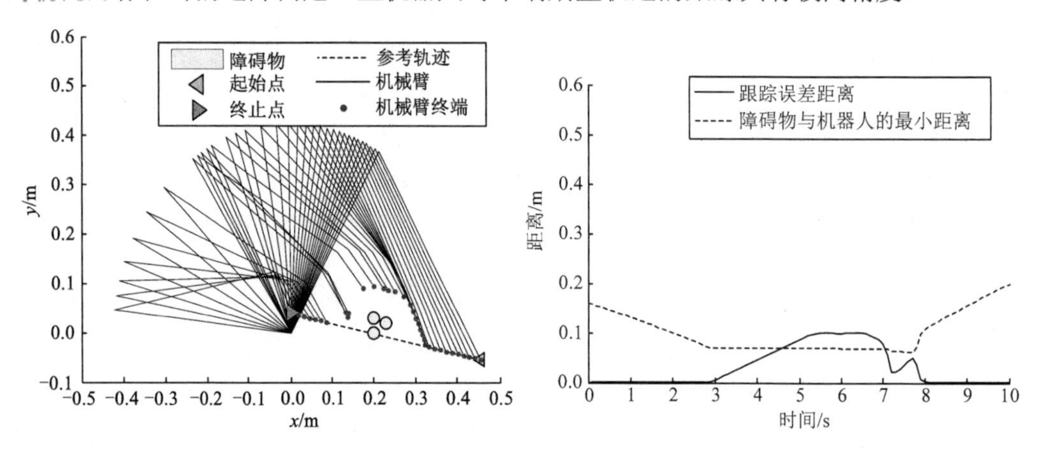

图 4.34　障碍物集中分布时的机器人运动情况和跟踪误差距离

传统算法多适用于静态障碍物，而基于主从任务转化的闭环控制避障算法的另一个优势就是能较好地适用于动态障碍物。动态避障时仿真条件发生了改变，这里设置杆件长度 $l_1=l_2=l_3=1$m，机器人的初始关节角分别为 $q_1=60°$，$q_2=-30°$，$q_3=-45°$，$v_m=0.1$m/s；末端期望轨迹是起始点为(2.33, 1.11)，终点为(2.33, 0)的直线，运行时间为 10s；障碍物从(1, 0.4)处向右上方做匀速直线运动，阈值 d_m 为 0.2m。不存在障碍物时，运动情况如图 4.36（a）所示，仿真结果显示机器人能够沿着末端期望轨迹运动到终点。存在动态障碍物时的运动情况如图 4.36（b）所示，仿真结果显示刚刚开始时，$\|\boldsymbol{d}_0\|$ 较大，不进行避障，只有机器人对末端期望轨迹的跟踪运动；随着机器人逐渐靠近障碍物，当 $\|\boldsymbol{d}_0\|$

小于 0.2m 时，就开始任务转化，使得避障成为主运动，机器人对末端期望轨迹的跟踪运动限制在避障运动的零空间中。从图 4.36（b）中可以看出，当机器人末端运动到一定位置时，为了不与障碍物发生碰撞，机器人末端会原地运动，因此所提出的基于主从任务转化的闭环控制避障算法能够成功进行动态避障。

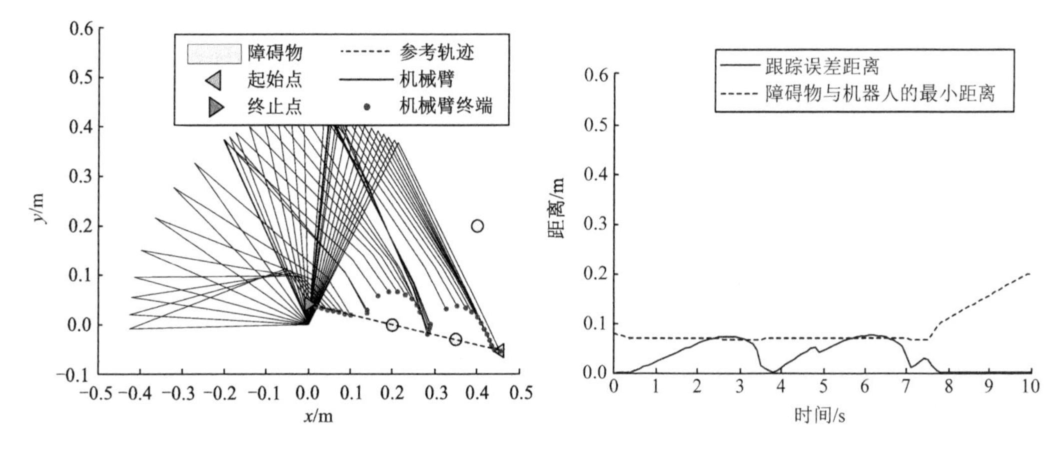

图 4.35　障碍物分散分布时的机器人运动情况和跟踪误差距离

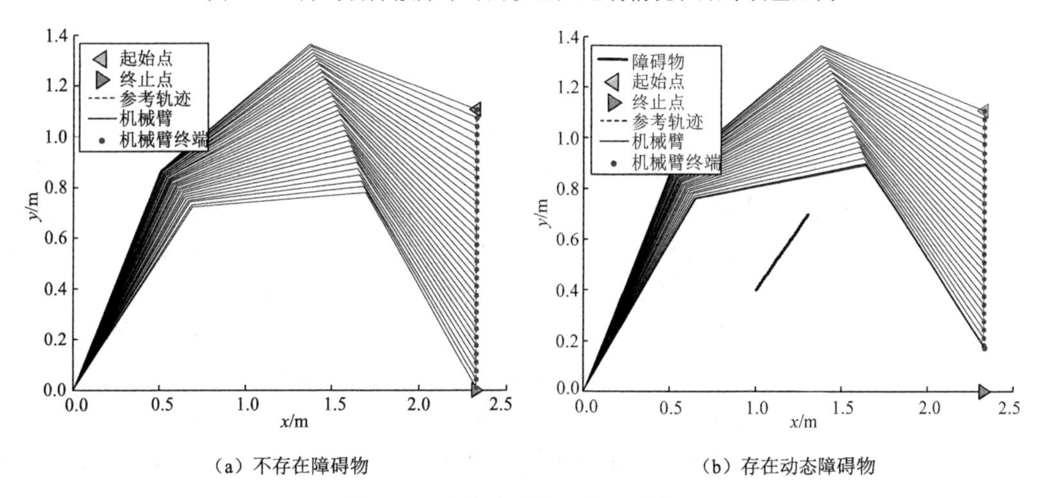

（a）不存在障碍物　（b）存在动态障碍物

图 4.36　动态障碍物下的运动情况

4.3　避障实验研究

前面章节已经介绍了协作机器人的避障算法研究，提出了基于主从任务转化的闭环控制避障算法，并对 3 种避障算法进行仿真实验，验证了所提出算法的有效性。本节以 UR5 协作机器人作为实验平台进行避障实验研究，通过对前面 3 种避障算法进行实体避障实验研究，证明基于主从任务转化的闭环控制避障算法具有更加理想的效果，也同时验证其有效性。

4.3.1 软件开发工具

软件开发工具是用于辅助软件生命周期过程的基于计算机的工具。在目前的程序设计领域中，在 Windows 操作系统下进行软件应用程序开发的软件开发工具主要包括 Visual C++、Visual Basic、Delphi、Java、Borland C++等。由于每种开发工具的开发框架不同，因此其特点各不相同，每种开发工具的优势也不相同。本节实验中机器人平台的控制板内部程序是用 Visual C++编制和开发的。

虽然 Visual C++的计算能力比较快而且功能比较强大，具有较强的编制软件桌面的能力，但是其在数值计算和图像绘制方面并不具有太大的优势。由于基于主从任务转化的闭环控制避障算法计算量较大而且算法编制相对复杂，考虑到编写程序时严格的编写要求，使用 Visual C++编写本节的算法将会影响编制的效率。

MATLAB 以高性能的数组运算（包括矩阵运算）为基础，具有高效的运行函数和数据可视化，并且提供了非常高效的计算机高级编程语言。在用户可参与的情况下，各种专业领域的工具箱不断开发和完善，MATLAB 取得了巨大的成功，已广泛应用于科学研究、工程应用，用于数值计算分析、系统建模与仿真。因此，这里采用 MATLAB 编写基于主从任务转化的闭环控制避障算法，并利用该软件进行仿真，验证该算法的有效性。但是考虑要进行实体实验验证，只利用 MATLAB 编制程序无法满足要求。

实验平台里的控制板应用 Visual C++编制程序界面，为了达到实体实验的目的，将两种软件结合起来，可以极大地提高编程的效率，也可以达到完成实体实验的目的。

Visual C++与 MATLAB 的接口方式通常有 3 种：MATLAB 引擎方式、MATLAB 编译器方式和 COM 组件方式。

1）MATLAB 引擎方式采用 Client/Server 的方式，提供一组 MATLAB API 函数，利用这些函数实现程序之间的数据传递。在运用时，Visual C++程序作为前端客户机，向 MATLAB 引擎传递命令和数据，并从 MATLAB 接收数据信息，实现两者的通信。

2）MCC 是 MATLAB 中经过优化的编译器。用户可以将避障算法用 MATLAB 程序编写后保存为独立 exe 应用程序和 dll 动态链接库，在 Visual C++中编写程序界面并加载调用动态链接库即可实现两者之间的连接并实现对机器人的控制。

3）MCR 是以组件为发布单元的对象模型，它提供了一种可以共享二进制代码的工业标准，允许任何符合标准的程序访问。因此，COM 作为不同语言之间的协作开发是非常方便的。

这里将采用 MATLAB 编译器方式作为 Visual C++与 MATLAB 的接口方式，主要采用 MATLAB 编制基于主从任务转化的闭环控制避障算法的仿真实验，并与控制板连接进一步实现实体避障实验。

4.3.2 实验平台

为了验证基于主从任务转化的闭环控制避障算法的有效性，应用 MATLAB 软件进行仿真，验证算法的有效性。但除了仿真实验验证避障算法的有效性以外，实体实验验证算法的有效性也是十分必要的。图 4.37 所示为实验平台。

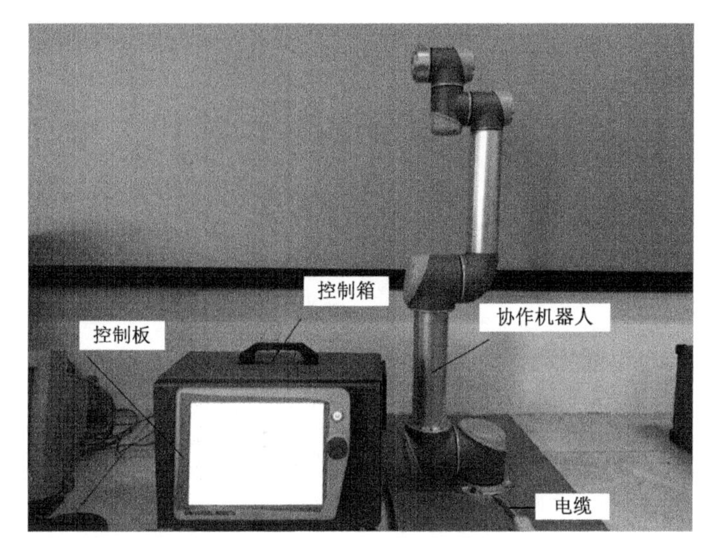

图 4.37　实验平台

该实验平台主要由四部分组成：电缆、控制箱、控制板、协作机器人。

1）电缆。电缆主要分为主电缆和工具电缆，起到连接协作机器人、控制箱、控制板的作用；还起到连接电源的作用，为设备供电。

2）控制箱。控制箱中包括开关、PLC（programmable logic controller，可编程逻辑控制器）、继电器、I/O 串口等部件，负责配线和线路保护等。对整个实验平台，控制箱起到核心的作用，电路、串口都集中在控制箱中。图 4.38 所示为控制箱的外观和内部结构。

（a）外观

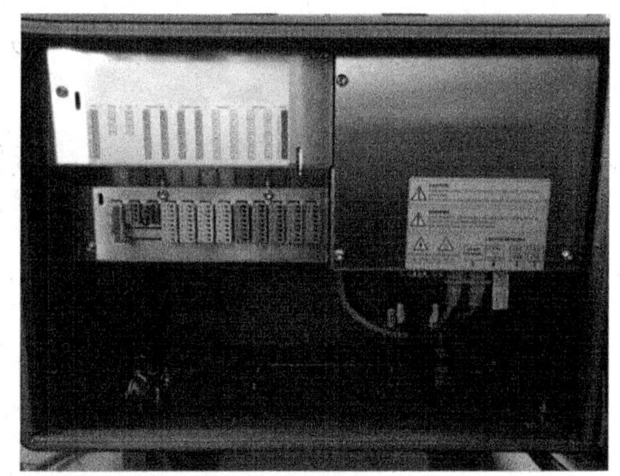

（b）内部结构

图 4.38　控制箱

3）控制板。该控制板为触摸屏式，机器人的开机、关机都在控制板上实现。控制板中，绿色的为开关机按钮；红色的是急停按钮，在需要急停的情况下使用；中间的触摸屏为交互的界面，可以在触摸屏里控制机器人的运动，可以设定力、力矩、功率、速度等的大小，也可以用计算机编写好程序后导入控制板里，然后打开程序对机器人进行控制。图 4.39 所示为控制板的操作界面。从图 4.39 中可以看出，在控制板中可以直接加载机器人程序，可以直接输入算法程序，也可以设置关节的各个时刻的角度，以实现对协作机器人的控制。

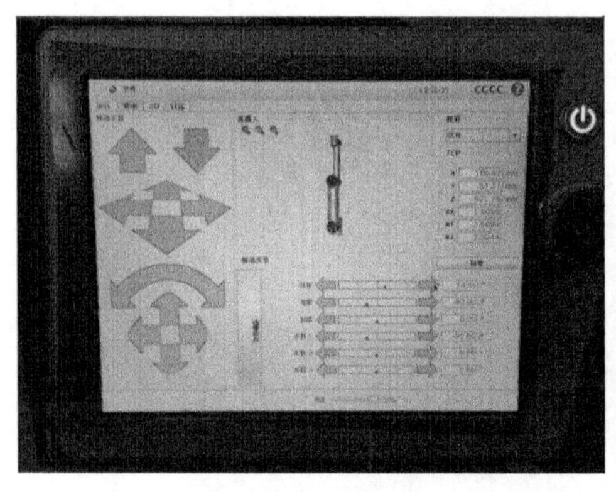

(a) 关节角度设置界面

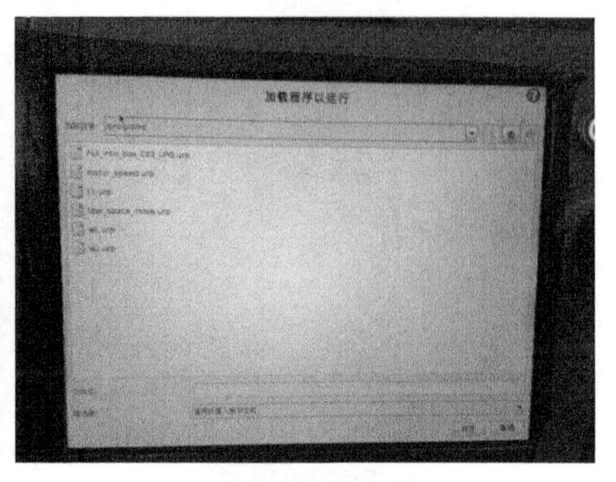

(b) 加载机器人程序包界面

图 4.39　控制板

4）协作机器人。图 4.40 所示为协作机器人，可以看出机器人的机械臂由 6 个转动关节组成，从下向上依次为基座、肩关节、肘关节、手腕 1、手腕 2、手腕 3。协作机器人一共有 6 个关节，而这里的仿真分析主要是基于平面三自由度机器人进行的，为了对应仿真实验完成三自由度平面机器人机器臂的实体实验，构造出平面三自由度机器人，这里只利用其肩关节、肘关节、手腕 1，其他 3 个关节不运作。连接肩关节、肘关节的杆件，作为第一杆件；连接肘关节、手腕 1 的杆件，作为第二杆件；连接手腕 1 和手腕 3 的杆件，作为第三杆件，这样正好构成三自由度平面机器人。从图 4.40 中也可以看出这 3 根杆件的长度分别为 l_1=0.425m，l_2=0.392m，l_3=0.09475m，这与仿真实验设定的杆长相同，符合仿真实验与实体实验的一致性。

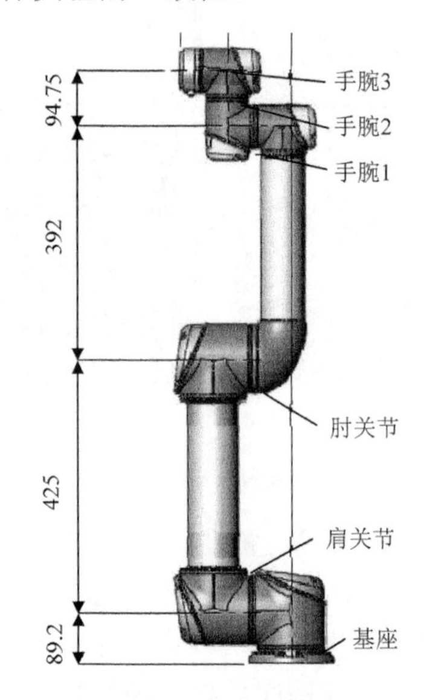

图 4.40　协作机器人

4.3.3　避障实验及分析

1. 无障碍物时机器人末端的跟踪实验

首先进行的是当不存在障碍物时机器人末端对末端期望轨迹的跟踪实验，这种情况下采用的是基于主从任务转化的闭环控制避障算法。实验条件如下：平面机器人初始构形为一杆转角 q_1=60°，杆长 l_1=0.425m；二杆转角 q_2=−120°，杆长 l_2=0.392m；三杆转角 q_3=0°，杆长 l_3=0.09475m。末端期望轨迹是起始点为(0.456, −0.0535)，终点为(0, 0.04)的直线，运行时间为 10s，机器人末端做匀速直线运动。图 4.41 所示为无障碍物时机器人的运动情况，整个运动过程按照从左到右、从上到下的顺序进行。

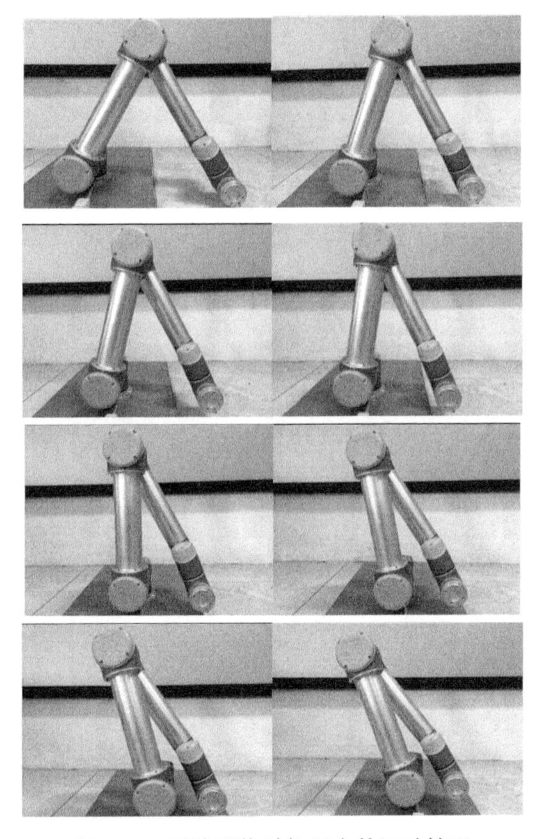

图 4.41　无障碍物时机器人的运动情况

观察图 4.41，当环境中不存在障碍物时，机器人的运动情况基本与无障碍物时的仿真曲线一样，可以看出机器人末端对末端期望轨迹的跟踪准确，跟踪精度很高，是理想的状态。

2. 基于梯度投影的避障算法实验

当障碍物存在于机器人末端期望轨迹上时，可采用 3 种避障算法，分别为基于梯度投影法的避障算法、基于主从任务转化的避障算法、基于主从任务转化的闭环控制避障算法。前文已经仿真验证了基于主从任务转化的闭环控制避障算法相对于传统避障算法具有明显的优势。为了通过实验对比出基于主从任务转化的闭环控制避障算法的优势，下面分别对这 3 种算法进行实验。

首先进行的是基于梯度投影法的避障算法实验。实验条件如下：平面机器人初始构形和末端期望轨迹与无障碍物时机器人末端的跟踪实验相同。障碍物为圆心位于(0.2, 0)，半径是 0.05m 的圆形（用地球仪代替）。这里肩关节中心为原点(0, 0)。为了使障碍物（地球仪）位于(0.2, 0)的位置，在障碍物下方放一垫块调整。距离阈值 d_m 为 0.07m。可以看出实物实验和仿真实验的各项条件都一样。图 4.42 所示为采用基于梯度投影法的避障算法时机器人的运动情况，整个运动过程按照从左到右、从上到下的顺序进行。

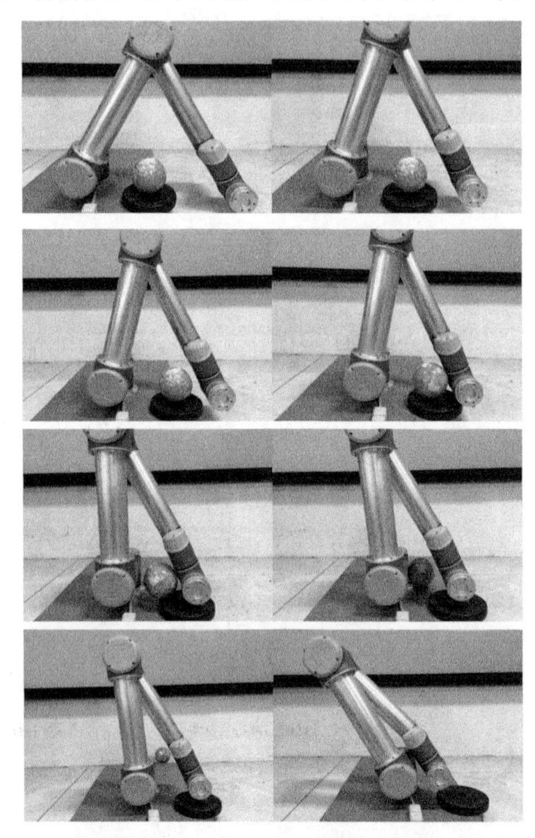

图 4.42　采用基于梯度投影的避障算法时机器人的运动情况

从图 4.42 中可以得出结论，当障碍物位于机械臂末端期望轨迹上时，采用传统的避障算法（基于梯度投影法的避障算法）时，机器人不能成功地越过障碍物。此时避障算法会失效，导致机械手臂与障碍物相碰。

3. 基于主从任务转化的避障算法实验

当障碍物位于机器人末端期望轨迹上时，采用基于梯度投影法的避障算法时，机器人不能越过障碍物，而是与障碍物发生碰撞，即此时算法会失效。仿真实验证明当采用基于主从任务转化的避障算法时，机器人可以绕开障碍物，此时的实验条件和基于梯度投影法的避障算法采用的实验条件相同。可以看出，实物实验和仿真实验的各项条件都一样。图4.43所示为采用基于主从任务转化的避障算法时机器人的运动情况，整个运动过程按照从左到右、从上到下的顺序进行。

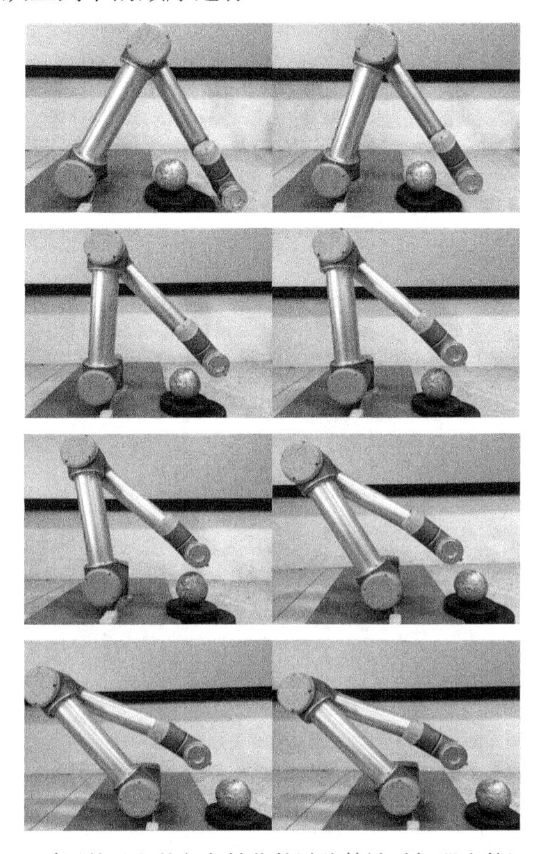

图4.43　采用基于主从任务转化的避障算法时机器人的运动情况

从图4.43中可以得出结论，当障碍物位于机器人末端期望轨迹上时，采用基于主从任务转化的避障算法时，机器人能够成功绕开障碍物。但是也可以从图中看出，当机器人绕开障碍物时机器人并不是紧靠障碍物绕开的，而是大于设定的距离阈值；并且机器人末端在通过障碍物顶端以后，由于没有引入机器人末端实际位置和期望位置的误差控制，使得机器人末端不会再跟踪末端期望轨迹进行运动。

4. 基于主从任务转化的闭环控制避障算法实验

当障碍物位于机器人末端期望轨迹上时，采用基于主从任务的避障算法时，机器人是能够成功避障的，但是此时机器人跟踪精度很差，而且在机器人末端越过障碍物时不再跟踪末端期望轨迹进行运动。针对这些问题，基于主从任务转化的闭环控制避障算法被提出，其实验条件与前面实验基本一样，选取$\boldsymbol{K}=\begin{bmatrix}15 & 0\\0 & 15\end{bmatrix}$。可以看出，实物实验和仿真实验的各项条件都一样。图4.44所示为采用基于主从任务转化的闭环控制避障算法时机器人的运动情况，整个运动过程按照从左到右、从上到下的顺序进行。

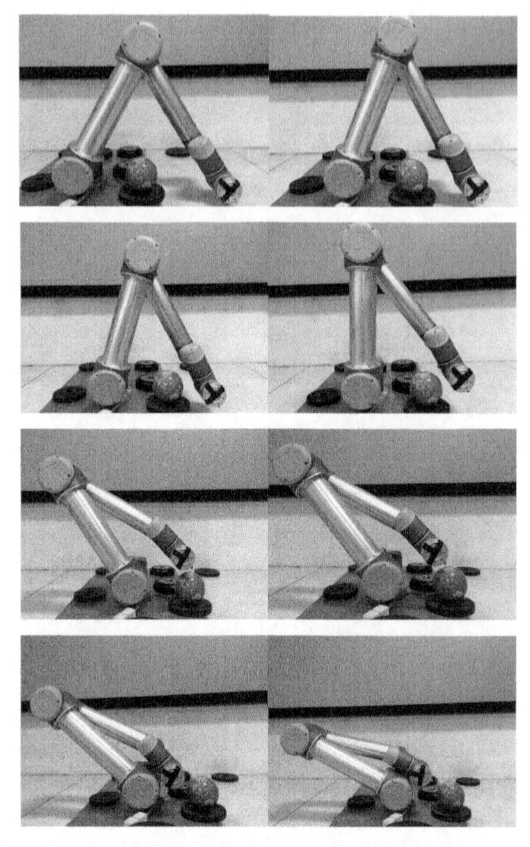

图 4.44　采用基于主从任务转化的闭环控制避障算法时机器人的运动情况

从图 4.44 中可以得出结论，当障碍物位于机器人末端期望轨迹上时，采用基于主从任务转化的闭环控制避障算法时，机器人不仅能够成功地绕开障碍物，而且机器人末端还是紧靠障碍物绕开的，并且机器人末端越过障碍物后还会回到末端期望轨迹上进行跟踪运动。由此可以看出，采用基于主从任务转化的闭环控制避障算法时避障是有效的，而且机器人末端对末端期望轨迹的跟踪精度显著提高，具备应用前景。

前面的仿真实验验证了基于主从任务转化的闭环控制避障算法不仅能够适用于一个障碍物，而且适用于多障碍物存在时的避障问题，也适用于动态避障问题。由于动态障碍物实验不容易提供，这里对多障碍物同时存在的情况进行实验。该实验条件和本小节实验一样，只是障碍物增加到了 2 个，位置为(0.2, 0)、(0.2, 0.03)。这里不考虑障碍物的大小，只考虑障碍物的位置。为了便于观察避障效果，使用了尺寸较小的障碍物。图 4.45 所示为采用基于主从任务转化的闭环控制避障算法时机器人的运动情况(多个障碍物)，整个运动过程按照从左到右、从上到下的顺序进行。

实验结果显示，该算法运用于多障碍物同时存在的情况时仍有效，能够成功地躲避障碍物，而且机器人末端的跟踪精度也较高。综上所述，基于主从任务转化的闭环控制避障算法是有效的，也是比较理想的避障算法。

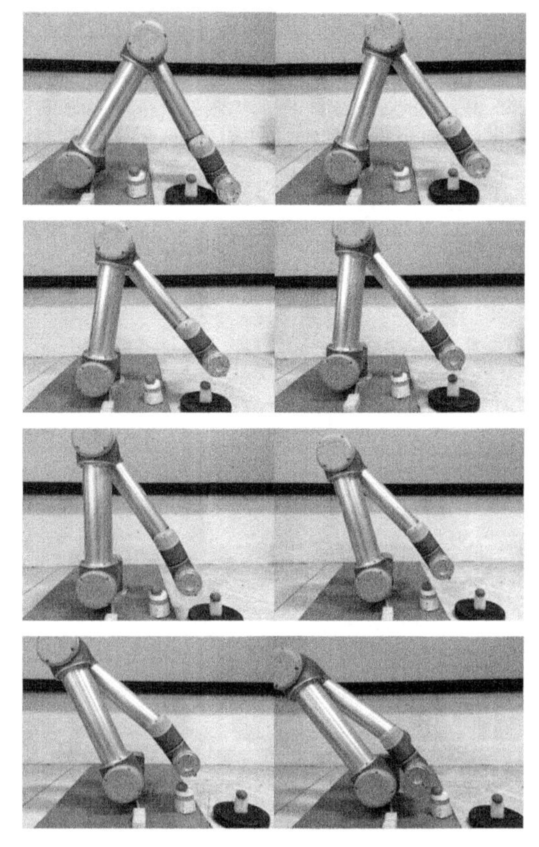

图 4.45　采用基于主从任务转化的闭环控制避障算法时机器人的运动情况（多个障碍物）

本 章 小 结

本章首先对障碍物的定位进行了研究，然后针对传统避障算法的不足提出了基于主从任务转化的闭环控制避障算法，并通过 MATLAB 软件编写算法程序对传统避障算法、基于主从任务转化的避障算法和基于主从任务转化的闭环控制避障算法进行仿真，对比证明了基于主从任务转化的闭环控制避障算法的有效性和理想性。最后以 UR5 协作机器人为实验平台对这 3 种避障算法进行实体实验，通过实验对比验证了基于主从任务转化的闭环控制避障算法的有效性。该算法采用的时域分割方法具备较强的普适性，所以将其推广应用于解决三维避障问题具有可操作性。

参 考 文 献

[1] 李一冰．基于机器视觉的车前障碍物识别测距系统的设计[D]．西安：长安大学，2018．

[2] 陈凯华．基于机器视觉的板材表面缺陷检测与识别算法研究[D]．南昌：华东交通大学，2011：1-87．

[3] LENZ R K, TSAI R Y. Technique for calibration of the scale factor and image center for high accuracy 3D machine vision metrology[J]. IEEE Transactions on Pattern Analysis and Machine Intelligence, 1988, 10(5): 713-720.

[4] LOWE D G. Distinctive image features from scale-invariant keypoints[J]. International Journal on Computer Vision, 2004, 60(2): 91-110.

[5] LOWE D G. Object recognition from local scale-invariant features[C]// Proceedings of the Seventh IEEE International Conference on Computer Vision. Corfu: IEEE, 1999: 1150-1157.
[6] FUSIELLO A, ROBERTO V. Efficient stereo with multiple windowing[C]// Proceedings of IEEE Computer Society Conference on Computer Vision and Pattern Recognition San Juan. Puerto Rico: IEEE, 1997: 858-863.
[7] 贺东霞．数字图像去噪算法的研究与应用[D]．延安：延安大学，2015.
[8] 谭艳．基于双目视觉的物体运动轨迹研究[D]．重庆：西南大学，2014.
[9] 段马丽．广角图像畸变校正算法的研究与实现[D]．邯郸：河北工程大学，2013.
[10] 方承．基于视觉的冗余度机械臂避障规划及实验研究[D]．北京：北京工业大学，2009.
[11] KHATIB O. Real-time obstacle avoidance for manipulators and mobile robots[J]. International Journal of Robotics Research, 1986, 5(1): 90-98.
[12] KLEIN A C. Use of redundancy in the design of robotic systems[C]// Second International Symposium of Robotics Research. Cambridge: IEEE, 1984: 207-214.
[13] 华磊，张福海，付宜利．一种七自由度冗余机械臂阻抗控制研究[J]．华中科技大学学报（自然科学版），2013, 41(S1)：42-46.
[14] 方承，赵京．新颖的基于梯度投影法的混合指标动态避障算法[J]．机械工程学报，2010，46(19)：30-37.
[15] 管小清，常青，梁冠豪，等．一种冗余机械臂的多运动障碍物避障算法[J]．计算机测量与控制，2015，23(8)：2802-2805.
[16] 吴瑞珉，刘廷荣．一种新的冗余度机器人梯度投影算法[J]．机械工程学报，1999(1)：1-10.
[17] 张立栋，李亮玉，王天琪．冗余度机器人梯度投影避障算法的改进[J]．机械科学与技术，2015，34(10)：1511-1516.
[18] 李东洁，邱江艳，尤波，等．机械臂三维避障算法研究[J]．控制工程，2010，17(5)：669-673.
[19] 赵建文，杜志江，孙立宁．7 自由度冗余手臂的自运动流形[J]．机械工程学报，2007，43(9)：132-137.
[20] 崔泽，韩增军．基于自运动的仿人七自由度机械臂逆解算法[J]．上海大学学报（自然科学版），2012，18(6)：589-595.

第5章　协作机器人安全碰撞检测研究

安全性是协作机器人的关键属性，现已成为该领域的研究热点。为保证人机协作过程中的安全，机器人必须能够准确检测外部无意识碰撞并且可以在识别外力作用点位置的同时做出相应的安全反应。目前大部分轻型协作机器人研究均基于力传感器和高性能的扭矩传感器，这不仅增加了机器人的制造成本，还提高了结构复杂程度。本章拟基于广义动量观测器结合动态阈值开展无外力传感器的碰撞检测研究。以六自由度协作机器人作为研究对象，建立外力干扰的柔性关节机器人动力学模型，设计二阶前馈广义动量观测器模型，然后在该模型中加入摩擦力模型，并利用最小二乘法对关节参数进行优化，在此基础上进行仿真与验证。本章提出的碰撞检测算法及动态阈值设定可以实现外部碰撞力检测功能，从而促进人机协作的安全发展。

5.1　柔性关节机器人动力学建模

在目前研究领域，根据 De Luca 提出的模型[1]，为了形象简明地表达机器人各个关节及杆件之间的位姿关系，将二自由度机器人简化为平面二连杆应用最为广泛。假设两个杆件为均质杆，由于机器人电机及各类电器零件均集中在关节处，因此 3 个关节存在重力，此类机器人更加适用于工程应用。机器人简易二连杆模型如图 5.1 所示，其中各个关节处通过谐波减速器与双编码器（即绝对值编码器和增量式编码器）来传递驱动扭矩。如图 5.2 所示，双编码器分别代表电机端与连杆端的位置参数。机器人动力学模型分为两部分，第一部分为连杆端动力学理论模型，第二部分为电机端动力学模型。

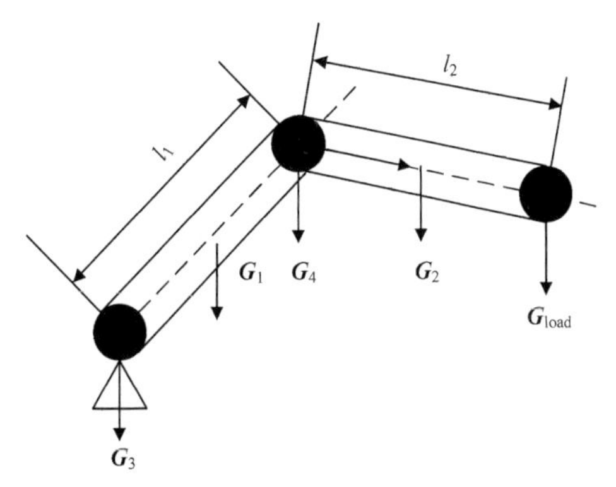

l_1—第一根杆的长度；l_2—第二根杆的长度；$\boldsymbol{G}_1$—第一根杆的重力；$\boldsymbol{G}_2$—第二根杆的重力；$\boldsymbol{G}_3$—第一个关节的重力；$\boldsymbol{G}_4$—第二个关节的重力；$\boldsymbol{G}_{load}$—负载的重力。

图 5.1　机器人简易二连杆模型

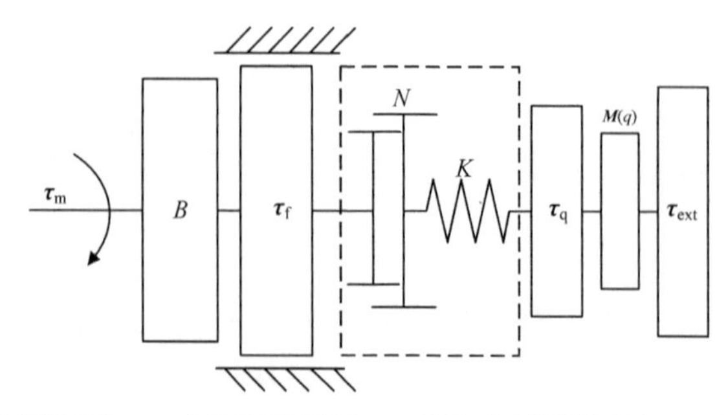

τ_m—电机的转矩；B—电机的摩擦系数；τ_f—电机的剪切力矩；N—谐波减速器的传动比；K—关节刚度；τ_q—关节总的输出扭矩；$M(q)$—关节转动惯量；τ_{ext}—关节传递给受力目标的扭矩。

图 5.2　双编码器关节结构

机器人关节的动力学模型为

$$\boldsymbol{M}(q_i)\ddot{q}_i + \boldsymbol{C}(q_i,\dot{q}_i)\dot{q}_i + \boldsymbol{G}(q_i) = \boldsymbol{\tau}_{\mathrm{ot}} \tag{5.1}$$

机器人电机的动力学模型为

$$\boldsymbol{J}_i\ddot{\theta}_i + \boldsymbol{\tau}_{\mathrm{f}i} + \boldsymbol{\tau}_o = \boldsymbol{\tau}_{\mathrm{m}i} \tag{5.2}$$

机器人外力矩转化到各个关节的动力学模型为

$$\boldsymbol{\tau}_{\mathrm{ext}} = \boldsymbol{J}^{\mathrm{T}} \times \boldsymbol{F} \tag{5.3}$$

其中

$$\boldsymbol{\tau}_{\mathrm{o}} = \boldsymbol{K}_i(\theta_i - q_i) \tag{5.4}$$

式中，q、$\theta \in \mathbf{R}^n$，为机器人连杆及关节电机的位置参数；$\boldsymbol{M}(q) \in \mathbf{R}^{n\times n}$，为机器人各杆件惯量矩阵；$\boldsymbol{C}(q,\dot{q}) \in \mathbf{R}^n$，为机器人连杆端哥氏力矩和离心力矩矢量；$\boldsymbol{G}(q) \in \mathbf{R}^n$，为重力矩；$\boldsymbol{F}$ 为作用在机器人上的外力；$\boldsymbol{J}_i = \mathrm{diag}(J_1J_2\cdots J_n)$，为电机惯性矩阵；$\boldsymbol{K} = \mathrm{diag}(k_1k_2\cdots k_n)$，为对角正定的关节刚度矩阵；$\boldsymbol{\tau}_{\mathrm{f}i}$ 为剪切力矩（i=1,2,…）；$\boldsymbol{\tau}_{\mathrm{m}i}$ 为输入力矩；$\boldsymbol{\tau}_{\mathrm{o}}$ 为通过双编码器关节传递的弹性力矩；$\boldsymbol{\tau}_{\mathrm{ext}}$ 为输出力矩。

式（5.1）所示的机器人关节的动力学模型与 Haddadin 等[2]实验研究的模型相似，充分考虑了二连杆的关节和杆的质量、体积。

$\boldsymbol{\tau}_{\mathrm{ot}}$ 包含通过双编码器柔性关节的扭矩及来自外部环境的扭矩，表达式如下：

$$\boldsymbol{\tau}_{\mathrm{ot}} = \boldsymbol{\tau}_{\mathrm{o}} + \boldsymbol{\tau}_{\mathrm{ext}} \tag{5.5}$$

当不存在外部碰撞力时，式（5.5）变为

$$\boldsymbol{\tau}_{\mathrm{ot}} = \boldsymbol{\tau}_{\mathrm{o}} = \boldsymbol{k}_i(\theta_i - q_i) \tag{5.6}$$

当协作机器人与工作人员发生碰撞时，可以通过观测等效扭矩变化来检测是否存在碰撞外力。从机器人的动力学模型计算得出碰撞外力矩，包括外部扭矩在内的机器人运动方程。

此次受力分析中只包括外力及等效到关节上的力矩，不包括电机本身的驱动力矩。电机的转动惯量分别为J_1和J_2，其中设置关节 1 质量为M_1，关节 2 质量为M_2。两个连杆的质量均集中在连杆质心，连杆 1 的质量为m_1、长度为l_1；连杆 2 的质量为m_2、长度为l_2。

$$\frac{\mathrm{d}}{\mathrm{d}t}\frac{\partial L}{\partial \dot{q}_1}-\frac{\partial L}{\partial q_1}=\boldsymbol{k}_1(\theta_1-q_1)+\boldsymbol{\tau}_{\mathrm{ext1}} \tag{5.7}$$

$$\frac{\mathrm{d}}{\mathrm{d}t}\frac{\partial L}{\partial \dot{q}_2}-\frac{\partial L}{\partial q_2}=\boldsymbol{k}_2(\theta_2-q_2)+\boldsymbol{\tau}_{\mathrm{ext2}} \tag{5.8}$$

$$\begin{aligned}\begin{bmatrix}F_1\\F_2\end{bmatrix}&=\begin{bmatrix}M_{11}&M_{12}\\M_{21}&M_{22}\end{bmatrix}\begin{bmatrix}\ddot{q}_1\\\ddot{q}_2\end{bmatrix}+\begin{bmatrix}C_{111}&C_{122}\\C_{211}&C_{222}\end{bmatrix}\begin{bmatrix}\dot{q}_1^{\,2}\\\dot{q}_2^{\,2}\end{bmatrix}\\&+\begin{bmatrix}C_{112}&C_{121}\\C_{212}&C_{222}\end{bmatrix}\begin{bmatrix}\dot{q}_1\dot{q}_2\\\dot{q}_2\dot{q}_1\end{bmatrix}+\begin{bmatrix}G_1\\G_2\end{bmatrix}\end{aligned} \tag{5.9}$$

$$T=A_1\dot{q}_1^{\,2}+A_2\dot{q}_2^{\,2}+A_3\dot{q}_1\dot{q}_2-A_4-A_5-\frac{1}{2}k_1(1-N_1)^2q_1^{\,2}-\frac{1}{2}k_2(1-N_2)^2q_2^{\,2} \tag{5.10}$$

式中，

$$\begin{cases}A_1=\left(\dfrac{1}{6}m_1+\dfrac{1}{2}m_2+\dfrac{1}{2}M_2+\dfrac{1}{2}M_3\right)l_1^2+\left(\dfrac{1}{6}m_2+\dfrac{1}{2}M_3\right)l_2^2+\dfrac{1}{2}m_2l_1l_2\cos q_2+M_3l_1l_2\cos q_2\\A_2=\dfrac{1}{6}m_2l_2^{\,2}+\dfrac{1}{2}M_3l_2^2\\A_3=\dfrac{1}{3}m_2l_2^{\,2}+\dfrac{1}{2}m_2l_1l_2\cos q_2+M_3l_2^{\,2}+M_3l_1l_2\cos q_2\\A_4=\dfrac{1}{2}m_1gl_1\sin^2 q_1+m_2g\left[l_1\sin q_1+\dfrac{1}{2}l_2\sin(q_1+q_2)\right]\\A_5=M_2gl_1\sin q_1+M_3g\left\{l_1\sin q_1+\left[l_1\sin q_1+\dfrac{1}{2}l_2\sin(q_1+q_2)\right]\right\}\end{cases}$$

$$\frac{\partial L}{\partial q_1}=-\left[\left(\frac{1}{2}m_1gl_1+m_2gl_1+M_2gl_1\right)\cos q_1+\left(\frac{1}{2}m_2gl_2+M_3gl_1\right)\cos(q_1+q_2)\right]-k_1(1-N_1)^2q_1$$

$$\frac{\partial L}{\partial q_2}=-\left(\frac{1}{2}m_2+M_3\right)[l_1l_2\dot{q}_1^{\,2}\sin q_2+l_1l_2\dot{q}_1\dot{q}_2\sin q_2+gl_2\cos(q_1+q_2)]-k_2(1-N_2)^2q_2$$

$$\begin{aligned}\frac{\partial L}{\partial \dot{q}_1}&=\left[\left(\frac{1}{3}m_1+m_2+M_2+M_3\right)l_1^2+\frac{1}{3}m_2l_2^{\,2}+\left(m_2l_1l_2+2M_3l_1l_2\right)\cos q_2\right]\dot{q}_1\\&+\left[\left(\frac{1}{3}m_2+M_3\right)l_2^{\,2}+\left(\frac{1}{2}m_2+M_3\right)l_1l_2\cos q_2\right]\dot{q}_2\end{aligned}$$

$$\frac{\partial L}{\partial \dot{q}_2}=\left(\frac{1}{3}m_1+M_3\right)\dot{q}_2+\left[\frac{1}{3}m_2l_2^{\,2}+\left(\frac{1}{2}m_2+M_3\right)l_1l_2\cos q_2\right]\dot{q}_1$$

$$\begin{aligned}\frac{\mathrm{d}}{\mathrm{d}t}\frac{\partial L}{\partial \dot{q}_1}&=-\left(m_2l_1l_2+2M_3l_1l_2\right)\dot{q}_1\dot{q}_2\sin q_2+\left(\frac{1}{3}m_1+m_2+M_2+M_3\right)l_1^2\ddot{q}_1+\left(\frac{1}{3}m_2+M_3\right)l_2^2\ddot{q}_1\\&+\left(m_2l_1l_2+2M_3l_1l_2\right)\cos q_2\ddot{q}_1+\left[\left(\frac{1}{3}m_2+M_3\right)l_2^{\,2}+\left(\frac{1}{2}m_2+2M_3\right)l_1l_2\cos q_2\right]\ddot{q}_2\\&-\left(\frac{1}{2}m_2+2M_3\right)l_1l_2\dot{q}_2^{\,2}\sin q_2\end{aligned}$$

$$\frac{\mathrm{d}}{\mathrm{d}t}\frac{\partial L}{\partial \dot{q}_2}=\left(\frac{1}{3}m_2+M_3\right)l_2^{\,2}\ddot{q}_2+\left[\left(\frac{1}{3}m_1+M_3\right)l_2^{\,2}+\left(\frac{1}{2}m_2+M_3\right)l_1l_2\cos q_2\right]\ddot{q}_1$$
$$-\left(\frac{1}{2}m_2+M_3\right)l_1l_2\dot{q}_2q_1\sin q_2$$

将两杆的模型及柔性关节的模型结合起来：

$$\begin{cases}\dfrac{\mathrm{d}}{\mathrm{d}t}\dfrac{\partial L}{\partial \dot{q}_1}-\dfrac{\partial L}{\partial q_1}=\boldsymbol{k}_1(\theta_1-q_1)+\boldsymbol{\tau}_{\mathrm{ext1}}\\ J_i\ddot{q}_i+k_i(q_i-\theta_i)=\boldsymbol{\tau}_{\mathrm{ext1}}\end{cases}\tag{5.11}$$

其中式（5.9）可以表述成：

$$\begin{bmatrix}m_{11} & m_{12}\\ m_{21} & m_{22}\end{bmatrix}\begin{bmatrix}\ddot{q}_1\\ \ddot{q}_2\end{bmatrix}+\begin{bmatrix}0 & m_{14}\\ m_{24} & 0\end{bmatrix}\begin{bmatrix}\dot{q}_1^{\,2}\\ \dot{q}_2^{\,2}\end{bmatrix}+\begin{bmatrix}m_{13} & 0\\ m_{25} & m_{23}\end{bmatrix}\begin{bmatrix}\dot{q}_1\dot{q}_2\\ \dot{q}_2\dot{q}_1\end{bmatrix}+\begin{bmatrix}G_{11}\\ G_{22}\end{bmatrix}=\begin{bmatrix}k_1\left(q_1-\theta_1\right)+\tau_{\mathrm{ext1}}\\ k_2\left(q_2-\theta_2\right)+\tau_{\mathrm{ext2}}\end{bmatrix}$$

式中，

$$\begin{cases}m_{11}=\left(\frac{1}{3}m_1+m_2+M_2+M_3\right)l_1^2+\left(\frac{1}{3}m_2+M_3\right)l_2^2+(m_2+2M_3)l_1l_2\cos q_2\\ m_{12}=m_{21}=\left(\frac{1}{3}m_2+M_3\right)l_2^2+\left(\frac{1}{2}m_2+M_3\right)l_1l_2\cos q_2\\ m_{13}=-(m_{22}+2M_3)l_1l\sin\theta_2\\ m_{14}=m_{23}=-\left(\frac{1}{2}m_2+M_3\right)l_1l_2\sin q_2\\ m_{22}=\left(\frac{1}{3}m_2+M_3\right)l_2^2\\ m_{24}=m_{25}=\left(\frac{1}{2}m_2+M_3\right)l_1l_2\sin q_2\end{cases}$$

$$\begin{cases}G_{11}=\left(\frac{1}{2}m_1+m_2+M_2+M_3\right)gl_1\cos q_1+\left(\frac{1}{2}m_2+M_3\right)gl_2\cos(q_1+q_2)+k_1(N_1-1)^2q_1\\ G_{12}=\left(\frac{1}{2}m_2+M_3\right)gl_2\cos(q_1+q_2)+k_2(N_2-1)^2q_2\end{cases}$$

5.2　基于二阶前馈广义动量的机器人碰撞检测算法

人机协作的安全性是首要考虑的因素，因此机器人碰撞检测是必须具备的功能。为改进前述章节中提出的碰撞检测外力方法成本高、检测精度低、采集工作量大等缺点，本节提出优化的广义动量外力观测器碰撞检测算法。

首先建立一阶广义动量外力观测器，然后建立优化后的广义动量外力观测器。为提高外力干扰的检测准确性，提出一种基于二阶前馈广义动量的外力观测器碰撞检测算法，对上述章节简化二连杆模型受到不同外力干扰时进行受力分析，并利用六自由度协作机器人脚本编程控制方式采集关节位置、动量等离线数据作为 MATLAB Simulink 的输入端，对基于一阶无前馈、一阶有前馈、二阶无前馈、二阶有前馈广义动量的扰动观测器碰撞检测算法进行仿真分析对比，利用六自由度协作机器人平台离线数据对二阶前馈广义动量的外力观测器进行实验验证。

5.2.1　无外传感器的碰撞检测算法

在机器人实验平台的动力学方程的研究基础上，本节主要对碰撞检测算法进行研究。在人机协作安全领域，碰撞检测方法主要分为 3 种：第 1 种利用各种外界传感器进行外力测量，其中包括皮肤传感器、力传感器及力矩传感器等；第 2 种直接对关节的电流进行采集，并判断是否因为外力的干扰而影响数据变化；第 3 种采集各关节的力矩变化，利用动力学模型进行算法构造，其中有能量外力观测器、速度外力观测器及广义动量外力观测器。本节采用第 3 种碰撞检测算法，并在此基础上提出基于二阶有前馈的广义动量偏差观测器的碰撞检测算法，其检测精度更高，成本更低。

1. 一阶广义动量外力观测器碰撞算法

依据矩阵 $\dot{\boldsymbol{M}}(\boldsymbol{q})-2\boldsymbol{C}(\boldsymbol{q},\dot{\boldsymbol{q}})$ 具备的斜对称性对机器人系统进行分析可得

$$\dot{\boldsymbol{M}}(\boldsymbol{q})=\boldsymbol{C}^{\mathrm{T}}(\boldsymbol{q},\dot{\boldsymbol{q}})+\boldsymbol{C}(\boldsymbol{q},\dot{\boldsymbol{q}}) \tag{5.12}$$

六自由度协作机器人系统的总能量 $\boldsymbol{E}$ 包括势能 $\boldsymbol{U}$ 及系统动能 $\boldsymbol{T}$，表达式如下：

$$\boldsymbol{E}=\boldsymbol{T}+\boldsymbol{U} \tag{5.13}$$

式中，$\boldsymbol{T}=\dfrac{1}{2}\dot{\boldsymbol{q}}^{\mathrm{T}}\boldsymbol{M}(\boldsymbol{q})\dot{\boldsymbol{q}}$。

结合式（5.13），在式（5.12）两侧同时对时间 t 求导可得

$$\dot{\boldsymbol{E}}=\dot{\boldsymbol{q}}^{\mathrm{T}}\boldsymbol{\tau}_{\mathrm{tot}} \tag{5.14}$$

根据机器人系统定义，机器人广义动量为

$$\boldsymbol{p}=\boldsymbol{M}(\boldsymbol{q})\dot{\boldsymbol{q}} \tag{5.15}$$

满足机器人系统相关的广义动量 $\boldsymbol{p}=\boldsymbol{M}(\boldsymbol{q})\dot{\boldsymbol{q}}$ 满足如下一阶方程：

$$\dot{\boldsymbol{p}}=\boldsymbol{\tau}_{\mathrm{o}}+\boldsymbol{\tau}_{\mathrm{ext}}+\boldsymbol{\eta}(\boldsymbol{q},\dot{\boldsymbol{q}}) \tag{5.16}$$

其中 $\boldsymbol{\eta}$ 的分量由下式给出：

$$\boldsymbol{\eta}_i=\dot{\boldsymbol{M}}\dot{\boldsymbol{q}}-\boldsymbol{C}\dot{\boldsymbol{q}}-\boldsymbol{G} \tag{5.17}$$

定义残余矢量 $\boldsymbol{r}$ 为

$$\boldsymbol{r}=\boldsymbol{K}_1\left[\int(\boldsymbol{\eta}+\boldsymbol{\tau}_{\mathrm{o}}+\boldsymbol{r})\mathrm{d}t-\boldsymbol{p}\right] \tag{5.18}$$

式中，$\boldsymbol{K}_1$ 为对角矩阵，$\boldsymbol{K}_1>0$。

剩余矢量动态满足：

$$\dot{\boldsymbol{r}}=-\boldsymbol{K}_1\boldsymbol{r}+\boldsymbol{K}_1\boldsymbol{\tau}_{\mathrm{o}},\ \ r(0)=0 \tag{5.19}$$

即线性指数稳定系统由机器人关节的接触扭矩 $\boldsymbol{\tau}_0$ 驱动。实际上，对于每个剩余的动态的部分均可以由一个传递函数来表示：

$$\frac{\boldsymbol{r}_i(s)}{\boldsymbol{\tau}_{\mathrm{ext},i}(s)}=\frac{\boldsymbol{K}_i}{s+\boldsymbol{K}_i}\qquad i=1,2,\cdots,n \tag{5.20}$$

2. 二阶前馈广义动量外力观测器碰撞算法

一阶广义动量外力观测器为一阶低通滤波结构，在实际人机协作中需要同时保证系统的鲁棒性和快速性。外力干扰分为两种形式：一种是缓慢持续增加的外力，另一种是速度较快短暂的外力。一阶低通滤波结构的观测器只能辨认第一种外力，会将突变信号误认为是高频噪声，所以需要对观测器进行优化设计，实现对短暂突变和持续缓慢外力的观测。采用串联的方法将高通滤波结构连接到上述一阶低通滤波结构中，进而可以得到优化设计后的外力观测器。r' 与实际输出力矩 $\boldsymbol{\tau}_{\text{ext}}$ 之间的传递函数为

$$\frac{\boldsymbol{r}'}{\boldsymbol{\tau}_{\text{ext}}}=\frac{\boldsymbol{K}_1}{s+\boldsymbol{K}_1}\times\frac{s}{s+\boldsymbol{K}_2}=\frac{\boldsymbol{K}_1 s}{s^2+\left(\boldsymbol{K}_1+\boldsymbol{K}_2\right)s+\boldsymbol{K}_1\boldsymbol{K}_2} \tag{5.21}$$

对式（5.21）中传递函数进行拉普拉斯逆变换得到：

$$\boldsymbol{r}'=\int_0^t\left[\boldsymbol{K}_1\boldsymbol{\sigma}-\left(\boldsymbol{K}_1+\boldsymbol{K}_2\right)\boldsymbol{r}'-\boldsymbol{K}_1\boldsymbol{K}_2\int_0^t\boldsymbol{r}'\mathrm{d}t\right]\mathrm{d}t-\boldsymbol{K}_1\boldsymbol{P} \tag{5.22}$$

式中，

$$\boldsymbol{\sigma}=\boldsymbol{\tau}_0-\boldsymbol{C}\dot{\boldsymbol{q}}-\boldsymbol{G}+\dot{\boldsymbol{M}}\dot{\boldsymbol{q}}$$

为了降低碰撞检测时延迟时间及振荡性，需在二阶前馈广义动量观测器中构造调整函数 h_{e} 对外力观测器进行前馈调节：

$$h_{\text{e}}=\boldsymbol{P}(t)-\int_0^t(\boldsymbol{\tau}_0-\boldsymbol{C}\dot{\boldsymbol{q}}-\boldsymbol{G}+\dot{\boldsymbol{M}}\dot{\boldsymbol{q}})\mathrm{d}t \tag{5.23}$$

将式（5.23）代入式（5.22）中，得到优化的外力观测器设计，表达式如下：

$$\begin{aligned}\boldsymbol{r}(t)&=\boldsymbol{r}'+\boldsymbol{K}_3\boldsymbol{h}_e\\&=\int_0^t\left[\boldsymbol{K}_1\boldsymbol{\sigma}-(\boldsymbol{K}_1+\boldsymbol{K}_2)\boldsymbol{r}'-\boldsymbol{K}_1\boldsymbol{K}_2\int_0^t\boldsymbol{r}'\mathrm{d}t\right]\mathrm{d}t\\&\quad-\boldsymbol{K}_1\boldsymbol{P}+\boldsymbol{K}_3\left[\boldsymbol{P}(t)-\int_0^t(\boldsymbol{\tau}_0-\boldsymbol{C}\dot{\boldsymbol{q}}-\boldsymbol{G}+\dot{\boldsymbol{M}}\dot{\boldsymbol{q}})\mathrm{d}t\right]\end{aligned} \tag{5.24}$$

式中，增益与已有研究[3]中得到的结果相似，其中机器人关节之间的动态相互作用力矩及加速度被假定能得到。由于一阶低通滤波器的传递函数中包含的增益数量太少，因此不能保证外力检测的准确性、稳定性和快速性。除此之外，该广义动量观测器仅能检测持续缓慢的外力，不具有检测急剧短暂外力的能力。通过试凑的方式调节增益函数 $\boldsymbol{K}_1\boldsymbol{K}_2\boldsymbol{K}_3$ 可以改变检测的准确性，前馈调节函数 h_{e} 可以消除和筛减振荡与噪声。相反，式（5.24）仅需采集 $\boldsymbol{q}$、$\dot{\boldsymbol{q}}$ 的数据，无须检测惯性矩阵 $\boldsymbol{M}(\boldsymbol{q})$ 的逆矩阵或加速度 $\ddot{\boldsymbol{q}}$，即可得出机器人关节电流输入。对于多自由度的机器人来说，广义动量 $\boldsymbol{p}$ 和矢量 $\boldsymbol{\eta}$ 的计算需要用递推或迭代方法[4]。优化后的外力观测器框图与碰撞检测原理如图5.3和图5.4所示。

在机器人自由运动期间，由于关节本身的摩擦，所有关节的残余矢量 $\boldsymbol{r}$ 几乎为零。高于固定阈值的一个或多个残余矢量 $\boldsymbol{r}$ 的突变对应该时刻机器人发生的外界物理碰撞，尤其是在式（5.24）中 $\boldsymbol{K}_i$ 值较大时。当与外界失去接触时，残余矢量 $\boldsymbol{r}$ 会迅速恢复到零附近的值，与钟琮玮等[5]和 Lee 等[6]的实验研究相似。机器人在启动时或某个时刻其本身运行的关节力矩较大时易造成误检测，此时结合 5.3.4 小节动态阈值的设定，可以避免由于噪声或附加干扰引起的错误检测[7]。

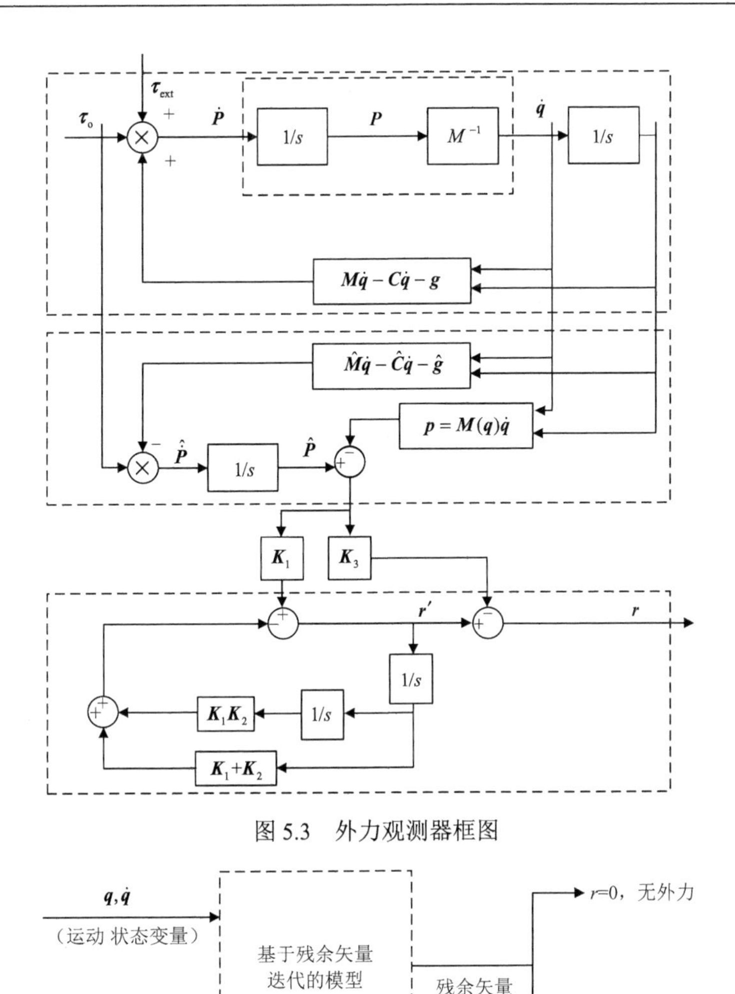

图 5.3　外力观测器框图

图 5.4　碰撞检测原理

假设在发生外界物理碰撞的杆件之前的关节能够检测到突变，在该杆件之后的关节检测不到突变，后续会通过仿真的形式来对假设进行验证。外力观测器利用残余矢量 $\boldsymbol{r}$ 可以立即识别发生外界物理碰撞的机器人杆件部位，假设机器人是一个开放的运动链，如果第 d 个杆件发生碰撞，则机器人各个关节的外力观测值分别为

$$\begin{cases} r_i(t)\neq 0 & i=1,2,\cdots,d \\ r_j(t)=0 & j=d+1,d+2,\cdots,d+n \end{cases} \tag{5.25}$$

式中，i 为杆件数目。

事实上，残余矢量只在机器人工作时受到外界接触力[8]的影响，而远端的残余变量（超出杆 k）不受影响，每个近端残余矢量的笛卡儿广义力 F_c 的敏感度通常会随机器人的配置而变化。

5.2.2　六自由度协作机器人碰撞检测算法仿真

碰撞检测算法的仿真模拟在 MATLAB Simulink 中进行验证，以确认是否可以实时跟踪理想状态下的外部扭矩，并且确定所提出的算法是否具有良好的动态性能。本实验以六自由度协作机器人为研究对象，对碰撞检测提出的算法进行验证。开始对离线数据进行路径设计，通过基于 Modubus 通信中的 TCP/IP 协议接口及 UR5 协作机器人的脚本编程控制方式对离线数据进行采集，将这些离线数据作为 MATLAB Simulink 的输入端，对 5.2.1 节设计的 3 种不同的广义动量观测器进行验证。在 URScript 脚本编程中对路点规划和运动参数进行设定，再通过 Modubus TCP 对运动参数进行检测，其中包括各关节位置参数、速度参数、力矩参数和机器人整体动量参数。这些参数作为仿真的输入值，通过 3 种不同的外力观测器碰撞检测算法并结合设定的动态阈值对外力进行判定和识别。碰撞检测原理流程图如图 5.5 所示。

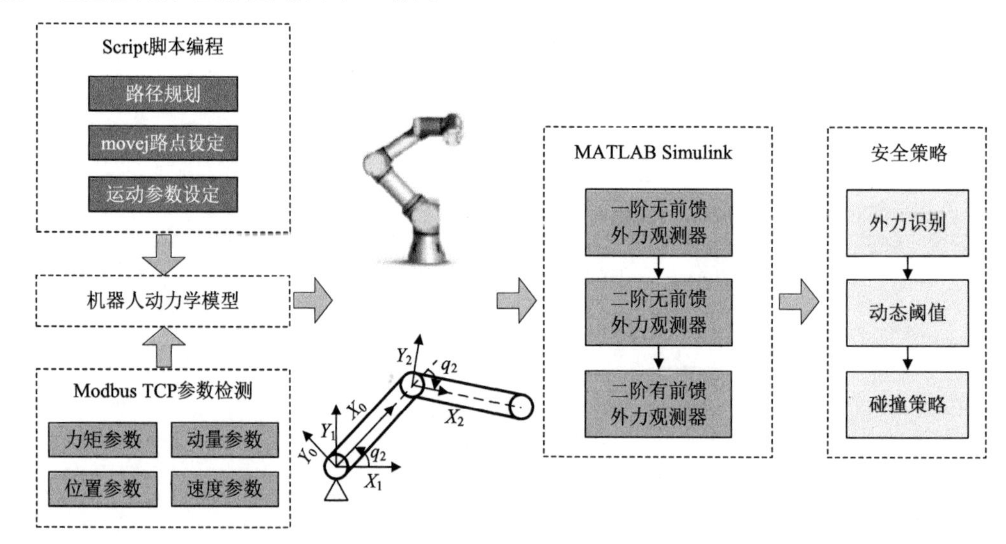

图 5.5　碰撞检测原理流程图

1. 基于广义动量外力观测器碰撞算法

URScript 是控制机器人的脚本编程语言，与其他编程语言类似，包含语法结构、变量类型、方法等，其还可以监控和控制机器人的输入/输出。UR5 协作机器人在 TCP/IP 协议的基础上，与外部设备进行交互时需要相对应的 TCP/IP 接口，由这些接口发出相关命令来控制 UR5 协作机器人，如表 5.1 所示。

表 5.1　UR5 协作机器人 TCP/IP 接口

接口	描述
502	机器人为服务器，Modbus TCP 协议
22	安全文件传输协议
29999	Dashboard 功能

续表

接口	描述
30001	第一客户接口，自动返回机器人状态、消息
30002	第二客户接口，自动返回机器人状态、消息
30003	125Hz 实时反馈接口，自动返回机器人状态、消息
自定义	UR 脚本定义，机器人作为客户端

选用 30003 接口作为实时反馈接口，来自 UR5 协作机器人的信息可以每隔 8ms 被客户端接收。UR5 协作机器人作为消息请求方，既能作为 Modbus TCP 客户端，也能作为 Modbus TCP 服务器。以下仅分析 UR5 协作机器人作为 Modbus TCP 服务器的情况，如图 5.6 所示。

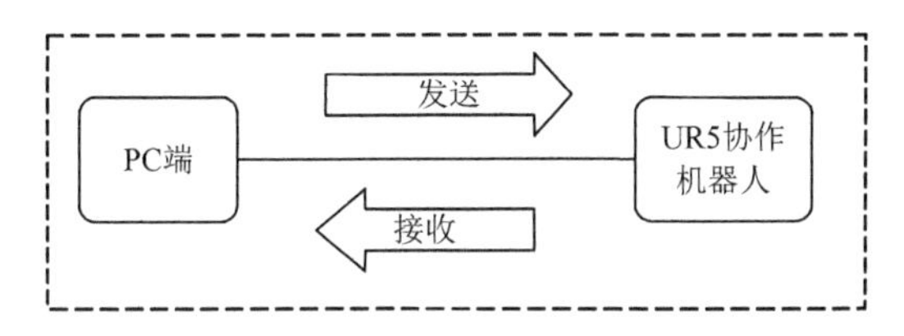

图 5.6　Modbus TCP 服务器

UR5 协作机器人作为 Modbus TCP 服务器，其有一系列 Modbus 地址供 PC 端访问，如表 5.2 所示。

表 5.2　Modbus TCP 地址

地址	类型	描述
0～33	寄存口	可以访问机器人的所有 I/O
128～255	寄存口	可配置寄存器
256～265	寄存口	机器人状态
270～315	寄存口	关节位置、电流、温度、速度等信息
400～425	寄存口	TCP 位置、速度、偏移量等信息
768～770	寄存口	工具端状态
0～159	位	可以访问机器人的所有 I/O
260～265	位	机器人状态

UR5 协作机器人末端关节路径轨迹点为 P_1 点到 P_2 点再到 P_3 点，具体各关节路径轨迹点的位置参数如表 5.3 所示。

表 5.3　各关节路径轨迹点的位置参数　θ/(°)

关节	1	2	3	4	5	6
P_1	90	45	135	90	90	90
P_2	90	90	90	90	90	90
P_3	90	135	45	90	90	90

2. 基于外力观测器碰撞算法的分析对比

利用 MATLAB Simulink 仿真工具对一阶无前馈广义动量外力观测器方程（5.12）进行仿真分析，如图 5.7 所示。

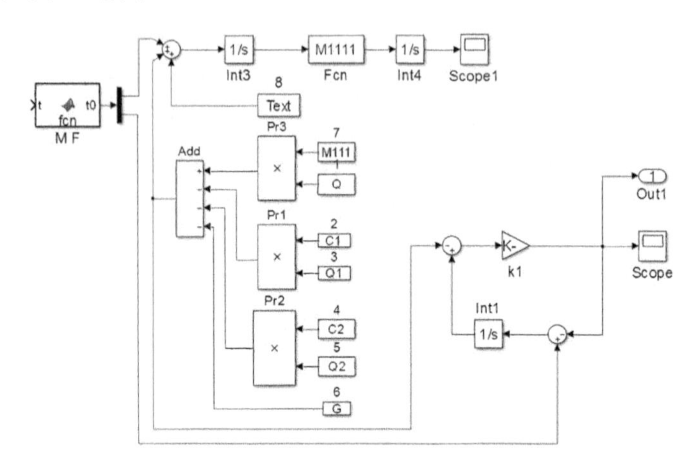

图 5.7　一阶无前馈广义动量外力观测器碰撞检测算法框图

基于 Modbus 通信中的 TCP/IP 协议接口及 UR5 协作机器人的脚本编程控制方式对离线数据进行采集，将这些离线数据作为 MATLAB Simulink 的输入端。离线数据包括速度参数、位置参数、力矩参数、动量参数，其中一阶系统中的增益矩阵 K_1 值可调节动态性能（包括稳定性、超调量等）。经过对增益矩阵的调整，K_1 值设定为 9Hz 时，可使观测值的动态性能良好。UR5 协作机器人按照表 5.3 中的路径轨迹点执行命令，运行过程中在机器人末端杆上加入两种外力碰撞，一种为短暂的冲击外力，另一种为持续的外力。仿真数据仅采用机器人第 2 个和第 3 个关节的一阶无前馈广义动量外力观测器碰撞算法的输出值，对这两个关节的残余矢量（观测器的输出值）进行分析讨论。一阶无前馈广义动量外力观测值如图 5.8 所示。

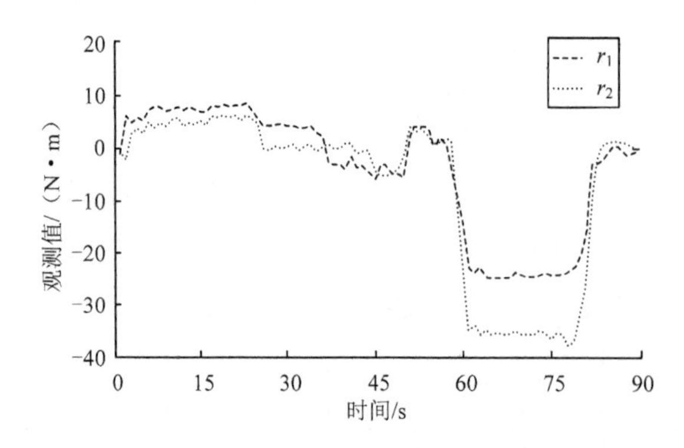

图 5.8　一阶无前馈广义动量外力观测值

上述一阶无前馈外力观测器中没有考虑摩擦项影响，观测值波动较大。在无外力干扰时，观测值在 0 值上下波动；当实验进程到达 60s 时，检测到持续 20s 左右的外力作用。对于实验过程中的瞬时外力，该观测器并没有检测记录，灵敏度整体较低。

对该一阶无前馈广义动量外力观测器进行改进，在观测器的调整函数中加入一组增益矩阵参数 K_2，增大最优化调整范围。优化后的二阶无前馈广义动量外力观测器碰撞检测算法仿真分析如图 5.9 所示。

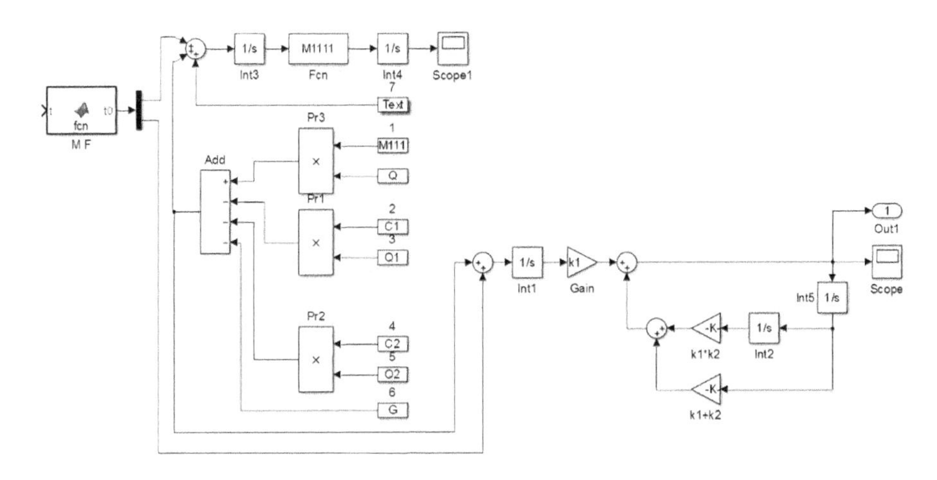

图 5.9　二阶无前馈广义动量外力观测器碰撞检测算法框图

由图 5.9 可知，加入二阶系统的优化广义动量外力观测器在 MATLAB Simulink 中通过 3 个增益矩阵来调整动态性能，K_2 取值也设定为 9Hz。同样的外力情况下进行仿真分析，得到的外力观测值如图 5.10 所示。

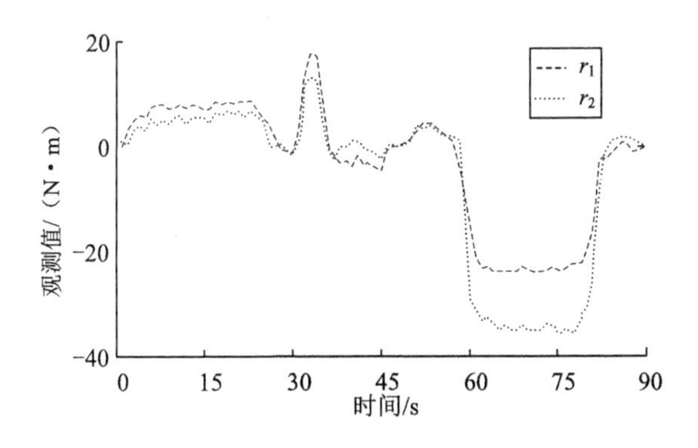

图 5.10　二阶无前馈广义动量外力观测值

对比图 5.8 与图 5.10 的观测结果，优化后的二阶无前馈外力观测器能够检测到持续外力，同时还能够检测到瞬时外力。图 5.10 中 30s 左右的曲线突变波动即为瞬时外力检测结果，验证了二阶系统在瞬时外力检测方面优于一阶系统。但在图 5.10 所示的二阶无前馈广义动量外力观测值中，观测值的波动仍然较大，存在一定误差，观测器的观测值输出会伴有较大的振荡且产生一定的延迟，降低了外力碰撞检测的准确性与实时性，与文献[9]实验研究相似。

对于典型的二阶系统，其快速性和振荡性成反比，若使其振荡变小会导致快速性变差，其快速性越好则会导致振荡越严重。为了使系统既具有快速性又能减小系统振荡，在观测器中加入可以改善二阶系统性能的 h_e 作为前馈调整函数，其中又添加一个增益矩阵参数 K_3，其作用相当于在二阶系统的前向通道中加入了能减小超调量、改善稳定性和快速性的 PD 调节器，如图 5.11 所示。

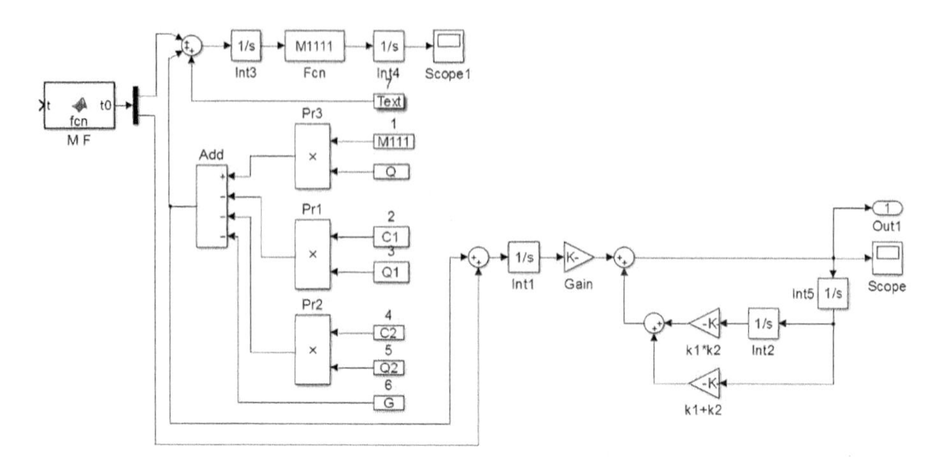

图 5.11　二阶有前馈广义动量碰撞检测算法框图

在 Simulink 仿真过程中，加入优化后的二阶有前馈广义动量外力观测器中包含 3 个增益矩阵参数，因此 K_1 和 K_2 设定为 9Hz，K_3 设定为 10Hz。适当选取 K_1、K_2、K_3 的值可以使碰撞检测算法提高实时性和准确性。在具备两种外力情况下进行仿真分析，得到二阶有前馈广义动量外力观测值，如图 5.12 所示。

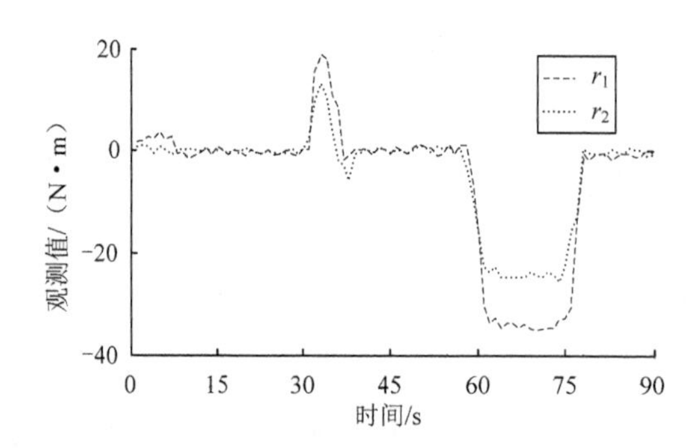

图 5.12　二阶有前馈广义动量外力观测值

综上所述，通过对比 3 种外力观测器的仿真结果，可以得到如下结论。

1）一阶系统能够检测到出现在 60s 左右的持续外力作用，但观测值波动较大，存在一定误差，无法满足高精度碰撞检测要求。

2）针对一阶系统存在的问题，提出优化二阶无前馈系统，该系统能够检测到持续外力，同时能够检测到出现在 30s 左右的瞬时外力，但仍然没有解决观测值波动大、存在误检测的问题。

3）针对一阶系统和二阶无前馈系统存在的问题做出改进，提出有前馈二阶外力观测器，在二阶系统的基础上加入调节函数 h_e，外力观测曲线值在 0 值附近小幅度浮动，在具备检测持续外力和瞬时外力的基础上，优化参数输出，保证外力检测的真实性，降低外力误检测。

5.3　基于加权最小二乘滤波算法的参数优化与阈值设定

协作机器人正在向高速、高精度及智能化性能方向发展，为保证六自由度协作机器人更准确的碰撞检测，必须对机器人部分参数进行分析优化；为得到机器人动力学精准模型，需要对机器人关节电流进行滤波优化并对机器人传动过程中摩擦力矩进行建模分析。除此之外，提高机器人的碰撞灵敏度还需要对动态阈值进行设定。

本节对多种滤波方法进行对比分析，选用最优工况为机器人参数优化做理论支撑；再利用分段函数对机器人关节摩擦力矩进行建模与分析；并通过最小二乘法对各个关节摩擦噪声进行参数辨识，减小采集数据时关节噪声对辨识的影响；利用加权的线性最小二乘滤波算法对静态阈值和动态阈值分别进行设定；最后通过最小二乘滤波算法进行仿真验证并分析各自的优缺点，指出基于二阶前馈广义动量观测器和动态阈值存在的问题和研究意义。

5.3.1　加权线性最小二乘滤波参数优化

由于在碰撞检测过程中机器人本身带有一定的噪声和摩擦，因此对采集的数值信息进行分析时会存在误差，在对这些数值进行处理之前可以加入滤波算法。滤波的作用就是将数值信号中指定波段的频率进行滤除，可以抑制或防止无用信号的干扰。

目前采用的滤波方法主要有无迹卡尔曼滤波[10]、模糊逻辑[11]、扩展卡尔曼滤波[12]、神经网络[13]等，它们都是用来估计机器人或其他应用系统中的一些变量。但以上提到的方法均基于固定的算法或模型参数来对状态进行估计，而且精度会随着算法或模型参数的改变而改变，甚至导致滤波发散。

1. 滤波算法分析

在 UR5 协作机器人采集机器人关节相关信息时，脉冲和加速度的噪声会影响运行轨迹，所以要对这些采集信息进行参数优化。滤波算法主要包括线性及非线性两种。非线性滤波算法中大多数采用中值滤波算法，Tukey 提出了比较传统的中值滤波算法，该算法滤波速度快且效果好，但是其缺点是容易滤掉高频信息，导致结果模糊、缺失细节，所以不适合滤除高密度噪声。为了改进这些不足，又提出了开关中值滤波算法、自适应滤波算法，这些方法大部分采用信号点和噪声点划分，只让改进的中值滤波算法滤除检测信息中的噪声点。因此，这里对滤波算法只是进行应用，在后续的动态阈值设定过程中加入滤波算法可使检测结果更为精准，同时注意在对机器人进行信号采集时要避免或降低随机干扰的影响。

2. 机器人参数滤波仿真对比实验

利用 MATLAB 仿真软件通过不同的滤波方法对检测数据进行滤波优化，这里采用的滤波优化方法包括线性和非线性两种。对比包含移动平均滤波中的低通滤波、线性最小二乘滤波、加权的线性最小二乘滤波和中值滤波方法，进而得出采用不同滤波方法时的最优拟合工况。不同滤波方法的对比分析如图 5.13 所示，为保证清晰度，图中只显示两端数据对比曲线。

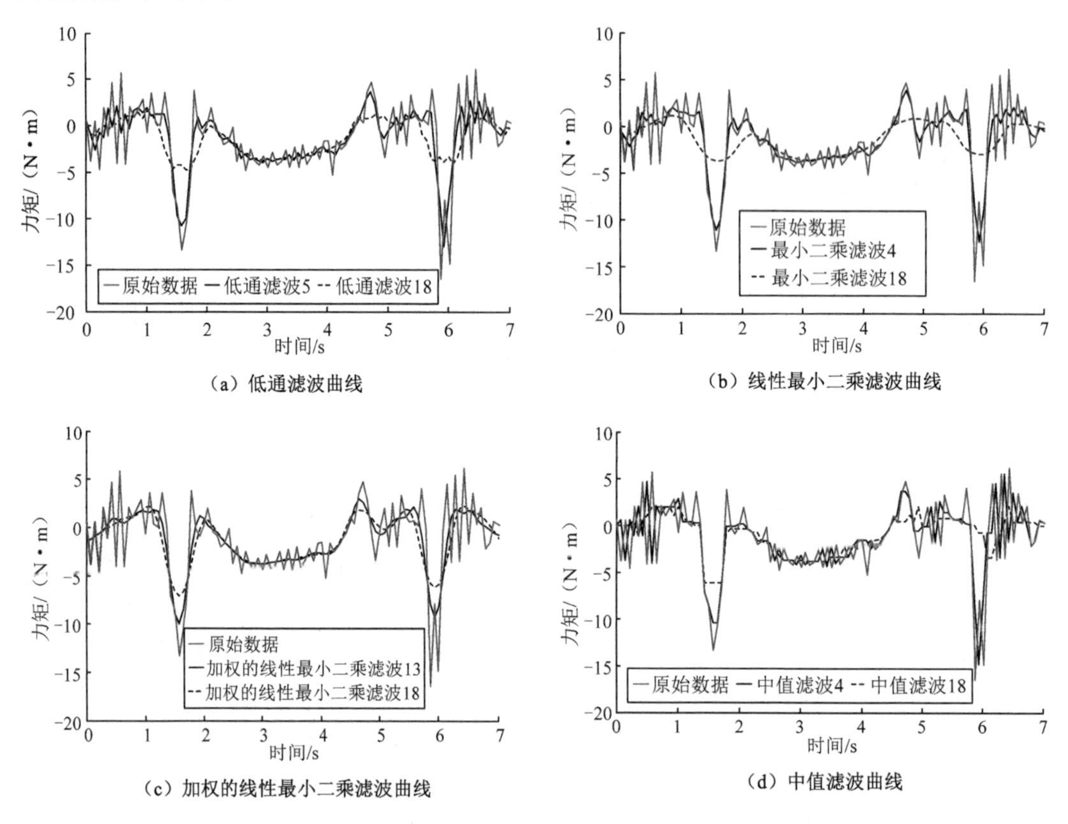

（a）低通滤波曲线

（b）线性最小二乘滤波曲线

（c）加权的线性最小二乘滤波曲线

（d）中值滤波曲线

图 5.13　不同滤波方法的对比分析

在本次滤波仿真对比实验过程中，选用机器人关节采集力矩作为输入值，分别选用周围数据为 4、5、13、18 的 4 组数据进行分析对比，通过与力矩原始数据的对比得出滤波效果。分析可得，采用低通滤波方法时，选用周围数据为 5 进行滤波时工况最优[图 5.13（a）]；采用线性最小二乘滤波方法时，选用周围数据为 4 进行滤波时工况最优[图 5.13（b）]；采用加权的线性最小二乘滤波方法时，选用周围数据为 13 进行滤波时工况最优[图 5.13（c）]；采用中值滤波方法时，选用周围数据为 4 进行滤波时工况最优[图 5.13（d）]。

通过对比上述 4 种滤波方法及其相应的不同滤波频率的滤波效果，可以看到，线性最小二乘滤波和加权的线性最小二乘滤波方法能够在保证关键波动不失真的情况下，去除数据采集中的噪声和干扰波动；而在这两种方法中，选用最优工况下的周围数据为 4 和 13 时的滤波效果更好，此时的滤波结果能够保证波动最大值范围贴近真实数据，且去除数据无用波动，提高了数据处理精度。下面分别针对这两种滤波方法进行误差分析对比，如图 5.14 所示。

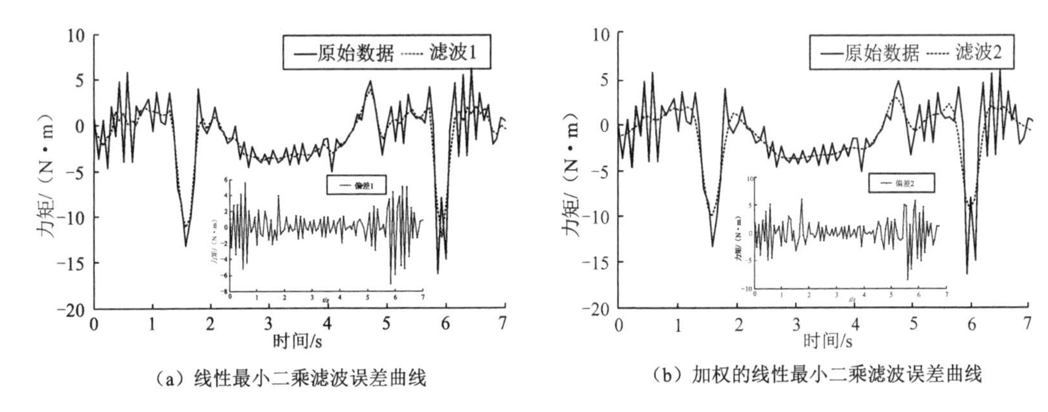

（a）线性最小二乘滤波误差曲线　　（b）加权的线性最小二乘滤波误差曲线

图 5.14　滤波误差分析对比

通过观察图 5.14 可知，加权的线性最小二乘滤波方法在保证关键波动时波峰不失真，滤波结果反映真实波动状态的同时，能够最大限度地去除数据采集过程中的噪声和干扰情况，所得滤波结果较为贴合真实值，可以实现碰撞检测算法并满足实验研究需要。因此，将加权的线性最小二乘滤波方法作为提出的二阶前馈广义动量观测器输出值及机器人关节电流的数据处理方法。

5.3.2　机器人关节电流滤波优化

机器人各个关节的额定电流 I_A 会随着机器人磁心损耗、电感导线的铜损耗或运行温度的增加而改变，甚至周围环境温度改变等原因也会造成采集数据的误差。采用单关节实验平台进行实验验证，选用电源滤波器（图 5.15），根据单关节采集的电流数据，如图 5.16 所示，图中分别标出了偏差的变化。

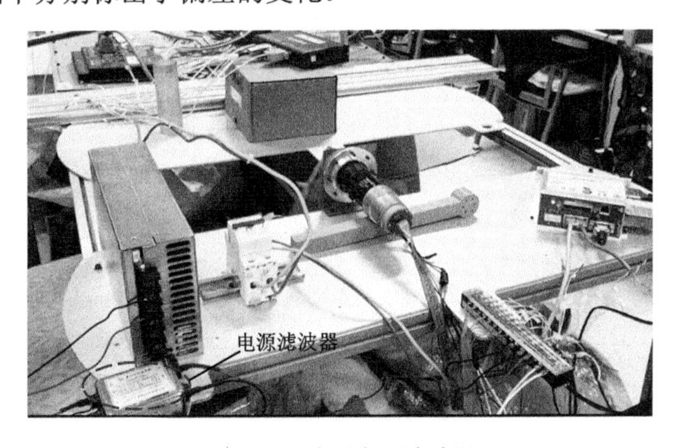

图 5.15　选用电源滤波器

但是关节电流采集只适用于离线分析，而且效果并不理想，若利用协作机器人进行在线碰撞检测则不方便使用，因此采用滤波优化的方式对电流进行在线处理。

协作机器人中包含谐波减速器和中空电机，其中机器人关节电机的转矩灵敏度为 K_{m2}，谐波减速器的减速比设定为 100。在操作 UR5 协作机器人运动时，设置为低速状态进行回程和行程的往复运动，其中设定 UR5 协作机器人的角速度为 $30°/s$，加速度为

40°/s^2，采集各个关节的电流、力矩值和整个机器人的动量值，采集时间间隔为 0.8s，控制周期为 100s。

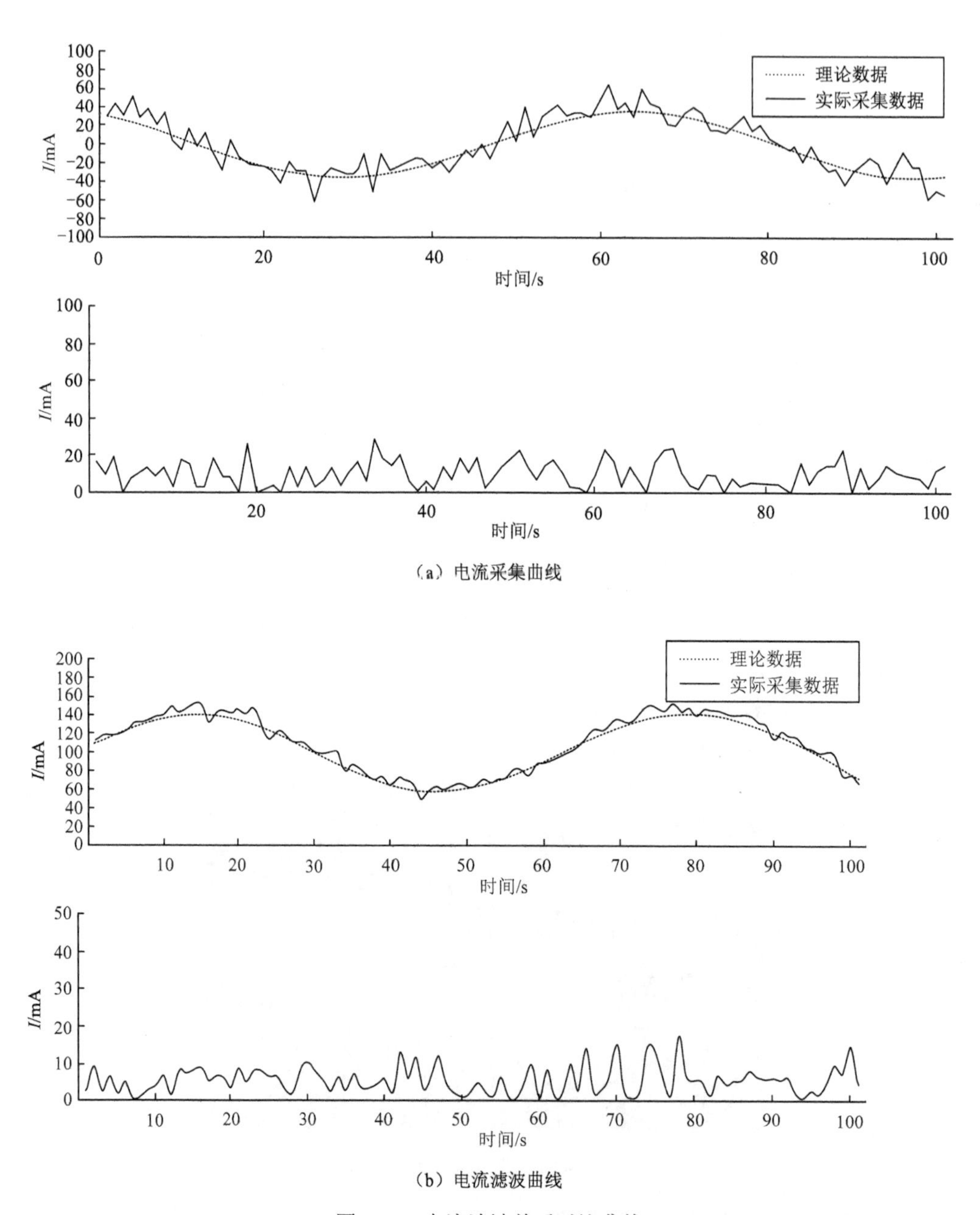

图 5.16　电流滤波前后对比曲线

为了提高动力学模型的精准性，在式（5.1）～式（5.3）的基础上加上关节的摩擦力模型 τ_f，得到：

$$\begin{cases}\boldsymbol{M}(q_i)\ddot{q}_i+\boldsymbol{C}(q_i,\dot{q}_i)\dot{q}_i+\boldsymbol{G}(q_i)=\boldsymbol{\tau}_{\text{ot}}\\ \boldsymbol{J}_i\ddot{\theta}_i+\boldsymbol{\tau}_{\text{f}i}+\boldsymbol{\tau}_{\text{o}}=\boldsymbol{\tau}_{\text{m}i}-\boldsymbol{\tau}_{\text{f}}\\ \boldsymbol{\tau}_{\text{o}}=\boldsymbol{k}_i(\theta_i-q_i)\end{cases}\tag{5.26}$$

将式（5.26）进行移项整合，得到

$$\boldsymbol{\tau}_{\text{m}i}=\boldsymbol{J}_i\ddot{\theta}_i+\boldsymbol{M}(q_i)\ddot{q}_i+\boldsymbol{C}(q_i,\dot{q}_i)\dot{q}_i+\boldsymbol{G}(q_i)+\boldsymbol{\tau}_{\text{f}}-\boldsymbol{\tau}_{\text{ext}}\tag{5.27}$$

机器人关节中电机驱动部分霍尔元件采集到的电流 I_{A} 和电机的输出力矩 $\boldsymbol{\tau}_{\text{m}}$ 构成相对应的线性关系，其中 K_{m} 代表各个关节电机转矩的灵敏度。关节电机电流与输出力矩之间的线性关系表示为

$$\boldsymbol{\tau}_{\text{m}}=K_{\text{m}}I_{\text{A}}\tag{5.28}$$

关节电流的参数辨识时采取电机低速状态执行运动，在没有外力 $\boldsymbol{\tau}_{\text{ext}}$ 碰撞的情况下，式（5.27）变为

$$\boldsymbol{\tau}_{\text{m}i}=\boldsymbol{J}_i\ddot{\theta}_i+\boldsymbol{M}(q_i)\ddot{q}_i+\boldsymbol{C}(q_i,\dot{q}_i)\dot{q}_i+\boldsymbol{G}(q_i)+\boldsymbol{\tau}_{\text{f}}\tag{5.29}$$

将式（5.28）和式（5.29）进行移项整合，得到矩阵相乘形式，表达式为

$$\boldsymbol{G}(q)=K_{\text{m}}I_{\text{A}}-\boldsymbol{J}_i\ddot{\theta}-\boldsymbol{M}(q_i)\ddot{q}_i-\boldsymbol{C}(q_i,\dot{q}_i)\dot{q}_i-\boldsymbol{\tau}_{\text{f}}\tag{5.30}$$

将式（5.30）化简为

$$\boldsymbol{G}(q)=\boldsymbol{B}^{\text{T}}\boldsymbol{Q}=\left[K_{\text{m}}\ \ -\boldsymbol{J}_i\ \ -\boldsymbol{M}(q_i)\ \ -\boldsymbol{C}(q_i,\dot{q}_i)\ \ -\boldsymbol{\tau}_f\right]^{\text{T}}\left[I_{\text{A}}\quad \ddot{\theta}\quad \ddot{q}_i\quad \dot{q}_i\quad 1\right]\tag{5.31}$$

式中，$\boldsymbol{Q}$ 为机器人的运动参数，但矢量 $\boldsymbol{B}$ 并不代表机器人运动参数，矢量 $\boldsymbol{B}$ 是通过上述提到的最小二乘法求得的。将矩阵中的运动参数和可以进行辨识的参数划分为两个矩阵，所以根据式（5.31）可知，在机器人本身的运动参数及重力项参数已知的情况下，矢量 $\boldsymbol{B}$ 很容易求得，这里不做分析。

由于研究碰撞外力问题的实验平台为 UR5 协作机器人，该机器人关节应用的是双编码器结构（其中双编码器型号包括雷尼绍磁栅绝对值编码器和 US digital 光栅增量编码器），可以等效为柔性关节，但是没有应用任何弹性元件。关节内部采取双轴嵌套模式，既减小了中间轴的传动间隙，又减少了关节体积。其中关节电机和连杆端的角度位置分别由两个编码器（图 5.17 和图 5.18）测得，但是在采集过程中会产生相应的噪声，这些噪声直接影响参数的准确性和轨迹执行，所以需要滤波消除噪声。然而，为了消除噪声，在一定程度上会出现推迟相位的情况，可将式（5.31）的 $\boldsymbol{Q}$ 和 $\boldsymbol{G}(q)$ 相应的参数代入同一个滤波算法中以解决这种情况。

图 5.17　绝对值编码器

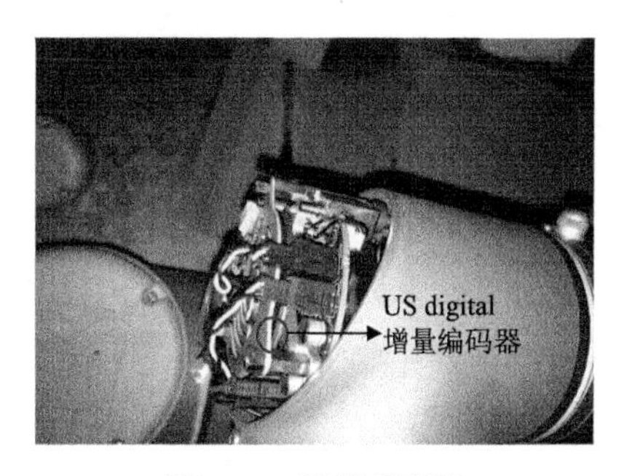

图 5.18　增量编码器

根据开展的研究，利用 MATLAB 仿真软件采用不同的滤波方法对检测数据进行滤波分析，分别对机器人未受到外力碰撞时及碰撞杆件之后的关节电流信息进行滤波效果对比，如图 5.19 和图 5.20 所示。

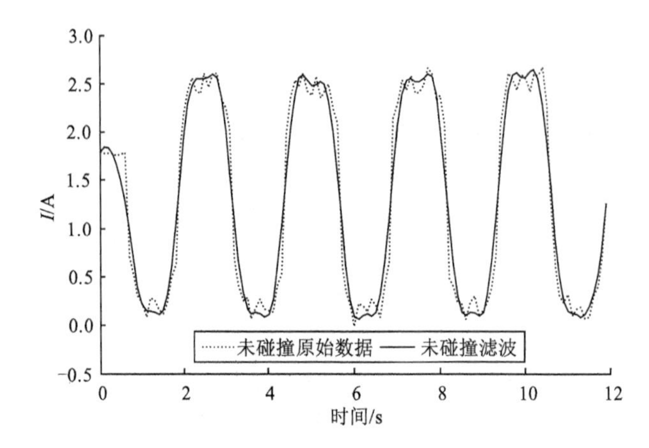

图 5.19　未碰撞电流滤波优化曲线

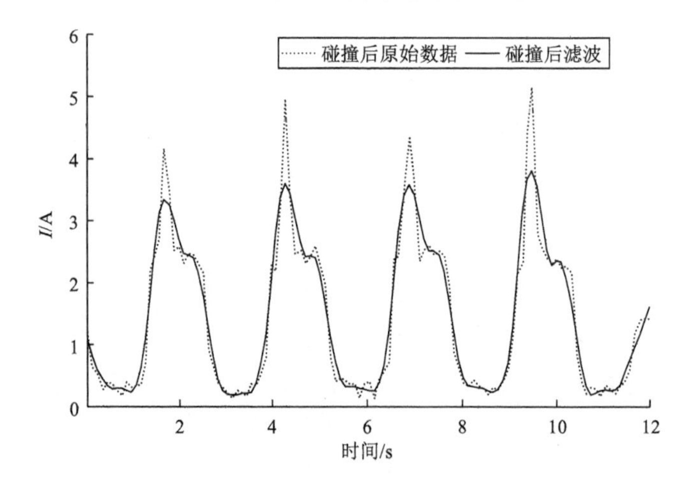

图 5.20　碰撞后电流滤波优化曲线

分析图 5.19 和图 5.20 的滤波结果，选用的加权线性最小二乘滤波算法在其最优拟合工况频率能够对机器人无外力干扰和碰撞状态下的关节电流进行精确滤波，在保证关键波动贴近真实数据的同时，可去除掉数据采集过程中的干扰和噪声，优化数据输出，提高实际碰撞算法实验的准确性和灵敏性。

5.3.3　基于最小二乘法各关节摩擦辨识

在双编码器柔性关节动力学模型的基础上考虑摩擦力模型，若想在识别外力的位置和大小之后保证工作人员及机器人的安全，机器人需要在碰撞之后做出一定的安全反应，这需要相对精确的动力学模型，并在此基础上对关节的电流及摩擦力进行参数辨识。

通常情况下，参数辨识[14]包含在线辨识和离线辨识两种类型，两种辨识类型互有优缺点。在线辨识方法被广泛应用于诸如温降温升、重力降低、材料空蚀损耗等恶劣环境下，辨识相对于环境变化而敏感性较强的关键性参数。利用在线辨识方法可以在基于自适应控制方法的基础上预测参数变化，其优势在于控制性能良好，具有极高的控制能力。但是，已有研究中发现在线辨识[15]在应用过程中还存在一些缺陷，受限于所编译算法收敛性较差及执行任务实时性的制约，使其在某些领域的应用要稍逊于离线辨识。

离线辨识方法较在线辨识方法具有一定的优势，但其在应用过程中根据传感器的配置差异，通常情况下又包含两种辨识方法，一种借助附加传感器[16]，另一种不需要附加传感器[17-18]。在借助附加传感器的识别方法中，附加传感器包括加速度、关节位置、力矩、速度等不同类型的传感器，根据设定算法和原理实现参数识别；而不需要附加传感器的识别方法中，依据传统方法中的机器人动力学模型实现辨识参数的线性化。

由于本节研究对象不应用在恶劣环境中，只需利用离线辨识方法对机器人关节参数进行辨识优化即可，因此借助最小二乘法检测机器人的输出数据值，并得到相应的具体参数设定值。在这个过程中需输入具体的激励信号，实现最终的参数辨识。

1. 摩擦模型建立

机器人系统的摩擦模型一般有 3 个阶段：①静摩擦力 $\boldsymbol{\tau}_{\mathrm{s}}$ ，代表所需的力从静止到启动；②库仑摩擦（或动力学摩擦）$\boldsymbol{\tau}_{\mathrm{c}}$ ，仅取决于速度的符号；③黏性摩擦 $\boldsymbol{\tau}_{\mathrm{v}}$ ，它是关于接触表面相对速度的函数，该模型与 Lee 等[19]的实验相似。机器人各个关节摩擦力矩模型可以描述为

$$\boldsymbol{\tau}_{\mathrm{f}}=\begin{cases}\boldsymbol{\tau}_{\mathrm{h}} & \dot{\theta}=0,\ \left|\tau_{\mathrm{h}}\right|<\tau_{\mathrm{s}}\\ \boldsymbol{\tau}_{\mathrm{s}}\operatorname{sgn}\boldsymbol{\tau}_{\mathrm{h}} & \dot{\theta}=0,\ \left|\tau_{\mathrm{h}}\right|\geqslant\tau_{\mathrm{s}}\\ \boldsymbol{\tau}_{\mathrm{s}}\operatorname{sgn}\dot{\theta}+\boldsymbol{\tau}_{\mathrm{v}}(\dot{\theta}) & \dot{\theta}\neq 0\end{cases} \tag{5.32}$$

$$\boldsymbol{\tau}_{\mathrm{v}}(\dot{q})=\alpha_1\dot{\theta}^3+\alpha_2\dot{\theta}^2+\alpha_3\dot{\theta} \tag{5.33}$$

式中，$\boldsymbol{\tau}_{\mathrm{h}}$ 为作用在谐波驱动部件的表面接触扭矩；α_1、α_2 和 α_3 为黏滞摩擦系数；$\boldsymbol{\tau}_{\mathrm{v}}(\dot{q})$ 被假定为由 $\dot{\theta}$ 的三阶函数来表示。

基于摩擦力模型 $\boldsymbol{\tau}_{\mathrm{f}}$ ，摩擦力矩可由 $\dot{\theta}$ 表示，如图 5.21 所示。

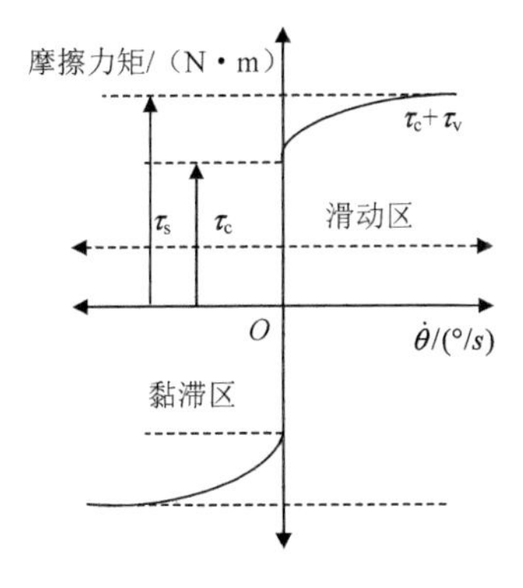

图 5.21　关节的摩擦力矩

图 5.21 说明了两个摩擦区域的不同之处，这两个区域分别为滑动区域$\dot{\theta}\neq 0$和黏滞区域$\dot{\theta}=0$。从黏滞区域过渡到滑移区域的摩擦力矩为$\boldsymbol{\tau}_{\mathrm{s}}$，从滑移区域过渡到黏滞区域的摩擦力矩为$\pm\boldsymbol{\tau}_{\mathrm{c}}$。

因此，无传感器碰撞检测的摩擦模型可以描述为

$$\boldsymbol{\tau}_{\mathrm{f}}=\begin{cases}\boldsymbol{\tau}_{\mathrm{c}}\operatorname{sgn}(\boldsymbol{\tau}_{\mathrm{h}}) & \dot{\theta}<\varepsilon,\dot{\theta}_{\mathrm{d}}=0\\ \boldsymbol{\tau}_{\mathrm{s}}\operatorname{sgn}(\boldsymbol{\tau}_{\mathrm{h}}) & \dot{\theta}<\varepsilon,\dot{\theta}_{\mathrm{d}}\neq 0\\ \boldsymbol{\tau}_{\mathrm{s}}\operatorname{sgn}(\dot{\theta})+\boldsymbol{\tau}_{\mathrm{v}}(\dot{\theta}) & \dot{\theta}\geqslant\varepsilon\end{cases} \tag{5.34}$$

式中，ε为机器人运行时关节噪声的最大值，因此$\dot{\theta}<\varepsilon$可以视为关节处于静止状态。

这里要注意避免机器人颤抖的问题。由于式（5.34）中的静摩擦$\boldsymbol{\tau}_{\mathrm{s}}$在进行摩擦识别之前是未知的，利用$\dot{\theta}_{\mathrm{d}}$检查关节是否由于$\dot{\theta}$跟随$\dot{\theta}_{\mathrm{d}}$从黏滞区域过渡到滑动区域，即目前关节是否处于静止状态，但$\dot{\theta}_{\mathrm{d}}\neq 0$。由于通过简单的碰撞检测摩擦模型来覆盖大范围关节速度下的摩擦力矩，因此摩擦模型中没有考虑 Dahl 效应和 Stribeck 效应。

2. 基于最小二乘法摩擦模型辨识

如果摩擦模型的参数$\boldsymbol{\tau}_{\mathrm{c}}$和$\boldsymbol{\tau}_{\mathrm{s}}$已知，那么$\boldsymbol{\tau}_{\mathrm{f}}$可以通过编码器测得的速度$\dot{q}$代入动力学模型求得。然而理论上推导这些参数是非常困难的，需要一种识别方案进行估计。如果采用在线识别方案进行碰撞检测，摩擦模型可以通过辨识补偿外部碰撞产生的扭矩，但这种方法可能导致不准确的辨识及在观察外部扭矩时产生错误。因此，离线识别方案成为一种更适合的碰撞检测方法，其中最小二乘法辨识摩擦模型是一种广泛应用的典型的离线技术识别方法。为了辨识式（5.34）中的未知参数，可以按以下回归量形式重新排列式（5.34），得到：

$$\boldsymbol{\tau}_{\mathrm{f}}=\boldsymbol{H\theta} \tag{5.35}$$

式中，$\boldsymbol{H}$为回归矩阵，它是关于τ_{h}和$\dot{q}$的函数，$\boldsymbol{H}=[h_1\operatorname{sgn}\tau_{\mathrm{h}}+h_3\operatorname{sgn}\dot{q}\quad h_2\operatorname{sgn}\tau_{\mathrm{h}}\quad h_3\dot{q}\quad h_3\dot{q}^2\quad h_3\dot{q}]$；$\boldsymbol{\theta}$为未知参数的矢量，$\boldsymbol{\theta}=[\tau_{\mathrm{c}}\quad \tau_{\mathrm{s}}\quad \beta_1\quad \beta_2\quad \beta_3]^{\mathrm{T}}$。其中，$h_1$、$h_2$和$h_3$是摩擦区域的加权系数，表达式如下：

$$\begin{cases}h_1=\begin{cases}1 & |\dot{q}|<\varepsilon,\dot{q}_{\mathrm{d}}=0\\ 0 & \text{其他}\end{cases}\\ h_2=\begin{cases}1 & |\dot{q}|<\varepsilon,\dot{q}_{\mathrm{d}}\neq 0\\ 0 & \text{其他}\end{cases}\\ h_3=\begin{cases}1 & |\dot{q}|\geqslant\varepsilon,\dot{q}_{\mathrm{d}}=0\\ 0 & \text{其他}\end{cases}\end{cases} \tag{5.36}$$

如果在机器人沿给定轨迹运行过程中，能够获得每个时刻的$\boldsymbol{\tau}_{\mathrm{f}}$和$\boldsymbol{H}$，则式（5.36）可以表示为

$$\bar{\boldsymbol{\tau}}_{\mathrm{f}}=\begin{bmatrix}\boldsymbol{\tau}_{\mathrm{f}1}\\ \vdots\\ \boldsymbol{\tau}_{\mathrm{f}i}\\ \vdots\\ \boldsymbol{\tau}_{\mathrm{f}n}\end{bmatrix}=\begin{bmatrix}\boldsymbol{H}_1\\ \vdots\\ \boldsymbol{H}_i\\ \vdots\\ \boldsymbol{H}_n\end{bmatrix}\boldsymbol{\theta}=\bar{\boldsymbol{H}}\boldsymbol{\theta} \tag{5.37}$$

其中，$\boldsymbol{\tau}_{\mathrm{f}}$ 和 $\boldsymbol{H}$ 在时刻 i 时由 $\boldsymbol{\tau}_{\mathrm{f}i}$ 和 $\boldsymbol{H}_i$ 表示，并且 $\bar{\boldsymbol{\tau}}_{\mathrm{f}}$ 和 $\bar{\boldsymbol{H}}$ 是包含多个 $\boldsymbol{\tau}_{\mathrm{f}i}$ 和 $\boldsymbol{H}_i$ 相应值的集合。如果这些集合足够大，则参数 $\boldsymbol{\theta}$ 可以使用最小二乘法识别，表达式如下：

$$\boldsymbol{\theta}=\bar{\boldsymbol{H}}^{-1}\cdot\bar{\boldsymbol{\tau}}_{\mathrm{f}} \tag{5.38}$$

$\bar{\boldsymbol{H}}^{-1}$ 是 $\bar{\boldsymbol{H}}$ 的伪逆矩阵，通过将所辨识的参数 $\boldsymbol{\theta}$ 代入式（5.34），可以利用各关节的摩擦模型来估计摩擦力矩。关节 1 和关节 2 的速度和时间之间的分布关系如图 5.22 和图 5.23 所示，该结论与 Lee 等[19]的实验研究相同。

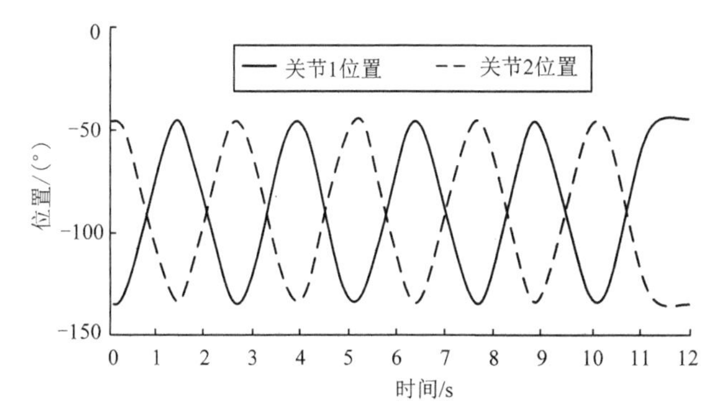

图 5.22　关节位置曲线

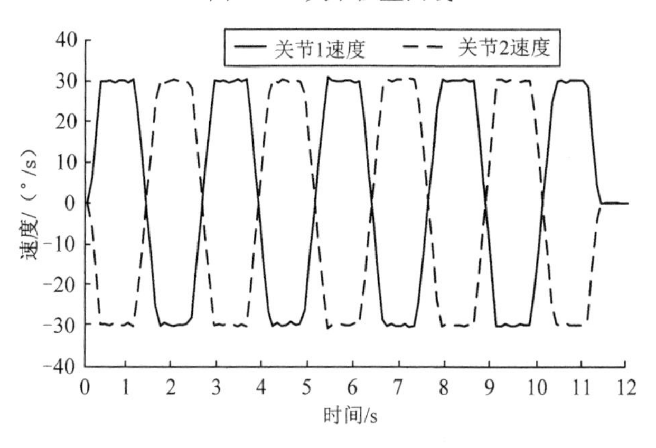

图 5.23　关节速度曲线

机器人运行过程中，关节 1 和关节 2 的摩擦力矩通过最小二乘法进行参数辨识，如图 5.24 所示。图 5.24（a）所示为关节 1 的摩擦力矩经过最小二乘法参数辨识之后的数据优化效果对比，图 5.24（b）所示为关节 2 的摩擦力矩经过最小二乘法参数辨识之后的数据优化效果对比，验证了所建立的摩擦力模型的准确性和参数辨识的有效性。

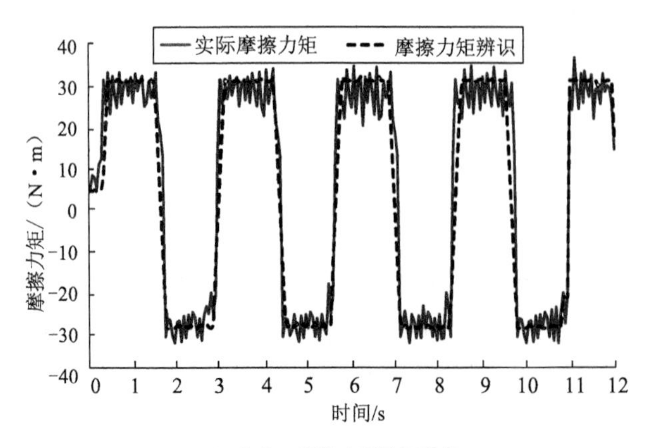

（a）关节 1 摩擦力矩辨识曲线

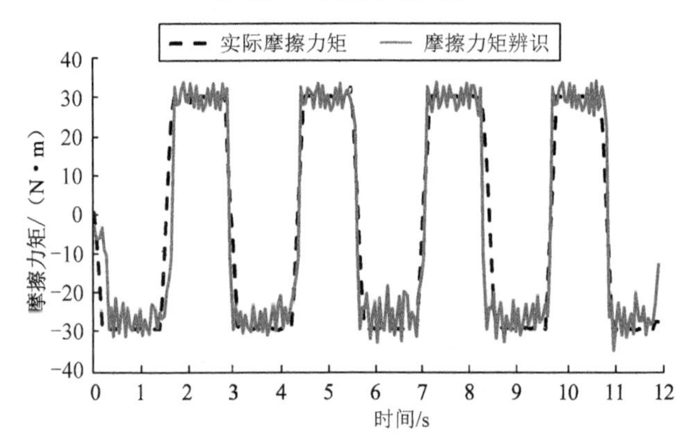

（b）关节 2 摩擦力矩辨识曲线

图 5.24　机器人关节摩擦力矩辨识曲线

5.3.4　基于衡量参数的动态阈值设定

前文已经建立了一阶无前馈广义动量观测器、二阶无前馈广义动量观测器、二阶前馈广义动量观测器 3 种碰撞算法模型，通过 UR5 协作机器人离线数据和 MATLAB Simulink 结合进行仿真分析得出关节力矩变化曲线。为保证人机协作过程中工作人员和机器人本身的安全，必须在检测到外力碰撞之后采取一定的安全反应，但是在这之间存在一个比较重要的衡量参数——阈值，阈值的设定对于碰撞检测的灵敏度有一定的影响。文献[20]和文献[21]中提到了静态阈值的概念，在发生外力碰撞的关节力矩曲线中设定一个固定的范围作为静态阈值 N_{th}，该阈值可以对冲击大的外力进行检测，通过调节阈值范围的大小来决定碰撞的灵敏度。因此，通过观察具体实验数据来调节静态阈值 N_{th} 的范围，并结合广义动量观测器碰撞检测算法推测外力施加的情况。

基于二阶前馈外力观测器，对机器人碰撞响应策略和安全机制进行实验。目前研究机器人对碰撞的判断均是通过静态阈值，以 UR5 协作机器人回程采集数据为例，实验过程中设定 UR5 协作机器人的运行角速度为 $30°/s$，加速度为 $40°/s^2$，由于本节只分析二连杆模型，因此六自由度协作机器人中的肩关节即第一关节，肘关节即第二关节。如

图 5.25 所示，图中曲线分别表示未碰撞状态下第一关节力矩曲线、回程过程碰撞后第一关节力矩曲线及静态阈值曲线。图 5.25（a）中将静态阈值设定为−5～+5，图 5.25（b）中将静态阈值设定为−2～+2，并分别用 3 个圆圈标识摩擦力和碰撞外力两个部位，分别检验未碰撞时采集数据本身的摩擦力矩是否超出范围及碰撞时力矩是否得以检测。

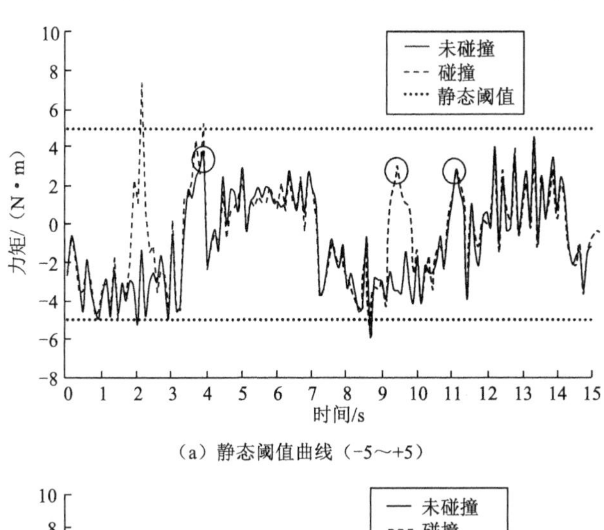

（a）静态阈值曲线（−5～+5）

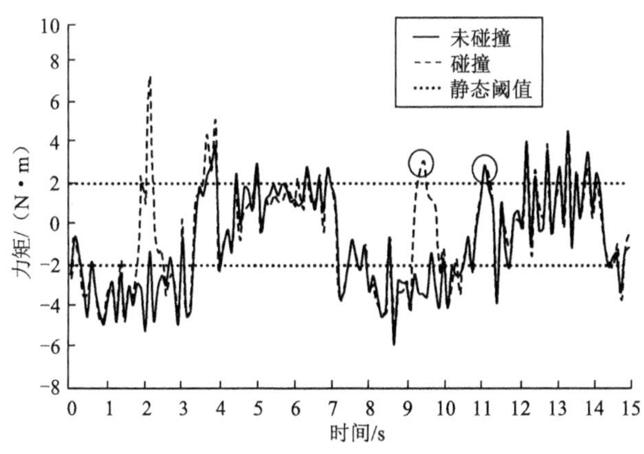

（b）静态阈值曲线（−2～+2）

图 5.25　静态阈值不同范围曲线

由图 5.25 可以看出，设定不同范围的静态阈值并不能准确检测到部分回程碰撞时的力矩突变曲线，易造成误检测。因此，利用 5.3.3 节提到的加权的线性最小二乘滤波方法，选用最优工况设定静态阈值。

观察图 5.26 可知，部分关节摩擦力矩本身已经被加权的线性最小二乘滤波滤除，但是大部分情况还是造成了误检测。为了改善这种状况，设计了一种动态阈值。

在人机协作安全方面，目前关注重点之一是误检测，文献[22]中讨论的静态阈值检测灵敏度低，容易造成误检测，进而给保证人机安全带来不便。为了提高外力碰撞检测的有效性和准确性，根据机器人关节的各种运动参数，借助试凑法设定动态阈值。该动态阈值能准确地检测出机器人运动过程中绝大部分时刻的外力干扰，在此基础上能一定程度避免误检测，更加逼近实际力矩曲线，实现更精准快速的外力作用检测。机器人采集数据的间隔为 0.8s，一组行程和回程路径用时 6s，让机器人以角速度为30°/s、加速度为40°/s^{2}运行几组行程和回程轨迹，输出机器人的关节位置、速度、加速度、动量等参数值，经过实时动态数据推算出各个关节力矩的阈值。当外力观测器估计的力矩值超过设定的动态阈值时，即可判定机器人受到外力碰撞。

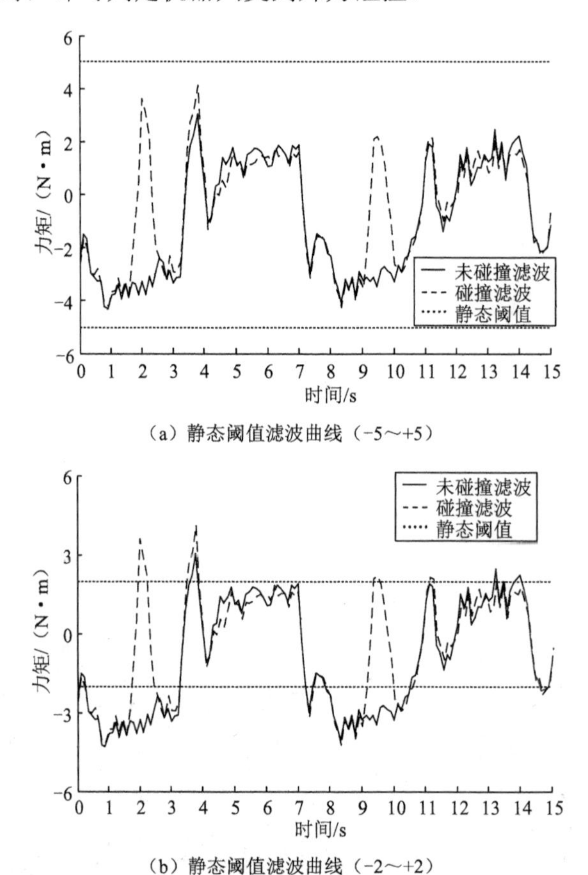

（a）静态阈值滤波曲线（−5～+5）

（b）静态阈值滤波曲线（−2～+2）

图 5.26　静态阈值滤波曲线

图 5.27（a）～（c）分别为大范围动态阈值、小范围动态阈值与适当范围动态阈值曲线。在图 5.27 中也分别用 3 个圆圈标识出了机器人回程过程中关节摩擦力和碰撞外力两个部位，经过分析对比，当选取适当范围的动态阈值时，在能保证准确检测到外力的前提下，还能对机器人本身的部分摩擦力不发生误检测。因此，可以得出碰撞算法式（观测器无前馈），以确保机器人和工作人员的相对安全状况。UR5 协作机器人测量采集数据的间隔为 0.8s，可能在实验过程中存在一定的延迟现象，不能达到绝对的实时控制，因此需要选取合适范围的动态阈值避免误检测或者更快地检测到外力碰撞。

由图 5.27 可以看出，在没有进行滤波的情况下且设定范围相同时，与静态阈值相比，动态阈值可以回避大部分机器人本身产生的摩擦力矩，大大降低误检测，但是仍不能准确检测到部分回程碰撞时及机器人本身摩擦的力矩突变曲线。因此，仍利用常规的加权的线性最小二乘滤波方法，选用最优工况设定动态阈值。

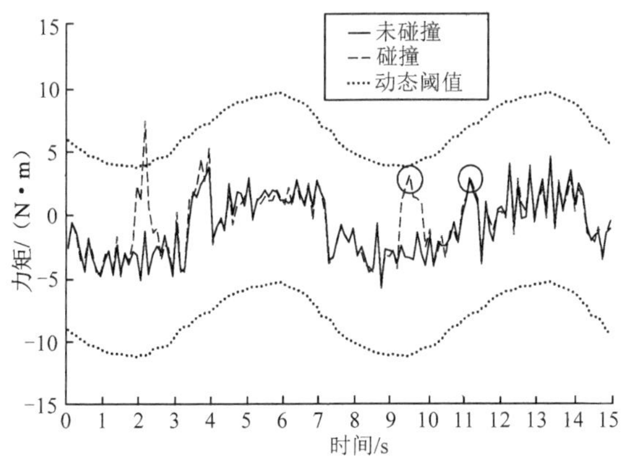

（a）大范围动态阈值曲线

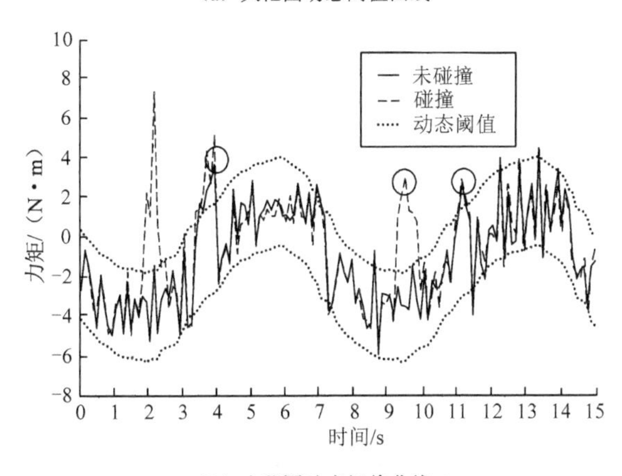

（b）小范围动态阈值曲线

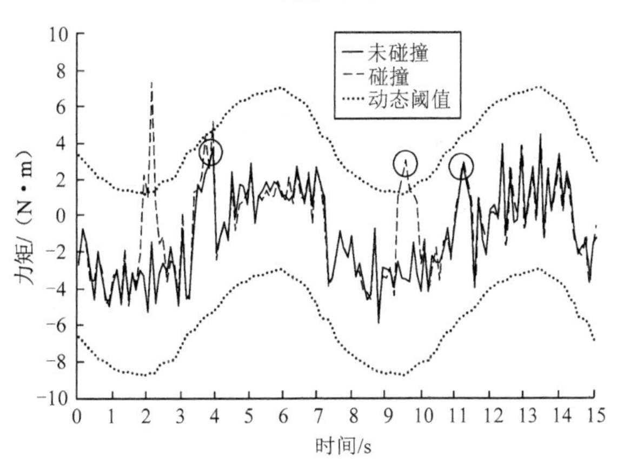

（c）适当范围动态阈值曲线

图 5.27　动态阈值曲线

如图 5.28 所示，设定碰撞检测动态阈值，能够检测到低于动态阈值力矩曲线波动范围的碰撞外力，还可以避免力矩正常波动超出阈值范围造成的误检测，提高外力检测的精确性。

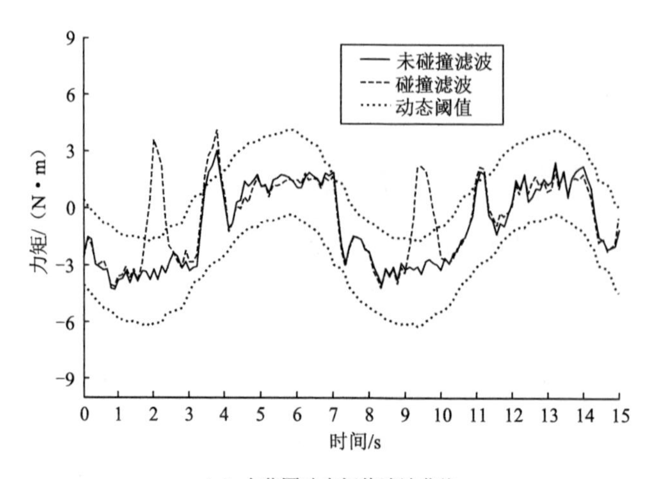

（a）小范围动态阈值滤波曲线

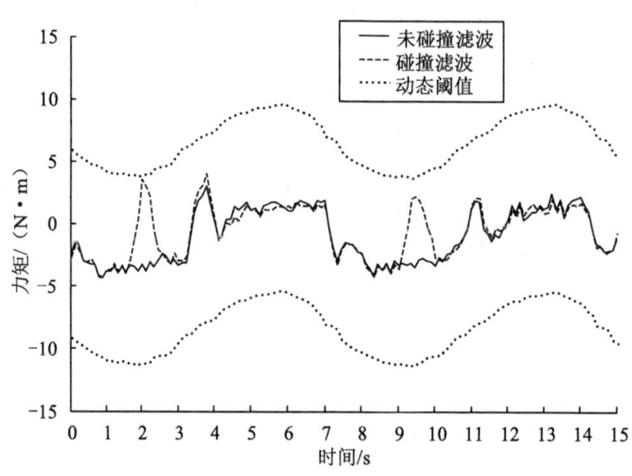

（b）大范围动态阈值滤波曲线

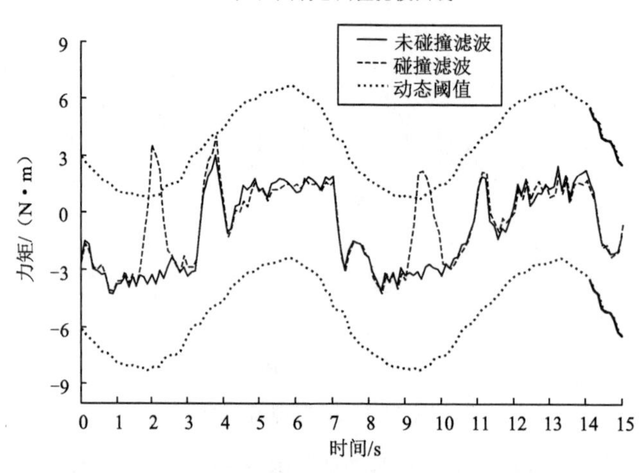

（c）适当范围动态阈值滤波曲线

图 5.28　动态阈值滤波曲线

5.4　协作机器人碰撞检测实验研究

协作机器人领域的应用平台越来越广泛，为了提高协作机器人碰撞检测算法的准确性和可靠性，引入协作机器人操作平台作为研究对象[23]，对设计的改进广义动量观测器碰撞检测算法及外力作用位置检测进行有效性验证。

由于碰撞检测算法的有效性和实时性与采集数据有关，因此主要通过系统平台并结合协作机器人进行在线数据采集[24]，同时将基于二阶有前馈广义动量观测器碰撞算法加到机器人运行过程中[25]，方便对参数的设置和实时控制。通过雅可比矩阵映射关系对碰撞外力的位置和大小进行判定识别，针对柔性关节机器人及外力干扰进行受力分析，最后针对机器人碰撞检测的实验结果进行分析。

5.4.1　协作机器人碰撞检测平台

在人机协作过程中，首先要保证工作人员和协作机器人的安全，因此机器人在人机协作过程中进行碰撞检测是非常重要的。本节提出基于二阶前馈的广义动量观测器的碰撞检测算法及动态阈值并借助六自由度协作机器人进行实验验证。UR5 协作机器人具有灵活、轻便、安全的优质特点，可以用于人机交互、工业生产等领域，目前 UR5 协作机器人已经广泛应用在工业生产线领域[26-29]。利用六自由度 UR5 协作机器人平台进行碰撞实验，对碰撞检测算法的实用性和准确性进行实验验证。UR5 协作机器人的尺寸参数已在第 4 章介绍，这里不再赘述。

5.4.2　外力干扰实验验证分析

为了验证优化后的外力观测器在实际应用过程中是否能够准确检测协作机器人与障碍物碰撞情况，在六自由度协作机器人平台上开展了验证工作。

1. 基于 UR5 协作机器人平台的碰撞检测实验

实验采用的 UR5 协作机器人中包含谐波减速器和中空电机，其中机器人关节谐波减速器的减速比设定为 100，在操作 UR5 协作机器人运动时，设置为低速状态下进行回程和行程的往复运动，其中设定 UR5 协作机器人的角速度为 30°/s，加速度为 40°/s^2。采集各个关节的电流和力矩值，以及整个机器人系统的动量值，采集时间间隔为 0.8s，控制周期为 100s。

该 UR5 协作机器人平台包含 6 个转动关节，这 6 个转动关节的转动轴并没有分布在同一平面内。由于本次实验不涉及机器人冗余情况，因此只进行平面二自由度机器人的实验分析。将机器人底座 1、4、5 与末端关节（UR5 协作机器人的基座关节、腕关节 1、腕关节 2 及腕关节 3）位置锁定，在采集信息时，只分析肩关节和肘关节（机器人的第二关节和第三关节）的实验数据。其中，实验分为行程和回程，机器人运行轨迹如图 5.29 所示，通过肩关节和肘关节的采集数据进行碰撞检测。以下描述均以简易二连杆一关节和二关节来代替 UR5 协作机器人的肩关节和肘关节，作为简化二连杆机器人的实验验证平台。实验分别在一杆、二杆行程和回程时用相同作用点、相同外力进行干扰实验，将本小节研究的二阶有前馈广义动量观测器和动态阈值放到C++语言中进行算法控制，如图5.30所示。

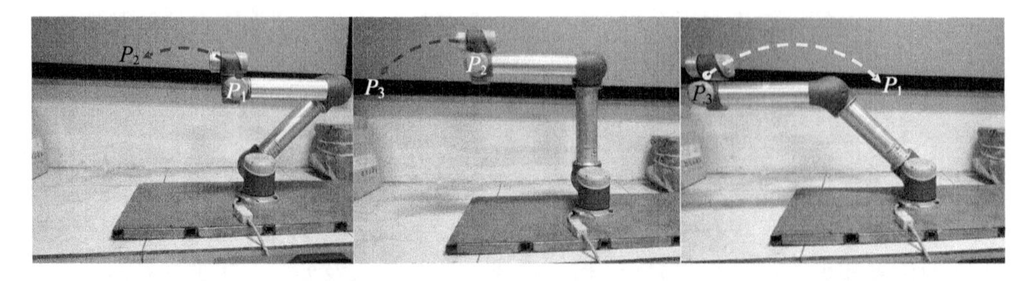

图5.29　机器人运动轨迹

（a）控制柜

（b）未碰撞机器人

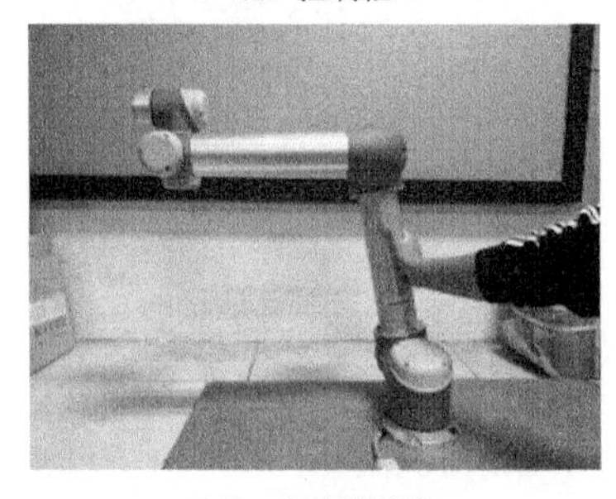

（c）一杆行程碰撞

（d）一杆回程碰撞

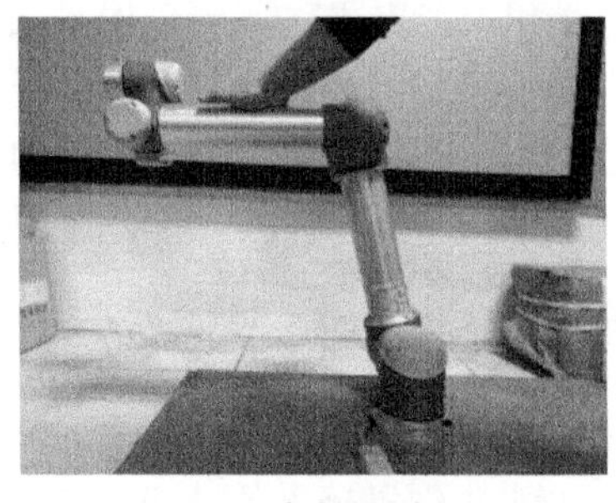

（e）二杆行程碰撞

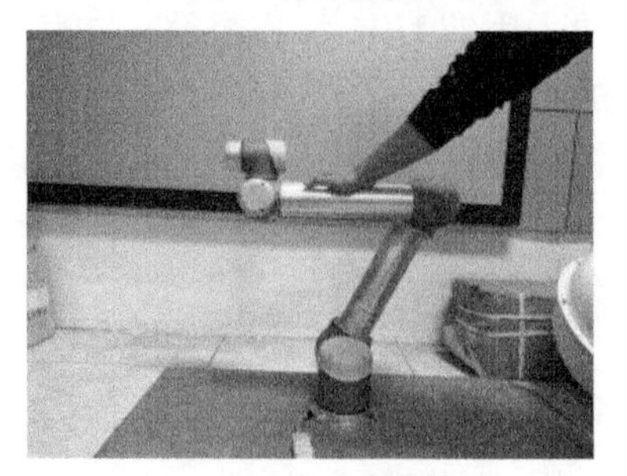

（f）二杆回程碰撞

图5.30　实验平台

2. 计及外力干扰碰撞检测实验

本次实验分别对 UR5 协作机器人一杆和二杆施加外力，分别得出一杆受力和二杆受力时机器人一关节和二关节力矩曲线，如图 5.31 和图 5.32 所示。

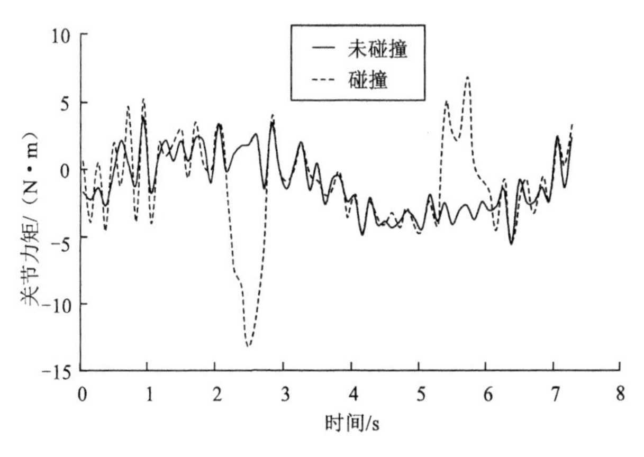

（a）一杆碰撞一关节力矩曲线

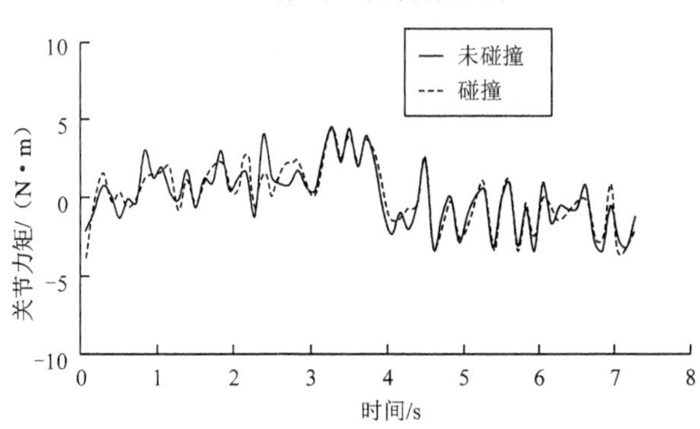

（b）一杆碰撞二关节力矩曲线

图 5.31　一杆碰撞曲线

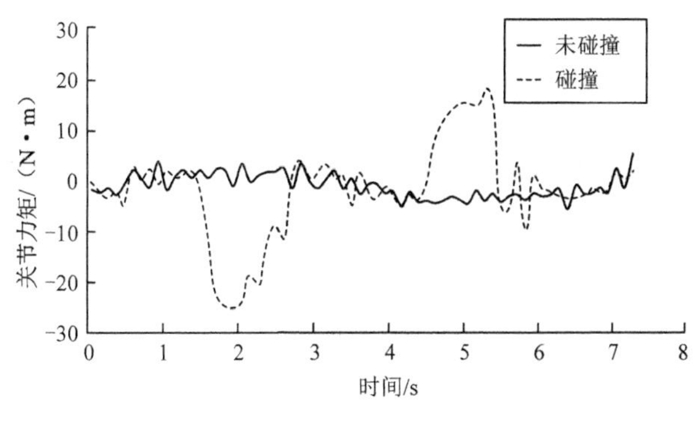

（a）二杆碰撞一关节力矩曲线

图 5.32　二杆碰撞曲线

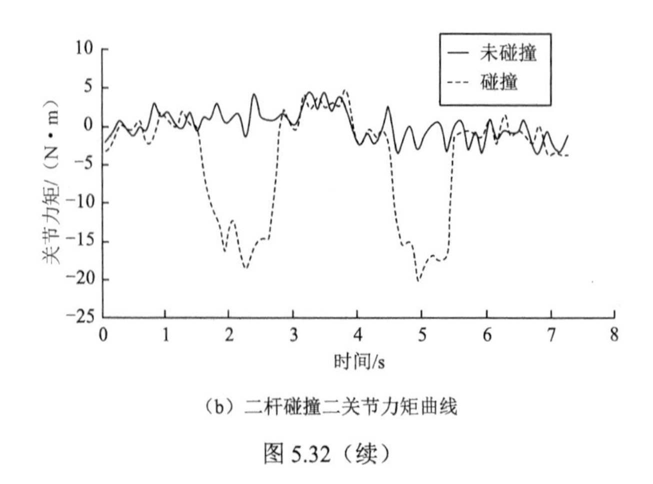

（b）二杆碰撞二关节力矩曲线

图 5.32（续）

通过对实验曲线的观察分析，发现在机器人二杆上加外力碰撞时，二连杆第一关节和第二关节的关节力矩均有明显的变化。在碰撞一杆时，二连杆第一关节的力矩有明显的变化，而二连杆的第二关节力矩变化并不明显，由此对观测和所提及的外力识别验证进行了核实。

由实验数据可以看出，当机器人在运动过程中与外部发生碰撞时，基于优化外力观测器和滤波结构的观测力矩值会发生突变。改变机器人不同运动状态下的碰撞位置，得到的观测器力矩曲线的波动趋势也有所区别。观测力矩变化值的大小和波动方向，发现其与机器人的碰撞位置和碰撞时的位姿有关。

5.4.3 碰撞检测位置实验研究

协作机器人外力作用位置的识别判定需要各关节信息的映射关系，已有碰撞检测算法研究包括借助外部力矩传感器的碰撞检测和相邻时刻各关节的电流数据检测。借助外部力矩传感器的碰撞检测不仅会增加机器人的制造成本，同时增大了机器人布线的复杂程度；相邻时刻各关节的电流数据检测通过将电流变化差值与设定好的阈值进行对比来检测外力干扰，此方法容易在协作机器人运动过程换向时造成误检测，所以需要一种碰撞检测算法以避开这些不足来判定协作机器人外力作用位置。

本节主要通过雅可比矩阵映射关系对碰撞外力进行判定识别，首先建立各个关节浮动坐标系和基坐标系之间的雅可比矩阵关系，然后加入外力干扰对二连杆进行受力分析，每个关节均有对应前述章节提出的二阶前馈广义动量观测器算法的输出值 r，根据各个关节观测器的输出值判定是否有外力碰撞。

1. 计及外力干扰的二连杆受力分析

在机器人动力学建模过程中，末端速度、各关节速度、角速度之间存在一定的映射关系，在表述末端与各关节速度关系时一般采用封闭矢量法，末端与各关节角速度关系一般使用微分变换法或矢量积法求得。在如图 5.33 所示的二连杆动力学模型中，雅可比矩阵呈现出各关节速度与末端速度及加速度的映射关系。

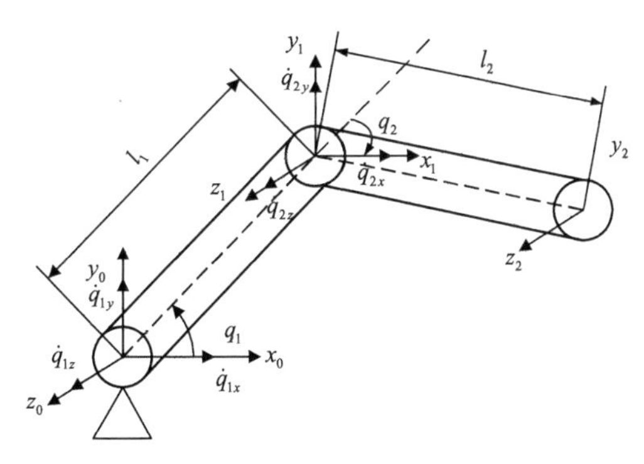

图 5.33　二连杆动力学模型

机器人简易二连杆末端坐标为(x,y)，一杆的长度为l_1，二杆的长度为l_2，雅可比矩阵为三行两列的矩阵，其中前两行为速度雅可比矩阵，第三行为角速度雅可比矩阵。

$$\begin{cases} x = l_1 \cos q_1 + l_2 \cos(q_1 + q_2) \\ y = l_1 \sin q_1 - l_2 \sin(q_1 + q_2) \end{cases} \tag{5.39}$$

$$\begin{bmatrix} d_x \\ d_y \end{bmatrix} = \begin{bmatrix} -l_1 \sin q_1 - l_2 \sin(q_1 + q_2) & -l_2 \sin(q_1 + q_2) \\ l_1 \cos q_1 - l_2 \cos(q_1 + q_2) & -l_2 \cos(q_1 + q_2) \end{bmatrix} \begin{bmatrix} dq_1 \\ dq_2 \end{bmatrix} \tag{5.40}$$

$$\begin{bmatrix} \omega_x \\ \omega_y \\ \omega_z \end{bmatrix} = \begin{bmatrix} 0 & 0 \\ 0 & 0 \\ 1 & 1 \end{bmatrix} \begin{bmatrix} dq_1 \\ dq_2 \end{bmatrix} \tag{5.41}$$

式中ω_x、ω_y、ω_z分别为机器人末端在基坐标系中绕x_0、y_0、z_0坐标轴旋转的角速度。

由式（5.41）得$\boldsymbol{\omega} = \boldsymbol{J}_\omega \dot{\boldsymbol{q}}$，$\boldsymbol{\omega} = \begin{bmatrix} \omega_x & \omega_y & \omega_z \end{bmatrix}$，其中$\dot{\boldsymbol{q}}$为机器人的关节的速度，$\boldsymbol{J}_\omega$为角速度雅可比矩阵。

综上，雅可比矩阵可表示为

$$\boldsymbol{J}(q) = \begin{bmatrix} -l_1 \sin q_1 - l_2 \sin(q_1 + q_2) & -l_2 \sin(q_1 + q_2) \\ l_1 \cos q_1 - l_2 \cos(q_1 + q_2) & -l_2 \cos(q_1 + q_2) \\ 1 & 1 \end{bmatrix} \tag{5.42}$$

在对 UR5 协作机器人实验平台受力分析的研究过程中，只采集第二关节和第三关节的相关参数数据作为研究对象，所以在对机器人进行受力分析时将六自由度协作机器人简化为具有平面二自由度的二连杆，分别在一杆和二杆施加一定的外力，观察外部碰撞力$\boldsymbol{F}$分别发生在一杆和二杆时对两个连杆的受力作用，其受力分析如图 5.34 和图 5.35 所示。假设两个连杆的杆长分别为l_1、l_2，在简易二连杆模型中建立坐标系，X_0Y为基坐标系，X_1Y和X_2Y为浮动坐标系[30]，又分别作为第一坐标系和第二坐标系。由此可以得知外力$\boldsymbol{F}$的作用点在相应的坐标系下的位置，其中$\boldsymbol{F}$作用在第一连杆时，作用点在第一坐标系下的位置坐标为X_1；$\boldsymbol{F}$作用在第二连杆时，作用点在第二坐标系下的位置坐标为X_2。杆件的关节端质量为M_1、M_2、M_3；杆件的质量在各自的质心处，质量分别为m_1、m_2。下面对两个均质杆的不同位置的外力碰撞进行详细的受力分析。

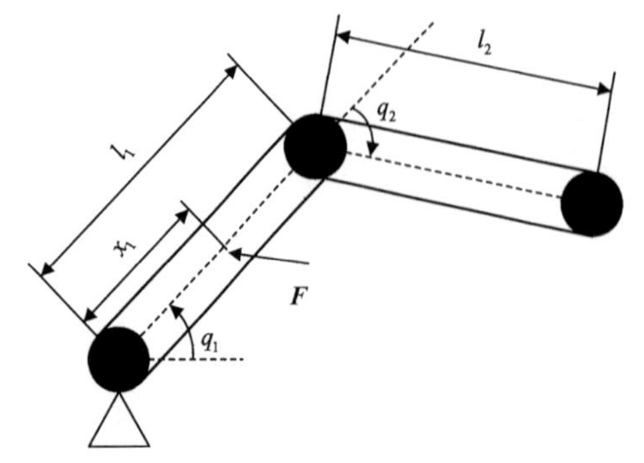

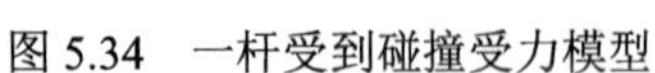
图 5.34　一杆受到碰撞受力模型

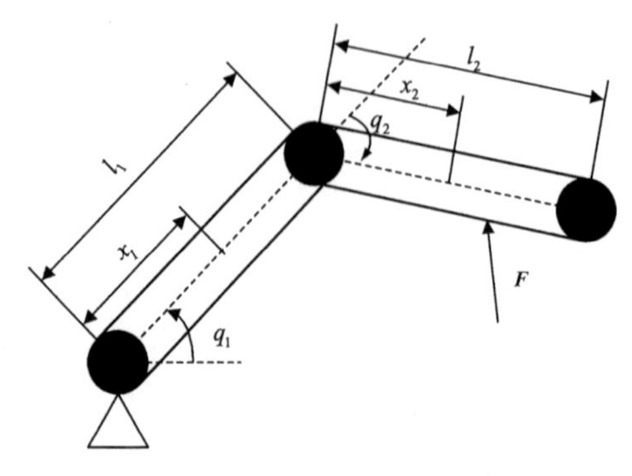

图 5.35　二杆受到碰撞受力模型

下面对机器人二连杆简易模型各个杆件受力情况进行分析，其中碰撞外力分别作用在一杆和二杆。图 5.36 中加粗的杆件为进行受力分析的杆件，受力分析时二连杆均处于同一位姿以便观察受力变化。图 5.36（a）～（c）分别表示碰撞外力 $\boldsymbol{F}$ 发生在二连杆中每个杆件对应的浮动坐标系下时一杆、二杆的受力分析，其中 x_2 代表碰撞外力在二连杆上外力作用点映射到二杆浮动坐标系即第二坐标系的横坐标位置，$\boldsymbol{F}_{x_2}$ 、$\boldsymbol{F}_{y_2}$ 表示碰撞外力 $\boldsymbol{F}$ 映射在浮动坐标系 X_2Y 上的分量；x_1 代表碰撞外力在二连杆上外力作用点映射到一杆浮动坐标系即第一坐标系的横坐标位置，$\boldsymbol{F}_{x_1}$ 、$\boldsymbol{F}_{y_1}$ 为碰撞外力 $\boldsymbol{F}$ 在浮动坐标系 X_1Y 上的分量。

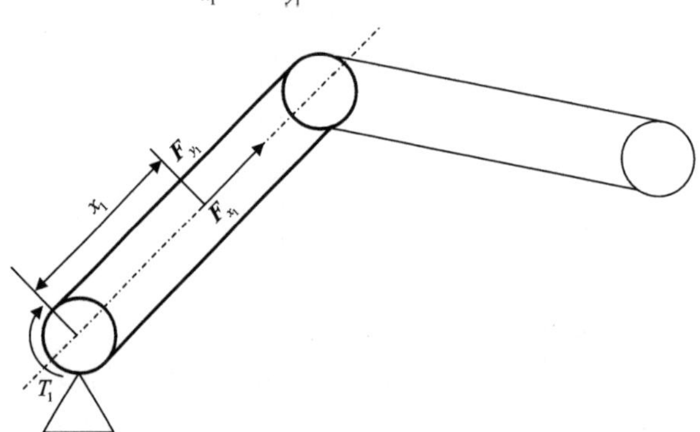

（a）碰撞作用在一杆时一杆受力分析

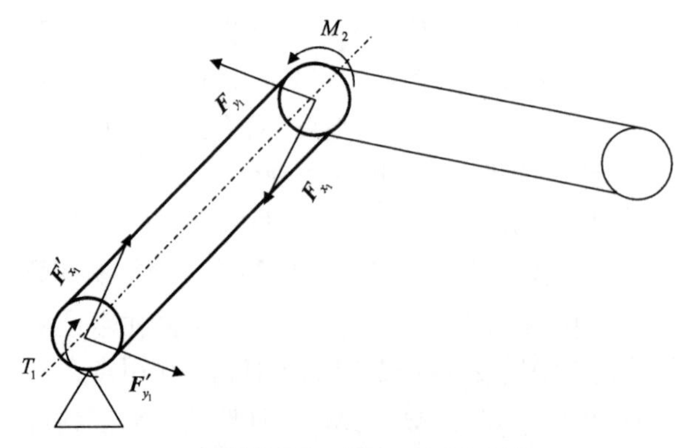

（b）碰撞作用在二杆时一杆受力分析

图 5.36　二连杆受力分析

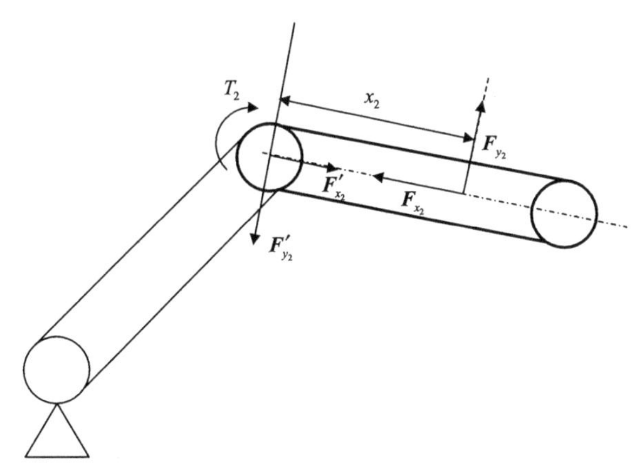

（c）碰撞作用在二杆时二杆受力分析

图 5.36（续）

根据力的平衡原理及相互作用力原理可得

$$\begin{cases} \boldsymbol{F}_{y_1} = \boldsymbol{F}_{y_2} = \boldsymbol{F}'_{y_1} = \boldsymbol{F}'_{y_2} \\ \boldsymbol{F}_{x_1} = \boldsymbol{F}_{x_2} = \boldsymbol{F}'_{x_1} = \boldsymbol{F}'_{x_2} \end{cases} \tag{5.43}$$

在机器人发生碰撞时，若要得到碰撞外力具体的施加位置和施加外力大小，需要在确定机器人与外界发生碰撞时解决机器人碰撞杆件判定和识别问题，这就意味着需要机器人通过明确碰撞连杆 l_i 得出与碰撞相关的外力接触点 x_c 。这里研究的碰撞情况仅限于碰撞外力作用在机器人杆件一处位置，并不对发生多处外力碰撞情况进行分析推导，文献[1]的研究中给出了机器人多处连杆发生外力碰撞情况的检测判定方法。

下面以机器人简易二连杆碰撞实验为例，对碰撞外力作用情况进行具体分析，同时对碰撞外力分别作用于不同臂杆的情况进行分析，以此验证所提出的二阶前馈广义动量观测器碰撞检测算法与等效外力映射关系的准确性。

文献[31]通过模糊神经网络进行分析，但是需要很复杂的数据训练，并且需要采集很多数据；文献[32]中通过力矩传感器进行外力识别，这种方法虽然简易准确，但是大大增加了成本。为了在减少成本及采集复杂度的基础上精确地识别外力，通过基于模型方法推导外力的位置及大小，首先利用柔性关节机器人动力学模型，再构造机器人雅可比矩阵。其中，结合虚位移原理求得

$$\begin{cases} \boldsymbol{\tau}^{\mathrm{T}} \times \Delta q + (-\boldsymbol{F})^{\mathrm{T}} \times \Delta x = 0 \\ \boldsymbol{X} = \boldsymbol{X}(q) \\ \dot{\boldsymbol{x}} = \boldsymbol{J}(q)\dot{\boldsymbol{q}} \end{cases} \tag{5.44}$$

式中，$\dot{\boldsymbol{x}}$ 为机器人发生碰撞时作用位置的速度；$\dot{\boldsymbol{q}}$ 为机器人发生外力碰撞时各关节的角速度；$\boldsymbol{J}(q)$ 为雅可比矩阵，该矩阵表示机器人关节到杆件接触力处的速度映射的线性转换。

由此得出

$$\boldsymbol{\tau}_{\mathrm{ext}} = \boldsymbol{J}^{\mathrm{T}} \times \boldsymbol{F} \tag{5.45}$$

2. 机器人各关节等效外力映射关系建立

在确定应用基于模型方法来判定外力碰撞位置后，可以针对多个关节机器人的观测器残余矢量值进行外力识别。每一个关节都会通过已经验证的二阶前馈广义动量观测器得出相应的残余矢量，利用这些残余矢量并结合阈值的设定，可以准确识别机器人的碰撞杆位置；再通过上一节提出的雅可比映射模型，可以推导出碰撞外力的大小。假设机器人是一个开放的串联运动链，如果发生碰撞杆件 k 的位置为

$$\begin{cases} r_i(t) \neq 0 & i = 1,2,\cdots,k \\ r_j(t) = 0 & i = k+1, k+2, \cdots, k+n \end{cases} \tag{5.46}$$

实际上，对于外力和机器人本身接触的时间间隔，广义动量观测器残余矢量值在机器人执行工作时仅受到外部物理接触力的影响，并不包含那些由本身关节电动机的运动平衡引起的因素。假设外力作用点为 d 点，在研究中得到碰撞作用力远端杆件（超出杆件 k）的广义动量观测器残余矢量肯定不会受影响，每个碰撞作用力近端杆件（在杆件 k 范围内）残余矢量测得的外接触力 $\boldsymbol{F}_{\mathrm{d}}$ 对笛卡儿广义动量的敏感性通常随着机器人参数的变化而变化，与文献[33]研究相似。通过讨论平面二自由度机器人中的简单案例，接下来展示如何提取接触力的位置和幅度及单点碰撞有关的最大影响信息，以下情况分析是通过雅可比矩阵变换来表述外力碰撞笛卡儿力及对应的关节扭矩。参考图 5.34 和图 5.35 的双连杆平面二自由度机器人，外部碰撞力 $\boldsymbol{F}_{\mathrm{d}} = (\boldsymbol{F}_{\mathrm{d}x}, \boldsymbol{F}_{\mathrm{d}y})$ 可能出现在第一个连杆上的点 $\boldsymbol{P}_{\mathrm{d1}}$，距离第一个连杆关节 1 的距离为 x_1；或者在第二个连杆上的点 $\boldsymbol{P}_{\mathrm{d2}}$ 处，距离第二个连杆关节 2 的距离为 x_2。

在第一种情况下，外力映射关系表示为

$$\boldsymbol{\tau}_{\mathrm{ext1}} = \boldsymbol{J}_{\mathrm{ext1}}^{\mathrm{T}}(q)\boldsymbol{F}_{\mathrm{ext}} = \boldsymbol{J}_{\mathrm{ext1}}^{\mathrm{T}}(q)\,{}^{0}\boldsymbol{R}_1(q_1)\,{}^{1}\boldsymbol{F}_{\mathrm{ext}} = \begin{bmatrix} -x_1 \sin q_1 & 0 \\ x_1 \cos q_1 & 0 \end{bmatrix} \begin{bmatrix} \boldsymbol{F}_{\mathrm{ext}x} \\ \boldsymbol{F}_{\mathrm{ext}y} \end{bmatrix} \tag{5.47}$$

式中，${}^{0}\boldsymbol{R}_i$ 是从基坐标系到第 i 个关节对应的浮动坐标系上的旋转变换矩阵。

式（5.46）和式（5.47）表明预期状况下 $\boldsymbol{r}_2$ 将不受影响，而 $\boldsymbol{r}_1$ 只会被垂直于连杆力分量矢量所影响。显而易见，接触外力的确切位置和幅度大小无法单独识别。

在第二种情况下，外力映射关系表示为

$$\begin{aligned} \boldsymbol{\tau}_{\mathrm{ext2}} &= \boldsymbol{J}_{\mathrm{ext2}}^{\mathrm{T}}(q)\boldsymbol{F}_{\mathrm{ext}} \\ &= \boldsymbol{J}_{\mathrm{ext2}}^{\mathrm{T}}(q)\,{}^{0}\boldsymbol{R}_2(q_1,q_2)\,{}^{2}\boldsymbol{F}_{\mathrm{ext}} \\ &= \begin{bmatrix} -l_1 \sin q_1 - x_2 \sin(q_1+q_2) & -x_2 \sin(q_1+q_2) \\ l_1 \cos q_1 - x_2 \cos(q_1+q_2) & -x_2 \cos(q_1+q_2) \end{bmatrix}^{\mathrm{T}} \begin{bmatrix} \boldsymbol{F}_{\mathrm{ext}x} \\ \boldsymbol{F}_{\mathrm{ext}y} \end{bmatrix} \end{aligned} \tag{5.48}$$

残余矢量 $\boldsymbol{r}_2$ 将始终只受到垂直于连杆碰撞分力的影响，而残余矢量 $\boldsymbol{r}_1$ 一般会通过碰撞接触力的法向分力和切向分力进行运算。式（5.47）和式（5.48）可以在无须外部传感器的情况下从二阶有前馈广义动量外力观测器的残余矢量值中提取最大的碰撞外力信息，有关碰撞特性的其他数据可用于进一步识别。若仅在机器人末端效应器上发生碰撞，则相当于情况特殊化，在式（5.48）中，很显然 $x_2 = l_2$，根据式（5.46）和式（5.48）来识别两个分量$({}^{2}\boldsymbol{F}_{\mathrm{ext}x}, {}^{2}\boldsymbol{F}_{\mathrm{ext}y})$。

式（5.48）中的 $\boldsymbol{F}_{\text{ext}}$ 为作用点的碰撞外力，碰撞作用力经过映射转换到关节的力分解为 $\boldsymbol{F}_x$、$\boldsymbol{F}_y$、$\boldsymbol{\tau}_z$。综合以上各式可得

$$\begin{bmatrix}\boldsymbol{\tau}_x\\ \boldsymbol{\tau}_y\end{bmatrix}=\begin{bmatrix}-l_1\sin q_1-l_2\sin(q_1+q_2) & -l_2\sin(q_1+q_2)\\ l_1\cos q_1-l_2\cos(q_1+q_2) & -l_2\cos(q_1+q_2)\\ 1 & 1\end{bmatrix}^{\mathrm{T}}\begin{bmatrix}\boldsymbol{F}_{x_2}\\ \boldsymbol{F}_{y_2}\\ \boldsymbol{\tau}_z\end{bmatrix} \tag{5.49}$$

$$\boldsymbol{T}_i=\boldsymbol{A}_1\boldsymbol{A}_2\cdots\boldsymbol{A}_i=\begin{bmatrix}\boldsymbol{R}^{3\times3} & \boldsymbol{p}^{3\times1}\\ 0 & 1\end{bmatrix} \tag{5.50}$$

该变换矩阵是第 i 个杆相对于基坐标系的齐次变换。于是

$$\boldsymbol{F}_i=\boldsymbol{T}_i\boldsymbol{F}=\boldsymbol{A}_1\boldsymbol{A}_2\cdots\boldsymbol{A}_i\boldsymbol{F} \tag{5.51}$$

3. 碰撞外力识别实验研究

本次碰撞外力识别实验分别将碰撞外力作用到六自由度协作机器人的一杆和二杆上，在进行碰撞实验的过程中，UR5 协作机器人处于低速运行状态，其中设定 UR5 协作机器人的角速度为 30°/s，加速度为 40°/s²。让机器人保持设定的运动参数进行往复运动，采集机器人肘关节和肩关节的电流和力矩数值，以及整个机器人系统的动量值。将采集时间间隔设定为 0.8s，运动控制周期设定为 100s，以其中两组循环产生的数据值进行对比分析。如图 5.37 所示，图中实线为关节未碰撞时的力矩数据值，虚线为关节发生碰撞后的力矩数据值。图 5.37 所示为碰撞机器人一杆和二杆时对机器人关节 1 和关节 2 的变化状态进行分析的结果。

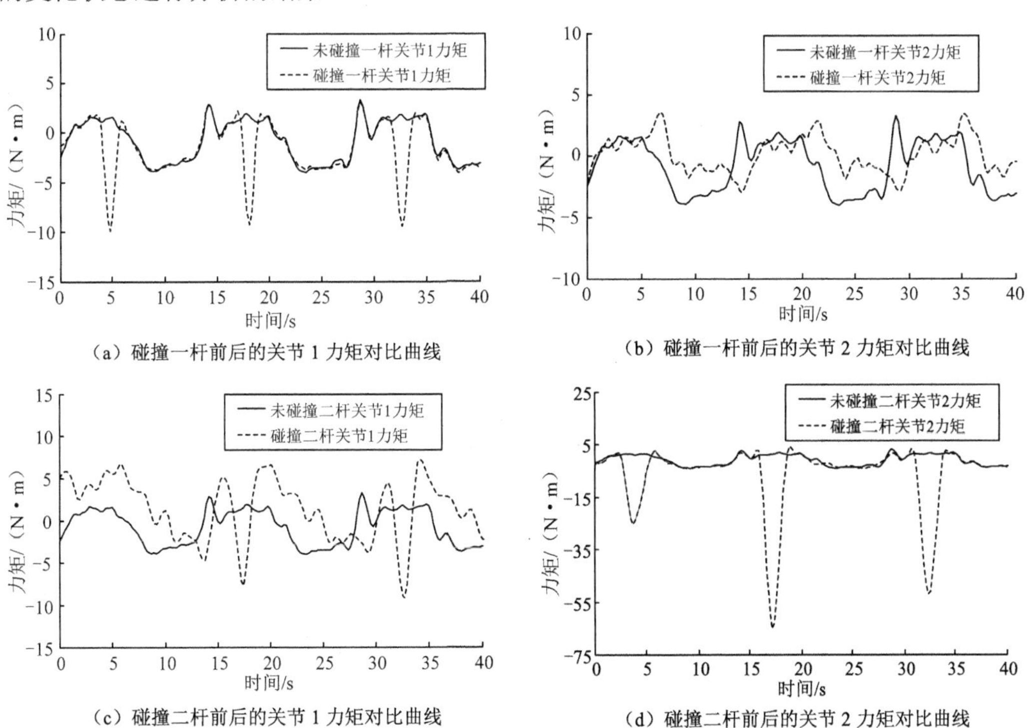

（a）碰撞一杆前后的关节 1 力矩对比曲线　　（b）碰撞一杆前后的关节 2 力矩对比曲线

（c）碰撞二杆前后的关节 1 力矩对比曲线　　（d）碰撞二杆前后的关节 2 力矩对比曲线

图 5.37　机器人碰撞前后关节力矩对比曲线

图 5.37（a）为机器人关节 1 在碰撞一杆前后的力矩对比曲线，该力矩是经过加权的线性最小二乘滤波法进行参数优化后的数据曲线，虽然数据曲线仍存在微小波动，但误差在合理范围内；图 5.37（b）为机器人关节 2 在碰撞一杆前后的力矩对比曲线；图 5.37（c）为机器人关节 1 在碰撞二杆前后的力矩对比曲线；图 5.37（d）为机器人关节 2 在碰撞二杆前后的力矩对比曲线。通过对图 5.37 的 4 组力矩对比曲线进行观测，根据图 5.37（a）和（b）碰撞前后关节力矩的曲线变化情况，可得在碰撞一杆时对机器人关节 1 比关节 2 的力矩影响更明显；而且通过图 5.37（b）可以看出，碰撞一杆前后关节 2 力矩变化不显著。对比图 5.37（c）和（d）曲线，可得机器人碰撞二杆时关节 1 和关节 2 的力矩均有显著变化，只不过作用杆件所对应的关节 2 力矩变化更明显。综合分析可得，碰撞作用力远端杆件（超出杆件 k）的关节力矩不会受影响，验证了碰撞外力判定理论的有效性和准确性。

本 章 小 结

智能制造工业生产线面临复杂多样的操作环境，人机协作机器人成为智能制造的一部分。本章以六自由度协作机器人平台为研究对象，在未安装外力力传感器和扭矩传感器情况下，以双编码器关节为前提，基于动力学模型和广义动量设计了一种外力观测器碰撞检测算法，对检测碰撞外力的灵敏度和准确性有显著提升；并且基于摩擦力模型设定了动态阈值，能准确地检测出协作机器人运动过程中各个时刻的大部分的外力干扰及大小；最后应用 UR5 协作机器人平台验证了优化后的外力观测器与动态阈值的有效性。

参 考 文 献

[1] DE LUCA A, MATTONE R. Sensorless robot collision detection and hybrid force/motion control[C]// IEEE International Conference on Robotics and Automation. Roma: IEEE, 2005: 999-1004.

[2] HADDADIN S , ALBUSCHÄFFER A, LUCA A D , et al. Collision detection and reaction: A contribution to safe physical Human-Robot Interaction[C]// IEEE/RSJ International Conference on Intelligent Robots and Systems. Nice: IEEE, 2008: 3356-3363.

[3] 吴海彬，李实懿，吴国魁．基于动量偏差观测器的机器人碰撞检测算法[J]．电机与控制学报，2015，19(5)：97-104．

[4] 张建华，蔡灿，刘璇，等．一种基于外力观测器的机械臂安全碰撞策略[P]．CN108772838A．2018-11-09．

[5] 钟琮玮，项基，韦巍，等．基于扰动观测器的机械手碰撞检测与安全响应[J]．浙江大学学报（工学版），2012，46(6)：1115-1121．

[6] LEE S D, SONG J B. Collision detection of humanoid robot arm under model uncertainties for handling of unknown object[C]// IEEE-RAS International Conference on Humanoid Robots. Seoul: IEEE, 2015, 11(3): 718-721.

[7] 颜晗，王晓撰，刘智光，等．在人机协作中基于动量观测和优化算法的全机械臂单点接触信息实时估计[J]．机器人，2018，40(4)：393-400．

[8] WAHRBURG A, BÖS J, LISTMANN K D, et al. Motor-current-based estimation of cartesian contact forces and torques for robotic manipulators and its application to force control[J]. IEEE Transactions on Automation Science and Engineering, 2018, 15(2): 879-886.

[9] 王良勇，杨枭．带有前馈和神经网络补偿的机械手系统轨迹跟踪控制[J]．电机与控制学报，2013，17(8)：113-118．

[10] ANTONOV S, FEHN A, KUGI A. Unscented Kalman filter for vehicle state estimation[J]. Vehicle System Dynamics, 2011, 49(9): 1497-1520.

[11] 施树明，HENK L，PAUL B，等．基于模糊逻辑的车辆侧偏角估计方法[J]．汽车工程，2005(4)：426-430．

[12] WENZEL T A, BURNHAM K J, BLUNDELL M V, et al. Dual extended Kalman filter for vehicle state and parameter estimation[J]. Vehicle System Dynamics, 2006, 44(2): 153-171.

[13] FREY W, SAJIDMAN M, KUNTZE H B. Fuzzy logic supervisory control of a strongly disturbed batch process[C]// European Control Conference. Karlsruhe: IEEE, 1999: 2566-2571.

[14] 续秀忠，华宏星，陈兆能．基于环境激励的模态参数辨识方法综述[J]．振动与冲击，2002(3)：3-7，91．

[15] 丁亚东．工业机器人动力学参数辨识[D]．南京：南京航空航天大学，2015．

[16] 王文，林铿，高贯斌，等．关节臂式坐标测量机角度传感器偏心参数辨识[J]．光学精密工程，2010，18(1)：135-141．

[17] 娄玉冰，王东署．基于最优激励轨迹的 RRR 机械臂动力学参数辨识[J]．郑州大学学报（理学版），2011，43(3)：108-112．

[18] 张虎，李正熙，童朝南．基于递推最小二乘算法的感应电动机参数离线辨识[J]．中国电机工程学报，2011，31(18)：79-86．

[19] LEE S D, SONG J B. Sensorless collision detection based on friction model for a robot manipulator[J]. International Journal of Precision Engineering and Manufacturing, 2016, 17(1): 11-17.

[20] JE H W, BAEK J Y , LEE M C. A study of the collision detection of robot manipulator without torque sensor[C]// ICROS-SICE International Joint Conference. Fukuoka: IEEE, 2009, 8(18): 4468-4471.

[21] LEE S D, SONG J B. Collision detection for safe human-robot cooperation of a redundant manipulator[C]// International Conference on Control, Automation and Systems. Piscataway: IEEE, 2014: 591-593.

[22] LEE S D, KIM M C, SONG J B. Sensorless collision detection for safe human-robot collaboration[C]// IEEE/RSJ International Conference on Intelligent Robots and Systems. IEEE, 2015: 2392-2397.

[23] 孟韶南，梁雁冰，师恒．基于 ROS 平台的六自由度机械臂运动规划[J]．上海交通大学学报，2016，s1(50)：94-97．

[24] 陆政，韩昊一，纪良，等．基于 ROS 的 UR 机器人离线编程系统设计与开发[J]．计算机仿真，2017，34(9)：309-313，318．

[25] 胡平．基于改进梯度投影法的冗余度机器人避障算法研究[D]．天津：河北工业大学，2017．

[26] 刘乃军，鲁涛，席宝，等．基于 ROS 的 UR 机器人遥操作系统设计[J]．兵工自动化，2018，37(3)：88-90．

[27] 刘宇航，顾营迎，乔冠宇，等．UR 机器人远程控制研究[J]．自动化技术与应用，2017，36(5)：42-47．

[28] 朱超．基于 TCP/IP 协议实现上位机对 UR 机器人的远程控制[J]．工业机器人，2015，1(62)：88-91．

[29] 王妤，范平清，王岩松，等．基于 ROS 平台的机械臂精确控制研究[J]．轻工机械，2018，36(6)：42-47．

[30] 田颖．轮式悬架移动柔性机械手动力学建模分析与仿真[D]．天津：河北工业大学，2014．

[31] 周丽娟．基于自组织映射网络的网络入侵检测算法设计[J]．成都大学学报（自然科学版），2018，37(3)：296-298，302．

[32] DIMEAS F, AVENDAÑOVALENCIA L D, ASPRAGATHOS N. Human-robot collision detection and identification based on fuzzy and time series modelling[J]. ROBOTICA, 2015, 33(9): 1886-1898.

[33] MORINAGA S, KOSUGE K. Compliant motion control of manipulator's redundant DOF based on model-based collision detection system[J]. IEEE international conference on robotics and automation, 2004(5): 5212-5217.

第 6 章　双臂协作机器人相对动力学建模

随着智能制造的要求越来越高，高端装配和复杂加工作业任务需要两机械臂协调完成，为了解决双臂协调的技术问题，仿人双臂协作机器人协调运动的研究日益增多。双臂协作机器人动力学建模是研究双臂协调运动的关键，难点在于在同一系统中建立两机械臂之间的联系。现有的双臂动力学建模方法局限于闭链约束和缺少相对力模型。所以针对上述问题，本章提出采用相对动力学模型的概念，基于拉格朗日方程建立两机械臂动力学模型一般形式，然后结合虚位移原理，基于相对雅可比矩阵建立双臂协作机器人相对动力学模型，确立两机械臂末端相对作用力与关节参数之间的关系。该模型能够求解两机械臂末端相对力，可为分析双臂协调运动提供理论依据。

6.1　双臂协作机器人运动学建模

双臂协作机器人运动学建模是研究双臂协调运动的基础，该模型一般基于 D-H 参数法来建立。雅可比矩阵基于运动学模型构建两机械臂末端速度与关节速度的变换关系，然而雅可比矩阵求解过程繁杂，双臂雅可比矩阵没有统一的定义。因此，本书采用基于 D-H 参数法，在同一运动惯性坐标系下建立空间六自由度双臂协作机器人运动学模型，求解各连杆之间的广义变换矩阵。在分析雅可比矩阵求解方法的优缺点的基础上，提出矢量解析法求解角速度雅可比矩阵，该方法化抽象为具象，极大地简化了计算。为了建立两机械臂之间的联系，将双臂整合成一个系统，基于平移和旋转坐标变换推导了双臂协作机器人末端相对速度与关节速度的线性映射关系，从而得到相对雅可比矩阵。

6.1.1　双臂协作机器人广义连杆坐标系

机器人的运动学建模中，主要是基于 D-H 参数法[1-2]建立各连杆坐标系，利用各连杆变换求解首末端连杆之间的变换矩阵。该变换矩阵实际是末端连杆的位姿矩阵，可以通过逆运动学研究机器人的运动规划，也可以只求解出机器人末端点的位置矢量，从而进行末端位置的轨迹规划。

建立机器人连杆坐标系的方法分为前置法和后置法，前置法中连杆 i 坐标系的 z 轴与关节 i 的轴线在一条直线上，后置法中连杆 i 坐标系的 z 轴与关节 $i+1$ 的轴线在一条直线上。这里采用后置法建立连杆坐标系，因为机器人所有关节都是转动关节，所以连杆坐标系的建立规则如下：连杆 i 坐标系的坐标原点位于关节 i 和关节 $i+1$ 的公共法线与关节 $i+1$ 轴线的交点上。如果两相邻连杆的轴线相交于一点，那么原点就在这一交点上；如果两轴线互相平行，那么就选择原点使对下一连杆的相对位置为 0。连杆 i 坐标系的 z 轴与关节 $i+1$ 的轴线在一条直线上，而 x 轴则在连杆 i 和 $i+1$ 的公共法线上，其方向由 i 指向 $i+1$。当两关节轴线相交时，x 轴的方向与两矢量的交积 $z_{i-1}\times z_i$ 平行或者反向平行；当两关节轴线平行时，x 轴的方向沿着连杆方向，即公共法线方向从关节轴线 i 指向 $i+1$。连杆坐标系的建立关系到运动学和动力学建模，建立方法和规则不同，所建立的模型也会不同，即使机器人进行同样的运动，各关节转动位置的表示也会不同，不过最后的求解结果是相同的。

双臂的运动学建模，也是基于 D-H 参数法建立双臂各连杆坐标系。然而求解两机械臂首末端连杆之间的变换矩阵不是为了研究双臂的运动规划，其目的一是建立双臂简化模型图，为求解单机械臂的雅可比矩阵和双臂的相对雅可比矩阵奠定基础；二是在建立双臂相对动力学模型时系统整体的动能和位能表示和计算方便。机器人的运动学建模是研究双臂协调运动的基础，建模时两机械臂需遵循 D-H 参数法的同一规则，即将各连杆坐标系建立在同一惯性运动坐标系下，保证两机械臂的关节和连杆参数相互联系。图 6.1 所示为建立的空间六自由度双臂协作机器人结构，下面详细描述连杆坐标系的建立过程。

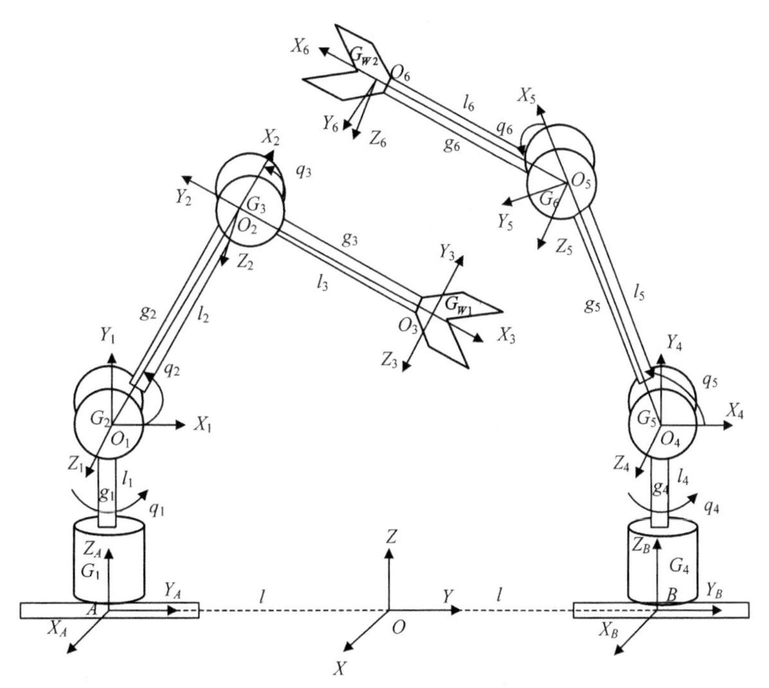

$O-XYZ$—在 AB 连线中点建立的空间运动惯性坐标系；$O_i-X_iY_iX_i(i=1,2,3,4,5,6)$—根据后置法建立的各连杆坐标系；$O_i-X_iY_iZ_i(i=A,B)$—在上述建立的坐标系的基础上，再建立坐标系 $\{A\}$ 和坐标系 $\{B\}$，方便相对雅可比矩阵求解过程中的旋转和平移速度的推导；$l_i(i=1,2,3,4,5,6)$—各连杆长度；l—AO 和 BO 长度；$G_i(i=1,2,3,4,5,6)$—各关节质量；G_{W1}、G_{W2}—各机械臂末端执行器和夹持物体总体质量；$g_i(i=1,2,3,4,5,6)$—各连杆质量；$q_i(i=1,2,3,4,5,6)$—两连杆法线的夹角。

图 6.1　空间六自由度双臂协作机器人结构

空间运动惯性坐标系 $O-XYZ$ 的坐标原点 O 并没有建立在关节 1 或者关节 4 上，而是建立在 AB 连线中点，即关节 1 和关节 4 的中间位置，这是为了两机械臂关于运动惯性坐标系对称，同时各关节和连杆参数计算方便。空间运动惯性坐标系 $O-XYZ$ 的 Z 轴与关节 1 的轴线平行，方向取竖直向上；其 X 轴方向任意设定，以方便建模计算为主，这里取垂直于纸面向外；Y 轴方向按照右手定则设定。连杆坐标系 $O_1-X_1Y_1Z_1$ 的坐标原

点 O_1 建立在关节 2 的中心点，Z_1 轴与关节 2 的轴向在同一直线上，方向取垂直纸面向外，因为 Z_1 轴和 Z 轴相交，用右手由 Z_1 轴握向 Z 轴，大拇指方向为 X_1 轴方向；连杆坐标系 $O_2-X_2Y_2Z_2$ 的坐标原点 O_2 建立在关节 3 的中心点，Z_2 轴与关节 3 的轴向在同一直线上，方向取垂直纸面向外，与 Z_1 轴方向相同，因为 Z_2 轴和 Z_1 轴平行，X_2 轴方向沿着连杆 2 从 Z_1 指向 Z_2；末端连杆坐标系 $O_3-X_3Y_3Z_3$ 的坐标原点 O_3 建立在连杆 3 的末端，Z_3 轴与上一连杆坐标系同向，X_3 轴的方向沿着连杆 3 从 Z_2 指向 Z_3。右机械臂各连杆坐标系 $O_i-X_iY_iZ_i(i=4,5,6)$ 的建立规则同理。

上述运动惯性坐标系和两机械臂各连杆坐标系的坐标轴方向定义时，各坐标系的 Z 轴和 X 轴都不全是固定的，大多是规定了在哪一条直线上，而方向是自定义的。坐标轴的方向选择不同，两机械臂各关节的初始位置就不同。在利用实际的双臂协作机器人进行后续实验验证时，使用的机器人型号不同，它自身定义的各连杆坐标系也是不同的，即两机械臂同样的位姿，各关节的角度位置是不同的。所以，用自行建立的双臂模型进行实验验证，发现各关节的角度位置不一样时，不能片面地认为建立的模型是错误的，而是在模型中建立各连杆坐标系时与实际两机械臂的各连杆坐标系轴线方向选择不同。为了方便以后的实验验证，需要使建立的两机械臂模型各连杆坐标系符合实际机器人的各关节角度位置，即坐标系的 z_i 轴旋转使 x_i 轴和 x_{i+1} 轴平行，转动的角度为 q_{i+1}，即两机械臂模型各关节角度位置应该与实际机器人各关节角度位置一样，以此来确定所建立模型的坐标系。

在涉及标定、轨迹规划和需要监控两机械臂的关节角度位置时，上述各连杆坐标系的建立很重要。当以实际协作机器人为研究对象，确定各连杆坐标系的轴线方向时，需要考虑关节的体积，因为其各关节不在同一平面，与单纯模型的坐标系建立有所不同，需要严格按照 D-H 参数法来建立，否则可能导致坐标系不是建立在机器人实体上。

6.1.2 双臂协作机器人广义连杆变换矩阵

双臂协作机器人的两机械臂是由一系列连接在一起的连杆构成的。需要用两个参数来描述一个连杆，即公共法线距离 a_i 和垂直于 a_i 所在平面内两轴的夹角 α_i；需要另外两个参数来表示相邻两杆的关系，即两连杆的相对位置 d_i 和两连杆法线的夹角 q_i。在对双臂协作机器人全部连杆建立坐标系之后，就能按照下列顺序由两个旋转和两个平移来建立相邻两连杆 $i-1$ 与 i 之间的相对关系。

首先，绕 z_{i-1} 轴旋转 q_i 角，使 x_{i-1} 轴转到 x_i 同一平面内。

其次，沿着 z_{i-1} 轴平移一距离 d_i，把 x_{i-1} 移到与 x_i 同一直线上。

再次，沿 x_i 轴平移一距离 a_i，把连杆 i-1 的坐标系移到使其原点与连杆 n 的坐标系原点重合的地方。

最后，绕 x_{i-1} 轴旋转 α_i 角，使 z_{i-1} 轴转到与 z_i 同一直线上。

上述变换关系表示成矩阵方程为

$$\boldsymbol{A}_i=\mathrm{Rot}(z,q_i)\mathrm{Trans}(0,0,d_i)\mathrm{Trans}(a_i,0,0)\mathrm{Rot}(x,\alpha_i) \tag{6.1}$$

展开上式，可作为求解连杆变换的通式：

$$A_i = \begin{bmatrix} \cos q_i & -\sin q_i \cos\alpha_i & \sin q_i \sin\alpha_i & a_i \cos q_i \\ \sin q_i & \cos q_i \cos\alpha_i & -\cos q_i \sin\alpha_i & a_i \sin q_i \\ 0 & \sin\alpha_i & \cos\alpha_i & d_i \\ 0 & 0 & 0 & 1 \end{bmatrix} \tag{6.2}$$

根据图 6.1，运用 D-H 参数法建立的双臂各连杆参数如表 6.1 所示。

表 6.1　双臂各连杆参数

连杆	q_i/rad	α_i/rad	a_i/m	d_i/m
1	q_1	90°	0	l_1
2	q_2	0	l_2	0
3	q_3	0	l_3	0
4	q_4	90°	0	l_4
5	q_5	0	l_5	0
6	q_6	0	l_6	0

齐次变换可以用来描述两机械臂连杆之间的相对位置和姿态。如果 $\boldsymbol{A}_1$ 表示连杆 1 在运动惯性坐标系下的位姿矩阵，$\boldsymbol{A}_2$ 表示连杆 2 相对连杆 1 的位姿矩阵，那么连杆 2 在运动惯性坐标系中的位姿可由位姿矩阵的乘积表示，即 $\boldsymbol{T}_2 = \boldsymbol{A}_1\boldsymbol{A}_2$，依此类推。

其实上述齐次变换是欧拉变换[3]的应用。欧拉变换中，机器人连杆的运动姿态需要一个绕 x、y、z 轴的旋转序列来规定，这种旋转的序列称为欧拉角。欧拉角用绕 z 轴旋转 ϕ 角，再绕新的 y 轴（y'）旋转 θ 角，最后绕新的 z 轴旋转 φ 角来描述任何可能的姿态。这一旋转序列可由基系中相反的旋转次序来解释，先绕 z 轴旋转 φ 角，再绕 y 轴旋转 θ 角，最后绕 z 轴旋转 ϕ 角。其表达式如下：

$$\mathrm{Euler}(\phi,\theta,\varphi) = \mathrm{Rot}(z,\phi)\mathrm{Rot}(y,\theta)\mathrm{Rot}(z,\varphi) \tag{6.3}$$

欧拉变换的规则不只应用于旋转矩阵的变换，还应用于齐次矩阵的变换。D-H 参数法所建立的两机械臂连杆变换矩阵是按照动系（即按照坐标系的新轴转动坐标系）来描述的。在机器人运动学的研究中，通常是应用欧拉变换的坐标系新轴旋转序列来建模的，因为每个连杆坐标系相对于运动惯性坐标系的变换矩阵是通过各个中间连杆变换矩阵相乘得到的，而每个连杆变换矩阵可以看作整体变换中的一次变换，每次变换后的连杆坐标系相对于下一连杆坐标系都是新系，则下一连杆坐标系是绕新系中的新轴转动而得到的。

6.2　雅可比矩阵求解方法

传统雅可比矩阵的求解方法都是构造法[4-5]，具有代表性的是矢量积法和微分变换法[6-7]，其构造过程求解烦琐，无法直观表达关节速度与末端速度的线性映射关系。运动学求导法相对简洁，不过也有缺陷，所以这里提出矢量解析法弥补其不足。下面介绍这几种方法。

6.2.1　矢量积法

求解机器人雅可比矩阵的矢量积法是建立在运动坐标系概念上的，该方法由 Whitney 提出。对于转动关节 i，有

$$\begin{bmatrix} \boldsymbol{v} \\ \boldsymbol{\omega} \end{bmatrix} = \begin{bmatrix} \boldsymbol{z}_i \times {}^{i}\boldsymbol{p}_n^{o} \\ \boldsymbol{z}_i \end{bmatrix} \dot{\boldsymbol{q}}_i \tag{6.4}$$

式中，$\boldsymbol{v}$ 为夹手线速度；$\boldsymbol{\omega}$ 为夹手角速度；$\dot{\boldsymbol{q}}_i$ 为机器人各关节速度；${}^{i}\boldsymbol{p}_n^{o} = {}_{i}^{o}\boldsymbol{R}\, {}^{i}\boldsymbol{p}_n$，为夹手坐标原点相对坐标系 $\{i\}$ 的位置矢量在基坐标系 $\{o\}$ 中的表示；$\boldsymbol{z}_i$ 为坐标系 $\{i\}$ 的 z 轴单位矢量在基坐标系 $\{o\}$ 中的表示。

则雅可比矩阵为

$$\boldsymbol{J}_i = \begin{bmatrix} \boldsymbol{z}_i \times {}^{i}\boldsymbol{p}_n^{o} \\ \boldsymbol{z}_i \end{bmatrix} = \begin{bmatrix} \boldsymbol{z}_i \times ({}_{i}^{o}\boldsymbol{R}\, {}^{i}\boldsymbol{p}_n) \\ \boldsymbol{z}_i \end{bmatrix} \tag{6.5}$$

6.2.2　微分变换法

速度可以看成单位采样时间的微分运动。因此，机器人末端速度与关节速度之间的关系等价于相应的微分关系。微分转动变换满足交换律，并具有矢量性，微分移动矢量和微分转动矢量共同组成微分算子。

对于转动关节 i，连杆 i 相对连杆 $i-1$ 绕坐标系 $\{i\}$ 的 z 轴做微分转动 $\mathrm{d}\theta_i$，其微分运动矢量为

$$\boldsymbol{d} = \begin{bmatrix} 0 \\ 0 \\ 0 \end{bmatrix}, \quad \boldsymbol{\delta} = \begin{bmatrix} 0 \\ 0 \\ 1 \end{bmatrix} \mathrm{d}\theta_i \tag{6.6}$$

式中，$\boldsymbol{d}$ 为微分平移；$\boldsymbol{\delta}$ 为微分旋转。

机器人末端连杆在该连杆坐标系中的微分运动与在基坐标系中的微分运动的关系，即两坐标系之间广义速度的坐标变换关系如下：

$$\begin{bmatrix} {}^{\mathrm{T}}d_x \\ {}^{\mathrm{T}}d_y \\ {}^{\mathrm{T}}d_z \\ {}^{\mathrm{T}}\delta_x \\ {}^{\mathrm{T}}\delta_y \\ {}^{\mathrm{T}}\delta_z \end{bmatrix} = \begin{bmatrix} n_x & n_y & n_z & (\boldsymbol{p}\times\boldsymbol{n})_x & (\boldsymbol{p}\times\boldsymbol{n})_y & (\boldsymbol{p}\times\boldsymbol{n})_z \\ o_x & o_y & o_z & (\boldsymbol{p}\times\boldsymbol{o})_x & (\boldsymbol{p}\times\boldsymbol{o})_y & (\boldsymbol{p}\times\boldsymbol{o})_z \\ a_x & a_y & a_z & (\boldsymbol{p}\times\boldsymbol{a})_x & (\boldsymbol{p}\times\boldsymbol{a})_y & (\boldsymbol{p}\times\boldsymbol{a})_z \\ 0 & 0 & 0 & n_x & n_y & n_z \\ 0 & 0 & 0 & o_x & o_y & o_z \\ 0 & 0 & 0 & a_x & a_y & a_z \end{bmatrix} \begin{bmatrix} d_x \\ d_y \\ d_z \\ \delta_x \\ \delta_y \\ \delta_z \end{bmatrix} \tag{6.7}$$

利用式（6.7），得出机器人末端相应的微分运动矢量为

$$\begin{bmatrix} {}^{\mathrm{T}}d_x \\ {}^{\mathrm{T}}d_y \\ {}^{\mathrm{T}}d_z \\ {}^{\mathrm{T}}\delta_x \\ {}^{\mathrm{T}}\delta_y \\ {}^{\mathrm{T}}\delta_z \end{bmatrix} = \begin{bmatrix} (\boldsymbol{p}\times\boldsymbol{n})_z \\ (\boldsymbol{p}\times\boldsymbol{o})_z \\ (\boldsymbol{p}\times\boldsymbol{a})_z \\ n_z \\ o_z \\ a_z \end{bmatrix} \mathrm{d}\theta_i \tag{6.8}$$

含有 n 个关节的机器人，其雅可比矩阵 $\boldsymbol{J}(q)$是 $6\times n$ 阶矩阵，则 $\boldsymbol{J}(q)$的第 i 列如下：

$$ {}^{\mathrm{T}}\boldsymbol{J}_{li} = \begin{bmatrix} (\boldsymbol{p}\times\boldsymbol{n})_z \\ (\boldsymbol{p}\times\boldsymbol{o})_z \\ (\boldsymbol{p}\times\boldsymbol{a})_z \end{bmatrix}, \quad {}^{\mathrm{T}}\boldsymbol{J}_{ai} = \begin{bmatrix} n_z \\ o_z \\ a_z \end{bmatrix} \tag{6.9}$$

式中，$\boldsymbol{n}$、$\boldsymbol{o}$、$\boldsymbol{a}$ 和 $\boldsymbol{p}$ 是 ${}^{i}\boldsymbol{T}_n$ 的 4 个列矢量。

上述推导是微分变换法的原理推导，而其求解方法是构造法，只要知道各连杆变换 ${}^{i-1}\boldsymbol{T}_i$，就能构造雅可比矩阵。其求解过程如下：

首先，求解各连杆变换矩阵 ${}^{0}\boldsymbol{T}_1, {}^{1}\boldsymbol{T}_2, \cdots, {}^{n-1}\boldsymbol{T}_n$。

其次，求解各连杆至末端连杆的变换 ${}^{n-1}\boldsymbol{T}_n = {}^{n-1}\boldsymbol{T}_n, {}^{n-2}\boldsymbol{T}_n = {}^{n-2}\boldsymbol{T}_{n-1}\,{}^{n-1}\boldsymbol{T}_n, \cdots, {}^{i-1}\boldsymbol{T}_n = {}^{i-1}\boldsymbol{T}_i\,{}^{i}\boldsymbol{T}_n, \cdots, {}^{0}\boldsymbol{T}_n = {}^{0}\boldsymbol{T}_1\,{}^{1}\boldsymbol{T}_n$。

最后，求解 $\boldsymbol{J}(q)$ 中的各个元素，第 i 列 ${}^{\mathrm{T}}\boldsymbol{J}_i$ 由 ${}^{i}\boldsymbol{T}_n$ 决定。

6.2.3　运动学方程求导法

运动学方程求导法[8]指先建立机器人的运动学方程，再将方程两边对时间求导，整理成矩阵形式，即可得到其速度雅可比矩阵。对图 6.1 中的左机械臂而言，末端点到基坐标的运动方程为

$$\begin{cases} x_A = [l_2\cos q_2 + l_3\cos(q_2+q_3)]\cos q_1 \\ y_A = [l_2\cos q_2 + l_3\cos(q_2+q_3)]\sin q_1 - l \\ z_A = l_1 + l_2\sin q_2 + l_3\sin(q_2+q_3) \end{cases} \tag{6.10}$$

式（6.10）两边对时间求导，得

$$\begin{cases} \dot{x}_A = -[l_2\cos q_2 + l_3\cos(q_2+q_3)]\dot{q}_1\sin q_1 \\ \qquad -[l_2\sin q_2 + l_3\sin(q_2+q_3)]\dot{q}_2\cos q_1 - l_3\sin(q_2+q_3)\dot{q}_3\cos q_1 \\ \dot{y}_A = [l_2\cos q_2 + l_3\cos(q_2+q_3)]\dot{q}_1\cos q_1 \\ \qquad -[l_2\sin q_2 + l_3\sin(q_2+q_3)]\dot{q}_2\sin q_1 - l_3\sin(q_2+q_3)\dot{q}_3\sin q_1 \\ \dot{z}_A = [l_2\cos q_2 + l_3\cos(q_2+q_3)]\dot{q}_2 + l_3\cos(q_2+q_3)\dot{q}_3 \end{cases} \tag{6.11}$$

化简式（6.11），写成矩阵形式：

$$\begin{bmatrix} \dot{x}_A \\ \dot{y}_A \\ \dot{z}_A \end{bmatrix} = \boldsymbol{J}_{PA} \begin{bmatrix} \dot{q}_1 \\ \dot{q}_2 \\ \dot{q}_3 \end{bmatrix} \tag{6.12}$$

式中，$\boldsymbol{J}_{PA}$ 为速度雅可比矩阵，展开表示为

$$\boldsymbol{J}_{PA}=\begin{bmatrix} J_{A11} & J_{A12} & J_{A13} \\ J_{A21} & J_{A22} & J_{A23} \\ J_{A31} & J_{A32} & J_{A33} \end{bmatrix} \tag{6.13}$$

式（6.13）中各元素的具体表达式为

$$\begin{aligned}
J_{A11} &= -[l_2\cos q_2 + l_3\cos(q_2+q_3)]\sin q_1 \\
J_{A12} &= -[l_2\sin q_2 + l_3\sin(q_2+q_3)]\cos q_1 \\
J_{A13} &= -l_3\sin(q_2+q_3)\cos q_1 \\
J_{A21} &= [l_2\cos q_2 + l_3\cos(q_2+q_3)]\cos q_1 \\
J_{A22} &= -[l_2\sin q_2 + l_3\sin(q_2+q_3)]\sin q_1 \\
J_{A23} &= -l_3\sin(q_2+q_3)\sin q_1 \\
J_{A31} &= 0 \\
J_{A32} &= l_2\cos q_2 + l_3\cos(q_2+q_3) \\
J_{A33} &= l_3\cos(q_2+q_3)
\end{aligned}$$

运动学方程求导法只能通过机器人的位置函数方程，求导得到关节速度与末端速度之间的关系，关节速度与末端角速度的关系却无法求解。运动学方程求导法求得速度雅可比矩阵，可以建立机器人末端在运动惯性坐标系中的位置坐标方程，但是求解角速度雅可比矩阵时需要建立机器人末端转动角度在运动惯性坐标系中的方程。如果机器人模型是平面的，即机器人各关节轴线都是平行的，那么各关节的转动角度之和与末端的转动角度相同，则可以建立机器人末端转动角度在运动惯性坐标系中的方程。然而涉及空间机器人模型，即机器人各关节轴线平行或垂直，那么机器人末端的转动角度就不仅仅是各关节转动角度的叠加，而是存在函数关系。若机器人的自由度数较少，或是特殊机器人，则可以用其他方法建立其中关系；若机器人的自由度数较多，针对一般机器人模型，没有一定的方法和规则为依据，很难求解出角速度雅可比矩阵。所以，这里提出矢量解析法求解角速度雅可比矩阵，下面将具体介绍其求解过程。

6.2.4　矢量解析法

在求解单臂雅可比矩阵过程中，传统微分变换法和矢量积法都是构造法，构造过程求解烦琐，无法直观表达关节速度与末端速度的线性映射关系。雅可比矩阵分为速度雅可比矩阵和角速度雅可比矩阵，速度雅可比矩阵可通过封闭矢量法求解，相对构造法简化了求解过程；但是角速度雅可比矩阵仍然没有合适的求解方法。Xi 等[9]和叶平等[10]改进了矢量积法，其将基坐标系建在中间关节上，减少了构造过程计算量，但尚未克服构造法的缺点。所以，本节提出矢量解析法，考虑两机械臂关节速度与末端速度的关系，将关节速度矢量在基坐标系下分解，分别在 X 、Y 和 Z 轴上合成末端角速度分量，直接建立关节速度与末端角速度的联系。相比构造法的抽象描述和大量计算，此方法化抽象为具象，概念清晰，形象直观，大大简化了计算。

在机器人动力学建模中，角速度雅可比矩阵建立了各关节速度与末端角速度之间的联系，其运用矢量解析法求解的模型如图 6.2 所示。

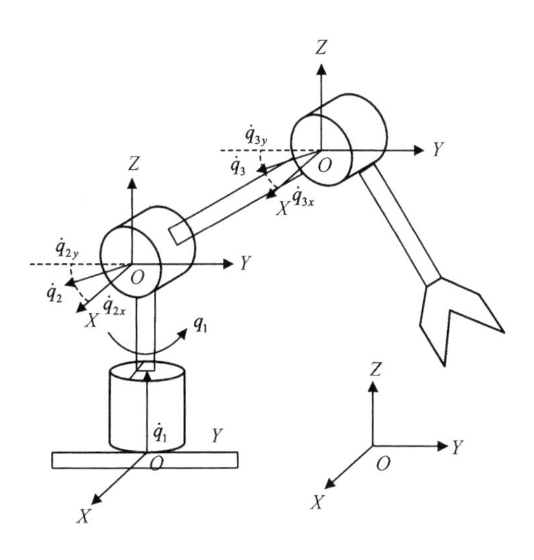

图 6.2 角速度雅可比矩阵求解模型

首先将每个关节的速度矢量 $\dot{q}_i(i=1,2,3)$ 分别向基坐标系 X、Y 和 Z 轴投影，即将 $\dot{\boldsymbol{q}}_i$ 分解为 $\dot{q}_{ix}$ 、$\dot{q}_{iy}$ 、$\dot{q}_{iz}(i=1,2,3)$；再将各坐标轴上的投影合成末端角速度分量 ω_x、ω_y、ω_z，整合写成矩阵形式，求得角速度雅可比矩阵表达式：

$$\begin{cases}\omega_x = \dot{q}_{1x} + \dot{q}_{2x} + \dot{q}_{3x} \\ \omega_y = \dot{q}_{1y} + \dot{q}_{2y} + \dot{q}_{3y} \\ \omega_z = \dot{q}_{1z} + \dot{q}_{2z} + \dot{q}_{3z}\end{cases} \tag{6.14}$$

因为 $\dot{\boldsymbol{q}}_1$ 始终与基坐标系 Z 轴同向，所以 $\dot{q}_{1x}=\dot{q}_{1y}=0$，$\dot{q}_{1z}=\dot{q}_1$；因为 $\dot{\boldsymbol{q}}_2$ 和 $\dot{\boldsymbol{q}}_3$ 始终与基坐标系 Z 轴垂直且方向与关节 1 转动角度 q_1 有关，所以 $\dot{q}_{2x}=\dot{q}_2\sin q_1$，$\dot{q}_{2y}=\dot{q}_2\cos q_1$，$\dot{q}_{3x}=\dot{q}_3\sin q_1$，$\dot{q}_{3y}=\dot{q}_3\cos q_1$，$\dot{q}_{2z}=\dot{q}_{3z}=0$。代入式（6.14），得

$$\begin{cases}\omega_x = (\dot{q}_2 + \dot{q}_3)\sin q_1 \\ \omega_y = -(\dot{q}_2 + \dot{q}_3)\cos q_1 \\ \omega_z = \dot{q}_1\end{cases} \tag{6.15}$$

用矩阵形式表示式（6.15）：

$$\begin{bmatrix}\omega_x \\ \omega_y \\ \omega_z\end{bmatrix} = \underbrace{\begin{bmatrix}0 & \sin q_1 & \sin q_1 \\ 0 & -\cos q_1 & -\cos q_1 \\ 1 & 0 & 0\end{bmatrix}}_{J_\omega}\begin{bmatrix}\dot{q}_1 \\ \dot{q}_2 \\ \dot{q}_3\end{bmatrix} \tag{6.16}$$

简化式（6-16），得

$$\boldsymbol{\omega} = \boldsymbol{J}_\omega \dot{\boldsymbol{q}} \tag{6.17}$$

式中，$\boldsymbol{\omega}=[\omega_x \quad \omega_y \quad \omega_z]^{\mathrm{T}}$，为机器人末端角速度；$\omega_x$ 、ω_y 、ω_z 分别为机器人末端在基坐标系中绕 X、Y、Z 轴旋转的角速度。$\boldsymbol{J}_\omega$ 为所求的角速度雅可比矩阵。$\dot{\boldsymbol{q}}=[\dot{q}_1 \quad \dot{q}_2 \quad \dot{q}_3]^{\mathrm{T}}$，为机器人各关节速度。

为了验证矢量解析法的正确性，用微分变量法求解图 6.2 中机器人模型的角速度雅

可比矩阵，然后用求解结果与矢量解析法进行对比。用微分变换法求解角速度雅可比矩阵是复杂烦琐的，假设机器人有 n 个自由度，首先需要计算各连杆变换 ${}^{0}\boldsymbol{T}_1, {}^{1}\boldsymbol{T}_2, \cdots, {}^{n-1}\boldsymbol{T}_n$，其通式为

$$\boldsymbol{T}=\begin{bmatrix} n_x & o_x & a_x & p_x \\ n_y & o_y & a_y & p_y \\ n_z & o_z & a_z & p_z \\ 0 & 0 & 0 & 1 \end{bmatrix} \tag{6.18}$$

然后建立各连杆至末端连杆变换 ${}^{0}\boldsymbol{T}_n, {}^{1}\boldsymbol{T}_n, \cdots, {}^{n-1}\boldsymbol{T}_n$。因为各连杆变换都是 4 阶方阵，随着机械臂自由度增多，各连杆至末端连杆变换求解计算量大，如 ${}^{0}\boldsymbol{T}_n = {}^{0}\boldsymbol{T}_1 {}^{1}\boldsymbol{T}_2 \cdots {}^{n-1}\boldsymbol{T}_n$，$n$ 个 4 阶方阵相乘计算复杂且容易出错。

最后计算角速度雅可比矩阵各项，如图 6.2 所示模型，$\boldsymbol{J}_{\omega}=[\boldsymbol{J}_{\omega 1} \quad \boldsymbol{J}_{\omega 2} \quad \boldsymbol{J}_{\omega 3}]^{\mathrm{T}}$，$\boldsymbol{J}_{\omega 1}=[n_z \quad o_z \quad a_z]^{\mathrm{T}}$，其中，$n_z$、$o_z$、$a_z$ 是 ${}^{0}\boldsymbol{T}_3$ 中的元素，$\boldsymbol{J}_{\omega 2}$ 对应 ${}^{1}\boldsymbol{T}_3$、$\boldsymbol{J}_{\omega 3}$ 对应 ${}^{2}\boldsymbol{T}_3$。因此，利用微分变换法求解的结果为

$$\begin{aligned} \boldsymbol{\omega} &= \begin{bmatrix} \boldsymbol{J}_{\omega 1} & \boldsymbol{J}_{\omega 2} & \boldsymbol{J}_{\omega 3} \end{bmatrix} \dot{\boldsymbol{q}} \\ &= \begin{bmatrix} 0 & \sin q_1 & \sin q_1 \\ 0 & -\cos q_1 & -\cos q_1 \\ 1 & 0 & 0 \end{bmatrix}_{J_{\omega}} \begin{bmatrix} \dot{q}_1 \\ \dot{q}_2 \\ \dot{q}_3 \end{bmatrix} \end{aligned} \tag{6.19}$$

对比矢量解析法与微分变换法，可见微分变换法是基于机器人运动学连杆变换构造角速度雅可比矩阵，不仅理论推导过程抽象，而且计算过程繁杂，不如矢量解析法清晰形象。另外，通过计算，上述两种方法得出的结果相同，验证了矢量解析法的正确性。

6.3 双臂协作机器人相对雅可比矩阵求解研究

要建立双臂协作机器人的相对动力学模型，建立两机械臂之间的联系，需要将两机械臂独立的动力学模型结合起来。若只是单纯地将两个矩阵方程写成一个方程，虽然形式上是将两个独立的动力学模型结合起来，然而本质上并没有改变，两机械臂之间并没有建立联系，各关节力矩的计算互不干扰。所以，可设想通过一个变量或者表达式为桥梁建立两个动力学模型之间的联系。

雅可比矩阵描述的是机器人末端速度与各关节速度间的线性映射关系，如果存在一个雅可比矩阵可以描述两机械臂末端相对速度与关节速度之间的关系，就能建立两机械臂之间的联系。

相对雅可比矩阵[11-12]区别于单臂雅可比矩阵，是并联机械臂雅可比矩阵的重新推导，其建立了两机械臂关节速度与末端相对速度之间的联系，将两机械臂整合成一个系统，视为单机械臂处理。为避免推导相对雅可比矩阵全新形式的复杂计算，利用两机械臂各自参数，对单机械臂雅可比矩阵进行必要转换，即乘以相应的变换矩阵，得到相对雅可比矩阵的简洁表达[13]。下面给出在相对雅可比矩阵表达式中使用旋转和平移速度的推导细节。

6.3.1　旋转矩阵变换

首先推导两机械臂末端相对角速度，推导过程中给出了斜对称矩阵[14]的简化形式。连杆六坐标系相对坐标系$\{A\}$的旋转矩阵有两种表示方式，这两种方式表示的结果是相同的，所以可以构建等式方程。一种方式为连杆六坐标系相对连杆三坐标系的旋转矩阵，再与连杆三坐标系相对坐标系$\{A\}$的旋转矩阵相乘，得到连杆六坐标系相对坐标系$\{A\}$的旋转矩阵。另一种方式为连杆六坐标系相对坐标系$\{B\}$的旋转矩阵，再与坐标系$\{B\}$相对坐标系$\{A\}$的旋转矩阵相乘，得到连杆六坐标系相对坐标系$\{A\}$的旋转矩阵。根据图 6.1 建立的连杆坐标系，可以获得以下旋转关系：

$$ {}^{A}\boldsymbol{R}_{O_3}\,{}^{O_3}\boldsymbol{R}_{O_6} = {}^{A}\boldsymbol{R}_{B}\,{}^{B}\boldsymbol{R}_{O_6} \tag{6.20} $$

之所以建立以上关系，是因为要得到两机械臂末端相对角速度的表达式。通过变换式（6.20），建立${}^{O_3}\boldsymbol{R}_{O_6}$的连杆坐标系变换矩阵方程：

$$ {}^{O_3}\boldsymbol{R}_{O_6} = {}^{O_3}\boldsymbol{R}_{A}\,{}^{A}\boldsymbol{R}_{B}\,{}^{B}\boldsymbol{R}_{O_6} \tag{6.21} $$

式中，${}^{O_3}\boldsymbol{R}_{A} = {}^{A}\boldsymbol{R}_{O_3}^{-1}$。

再通过旋转矩阵求导得到两机械臂末端的相对角速度：

$$ {}^{O_3}\dot{\boldsymbol{R}}_{O_6} = {}^{O_3}\dot{\boldsymbol{R}}_{A}\,{}^{A}\boldsymbol{R}_{B}\,{}^{B}\boldsymbol{R}_{O_6} + {}^{O_3}\boldsymbol{R}_{A}\,{}^{A}\dot{\boldsymbol{R}}_{B}\,{}^{B}\boldsymbol{R}_{O_6} + {}^{O_3}\boldsymbol{R}_{A}\,{}^{A}\boldsymbol{R}_{B}\,{}^{B}\dot{\boldsymbol{R}}_{O_6} \tag{6.22} $$

当两机械臂基座不相对于彼此旋转时，${}^{A}\dot{\boldsymbol{R}}_{B} = \boldsymbol{0}$。当基座不旋转时，式（6.22）变为

$$ {}^{O_3}\dot{\boldsymbol{R}}_{O_6} = {}^{O_3}\dot{\boldsymbol{R}}_{A}\,{}^{A}\boldsymbol{R}_{B}\,{}^{B}\boldsymbol{R}_{O_6} + {}^{O_3}\boldsymbol{R}_{A}\,{}^{A}\boldsymbol{R}_{B}\,{}^{B}\dot{\boldsymbol{R}}_{O_6} \tag{6.23} $$

旋转矩阵的求导结果为

$$ \dot{\boldsymbol{R}} = \boldsymbol{\omega}\times\boldsymbol{R} = \boldsymbol{S}(\boldsymbol{\omega})\boldsymbol{R} \tag{6.24} $$

式中，$\boldsymbol{\omega}$为旋转矩阵$\boldsymbol{R}$相应的角速度，$\boldsymbol{\omega}=[\omega_x \quad \omega_y \quad \omega_z]^{\mathrm{T}}$；$\boldsymbol{S}(\boldsymbol{\omega}) = \begin{bmatrix} 0 & -\omega_z & \omega_y \\ \omega_z & 0 & -\omega_x \\ -\omega_y & \omega_x & 0 \end{bmatrix}$，为斜对称矩阵，用于替换矢量叉乘运算。

将式（6.24）代入式（6.23），得

$$ \boldsymbol{S}(\boldsymbol{\omega}_R)\,{}^{O_3}\boldsymbol{R}_{O_6} = \boldsymbol{S}({}^{O_3}\boldsymbol{\omega}_A)\,{}^{O_3}\boldsymbol{R}_{A}\,{}^{A}\boldsymbol{R}_{B}\,{}^{B}\boldsymbol{R}_{O_6} + {}^{O_3}\boldsymbol{R}_{A}\,{}^{A}\boldsymbol{R}_{B}\boldsymbol{S}({}^{B}\boldsymbol{\omega}_{O_6})\,{}^{B}\boldsymbol{R}_{O_6} \tag{6.25} $$

式中，$\boldsymbol{\omega}_R$为O_6相对O_3点的角速度。

根据旋转矩阵理论，有下式成立：

$$ \boldsymbol{R}\boldsymbol{S}(\boldsymbol{\omega})\boldsymbol{R}^{\mathrm{T}} = \boldsymbol{S}(\boldsymbol{R}\boldsymbol{\omega}) \tag{6.26} $$

将式（6.26）代入式（6.25），得

$$ \begin{aligned} \boldsymbol{S}(\boldsymbol{\omega}_R)\,{}^{O_3}\boldsymbol{R}_{O_6} &= \boldsymbol{S}({}^{O_3}\boldsymbol{\omega}_A)\,{}^{O_3}\boldsymbol{R}_{O_6} + {}^{O_3}\boldsymbol{R}_{B}\boldsymbol{S}({}^{B}\boldsymbol{\omega}_{O_6})\,{}^{O_3}\boldsymbol{R}_{B}^{\mathrm{T}}\,{}^{O_3}\boldsymbol{R}_{B}\,{}^{B}\boldsymbol{R}_{O_6} \\ &= \boldsymbol{S}({}^{O_3}\boldsymbol{\omega}_A)\,{}^{O_3}\boldsymbol{R}_{O_6} + \boldsymbol{S}({}^{O_3}\boldsymbol{R}_{B}\,{}^{B}\boldsymbol{\omega}_{O_6})\,{}^{O_3}\boldsymbol{R}_{O_6} \end{aligned} \tag{6.27} $$

式中，${}^{O_3}R_B$为正交矩阵；${}^{O_3}\boldsymbol{R}_{B}^{\mathrm{T}\,O_3}\boldsymbol{R}_B$为单位矩阵。

化简式（6.27），得

$$\begin{aligned}\boldsymbol{\omega}_R &= {}^{O_3}\boldsymbol{\omega}_A + {}^{O_3}\boldsymbol{R}_B\,{}^{B}\boldsymbol{\omega}_{O_6} \\ &= -{}^{O_3}\boldsymbol{R}_A\,{}^{A}\boldsymbol{\omega}_{O_3} + {}^{O_3}\boldsymbol{R}_B\,{}^{B}\boldsymbol{\omega}_{O_6}\end{aligned} \tag{6.28}$$

在图 6.1 所示的双臂模型中，左机械臂的雅可比矩阵为 $\boldsymbol{J}_A$，右机械臂的雅可比矩阵为 $\boldsymbol{J}_B$，将左机械臂的雅可比矩阵分为 $\boldsymbol{J}_A = [\boldsymbol{J}_{PA} \quad \boldsymbol{J}_{\omega A}]^{\mathrm{T}}$，并将右机械臂的雅可比矩阵分为 $\boldsymbol{J}_B = [\boldsymbol{J}_{PB} \quad \boldsymbol{J}_{\omega B}]^{\mathrm{T}}$，这样式（6.28）可以表示为

$$\boldsymbol{\omega}_R = -{}^{O_3}\boldsymbol{R}_A\boldsymbol{J}_{\omega A}\dot{\boldsymbol{q}}_A + {}^{O_3}\boldsymbol{R}_B\boldsymbol{J}_{\omega B}\dot{\boldsymbol{q}}_B \tag{6.29}$$

式（6.29）通过两机械臂独立的角速度雅可比矩阵建立了末端相对角速度与关节速度之间的关系，相当于求得了相对角速度雅可比矩阵。

6.3.2　平移矢量变换

利用平移矢量变换求解两机械臂末端相对速度涉及平移和旋转坐标系映射，下面将做简单介绍。

平移坐标变换：设坐标系 $\{B\}$ 与 $\{A\}$ 姿态相同，但坐标系 $\{B\}$ 与 $\{A\}$ 的原点位置不同。用位置矢量 ${}^{A}\boldsymbol{p}_{B_o}$ 描述坐标系 $\{B\}$ 的原点在坐标系 $\{A\}$ 中的位置，称 ${}^{A}\boldsymbol{p}_{B_o}$ 为坐标系 $\{B\}$ 相对于坐标系 $\{A\}$ 的平移矢量。如果点 p 在坐标系 $\{B\}$ 中的位置矢量为 ${}^{B}\boldsymbol{p}$，那么它在坐标系 $\{A\}$ 中的位置矢量 ${}^{A}\boldsymbol{p}$ 可由矢量相加得出，即

$${}^{A}\boldsymbol{p} = {}^{B}\boldsymbol{p} + {}^{A}\boldsymbol{p}_{B_o} \tag{6.30}$$

旋转坐标变换：设坐标系 $\{B\}$ 与 $\{A\}$ 的坐标原点重合，但是两坐标系的姿态不同。用旋转矩阵 ${}^{A}_{B}\boldsymbol{R}$ 描述坐标系 $\{B\}$ 相对于坐标系 $\{A\}$ 的姿态。同一点 p 在坐标系 $\{B\}$ 与 $\{A\}$ 中的位置矢量 ${}^{B}\boldsymbol{p}$ 和 ${}^{A}\boldsymbol{p}$ 具有如下变换关系：

$${}^{A}\boldsymbol{p} = {}^{A}_{B}\boldsymbol{R}\,{}^{B}\boldsymbol{p} \tag{6.31}$$

根据平移和旋转坐标系映射关系，建立 O_6 点在坐标系 $\{A\}$ 中位置矢量 ${}^{A}\boldsymbol{p}_{O_6}$ 的表达式，其表示方式有两种，这两种方式表示的结果是相同的，所以可以构建等式方程。一种方式是以 O_6 点在坐标系 $\{B\}$ 中的位置矢量为桥梁，通过旋转坐标变换，得到位置矢量在坐标系 $\{A\}$ 中的表达，再与坐标系 $\{B\}$ 的原点在坐标系 $\{A\}$ 中的位置矢量相加，即作平移坐标变换得到 O_6 点在坐标系 $\{A\}$ 中的位置矢量 ${}^{A}\boldsymbol{p}_{O_6}$ 的表示；另一种方式是以 O_6 点在连杆 3 坐标系中的位置矢量为桥梁，通过旋转坐标变换，得到位置矢量在坐标系 $\{A\}$ 中的表达，再与连杆 3 坐标系原点在坐标系 $\{A\}$ 中的位置矢量相加，即作平移坐标变换得到 O_6 点在坐标系 $\{A\}$ 中的位置矢量 ${}^{A}\boldsymbol{p}_{O_6}$ 的表示。

根据图 6.1，可以得到以下关系：

$${}^{A}\boldsymbol{p}_{O_3} + {}^{A}\boldsymbol{R}_{O_3}\,{}^{O_3}\boldsymbol{p}_{O_6} = {}^{A}\boldsymbol{p}_B + {}^{A}\boldsymbol{R}_B\,{}^{B}\boldsymbol{p}_{O_6} \tag{6.32}$$

之所以建立以上关系，是因为要得到两机械臂末端的相对速度表达式，即两机械臂末端相对位置的微分，所以需要通过平移和旋转坐标系映射建立 ${}^{O_3}\boldsymbol{p}_{O_6}$ 的方程：

$$\begin{aligned}{}^{O_3}\boldsymbol{p}_{O_6} &= {}^{O_3}\boldsymbol{R}_A({}^{A}\boldsymbol{p}_B + {}^{A}\boldsymbol{R}_B\,{}^{B}\boldsymbol{p}_{O_6} - {}^{A}\boldsymbol{p}_{O_3}) \\ &= {}^{O_3}\boldsymbol{R}_A\,{}^{A}\boldsymbol{p}_B + {}^{O_3}\boldsymbol{R}_B\,{}^{B}\boldsymbol{p}_{O_6} - {}^{O_3}\boldsymbol{R}_A\,{}^{A}\boldsymbol{p}_{O_3}\end{aligned} \tag{6.33}$$

再通过对表达式求微分得到两机械臂末端的相对速度：

$$\dot{\boldsymbol{p}}_R = {}^{O_3}\dot{\boldsymbol{R}}_A {}^A\boldsymbol{p}_B + {}^{O_3}\boldsymbol{R}_A {}^A\dot{\boldsymbol{p}}_B + {}^{O_3}\dot{\boldsymbol{R}}_B {}^B\boldsymbol{p}_{O_6} + {}^{O_3}\boldsymbol{R}_B {}^B\dot{\boldsymbol{p}}_{O_6} - {}^{O_3}\dot{\boldsymbol{R}}_A {}^A\boldsymbol{p}_{O_3} - {}^{O_3}\boldsymbol{R}_A {}^A\dot{\boldsymbol{p}}_{O_3} \tag{6.34}$$

式中，$\dot{\boldsymbol{p}}_R$ 为 O_6 相对 O_3 点的速度。

因为两机械臂的基座是不动的，所以 ${}^A\dot{\boldsymbol{p}}_B = \boldsymbol{0}$。将（6.24）和式（6.26）代入式（6.34），得

$$\begin{aligned}
\dot{\boldsymbol{p}}_R &= \boldsymbol{S}({}^{O_3}\boldsymbol{\omega}_A){}^{O_3}\boldsymbol{R}_A {}^A\boldsymbol{p}_B + \boldsymbol{S}({}^{O_3}\boldsymbol{\omega}_B){}^{O_3}\boldsymbol{R}_B {}^B\boldsymbol{p}_{O_6} \\
&\quad + {}^{O_3}\boldsymbol{R}_B {}^B\dot{\boldsymbol{p}}_{O_6} - \boldsymbol{S}({}^{O_3}\boldsymbol{\omega}_A){}^{O_3}\boldsymbol{R}_A {}^A\boldsymbol{p}_{O_3} - {}^{O_3}\boldsymbol{R}_A {}^A\dot{\boldsymbol{p}}_{O_3} \\
&= -\boldsymbol{S}({}^{O_3}\boldsymbol{R}_A {}^A\boldsymbol{p}_B){}^{O_3}\boldsymbol{\omega}_A - \boldsymbol{S}({}^{O_3}\boldsymbol{R}_B {}^B\boldsymbol{p}_{O_6}){}^{O_3}\boldsymbol{\omega}_B \\
&\quad + {}^{O_3}\boldsymbol{R}_B {}^B\dot{\boldsymbol{p}}_{O_6} + \boldsymbol{S}({}^{O_3}\boldsymbol{R}_A {}^A\boldsymbol{p}_{O_3}){}^{O_3}\boldsymbol{\omega}_A - {}^{O_3}\boldsymbol{R}_A {}^A\dot{\boldsymbol{p}}_{O_3}
\end{aligned} \tag{6.35}$$

这里注意到 ${}^{O_3}\boldsymbol{\omega}_A = -{}^{O_3}\boldsymbol{R}_A {}^A\boldsymbol{\omega}_{O_3}$，${}^{O_3}\boldsymbol{\omega}_B = {}^{O_3}\boldsymbol{\omega}_A + {}^{O_3}\boldsymbol{R}_A {}^A\boldsymbol{\omega}_B = {}^{O_3}\boldsymbol{\omega}_A$。因为两机械臂的基座是不动的，即 ${}^A\boldsymbol{\omega}_B = \boldsymbol{0}$，所以式（6.35）可简化为

$$\begin{aligned}
\dot{\boldsymbol{p}}_R &= \boldsymbol{S}({}^{O_3}\boldsymbol{R}_A {}^A\boldsymbol{p}_B){}^{O_3}\boldsymbol{R}_A {}^A\boldsymbol{\omega}_{O_3} + \boldsymbol{S}({}^{O_3}\boldsymbol{R}_B {}^B\boldsymbol{p}_{O_6}){}^{O_3}\boldsymbol{R}_A {}^A\boldsymbol{\omega}_{O_3} \\
&\quad + {}^{O_3}\boldsymbol{R}_B {}^B\dot{\boldsymbol{p}}_{O_6} - \boldsymbol{S}({}^{O_3}\boldsymbol{R}_A {}^A\boldsymbol{p}_{O_3}){}^{O_3}\boldsymbol{R}_A {}^A\boldsymbol{\omega}_{O_3} - {}^{O_3}\boldsymbol{R}_A {}^A\dot{\boldsymbol{p}}_{O_3} \\
&= [\boldsymbol{S}({}^{O_3}\boldsymbol{R}_A {}^A\boldsymbol{p}_B) + \boldsymbol{S}({}^{O_3}\boldsymbol{R}_B {}^B\boldsymbol{p}_{O_6}) - \boldsymbol{S}({}^{O_3}\boldsymbol{R}_A {}^A\boldsymbol{p}_{O_3})]{}^{O_3}\boldsymbol{R}_A {}^A\boldsymbol{\omega}_{O_3} + {}^{O_3}\boldsymbol{R}_B {}^B\dot{\boldsymbol{p}}_{O_6} - {}^{O_3}\boldsymbol{R}_A {}^A\dot{\boldsymbol{p}}_{O_3} \\
&= \boldsymbol{S}({}^{O_3}\boldsymbol{R}_A {}^A\boldsymbol{p}_B + {}^{O_3}\boldsymbol{R}_B {}^B\boldsymbol{p}_{O_6} - {}^{O_3}\boldsymbol{R}_A {}^A\boldsymbol{p}_{O_3}){}^{O_3}\boldsymbol{R}_A\boldsymbol{J}_{\omega A}\dot{\boldsymbol{q}}_A + {}^{O_3}\boldsymbol{R}_B\boldsymbol{J}_{PB}\dot{\boldsymbol{q}}_B - {}^{O_3}\boldsymbol{R}_A\boldsymbol{J}_{PA}\dot{\boldsymbol{q}}_A
\end{aligned} \tag{6.36}$$

将式（6.33）代入式（6.36），得

$$\dot{\boldsymbol{p}}_R = \boldsymbol{S}({}^{O_3}\boldsymbol{p}_{O_6}){}^{O_3}\boldsymbol{R}_A\boldsymbol{J}_{\omega A}\dot{\boldsymbol{q}}_A + {}^{O_3}\boldsymbol{R}_B\boldsymbol{J}_{PB}\dot{\boldsymbol{q}}_B - {}^{O_3}\boldsymbol{R}_A\boldsymbol{J}_{PA}\dot{\boldsymbol{q}}_A \tag{6.37}$$

式（6.37）通过两机械臂独立的雅可比矩阵建立了末端相对速度与关节速度之间的关系，相当于求得了相对速度雅可比矩阵。

6.3.3　双臂协作机器人相对雅可比矩阵

通过旋转矩阵和平移矢量变换，得到图 6.1 所示双臂机器人模型中连杆 6 坐标系相对坐标系 $\{A\}$ 旋转矩阵变换关系与 O_6 到 A 点坐标旋转和平移复合变换关系：

$${}^A\boldsymbol{R}_{O_3} {}^{O_3}\boldsymbol{R}_{O_6} = {}^A\boldsymbol{R}_B {}^B\boldsymbol{R}_{O_6} \tag{6.38}$$

$${}^A\boldsymbol{p}_{O_3} + {}^A\boldsymbol{R}_{O_3} {}^{O_3}\boldsymbol{p}_{O_6} = {}^A\boldsymbol{p}_B + {}^A\boldsymbol{R}_B {}^B\boldsymbol{p}_{O_6} \tag{6.39}$$

对式（6.38）和式（6.39）变换求导，可得两机械臂末端相对速度和角速度与关节速度之间的关系：

$$\begin{aligned}
\begin{bmatrix} \dot{\boldsymbol{p}}_R \\ \boldsymbol{\omega}_R \end{bmatrix} &= \begin{bmatrix} -{}^{O_3}\boldsymbol{R}_A\boldsymbol{J}_{PA}\dot{\boldsymbol{q}}_A + \boldsymbol{S}(\boldsymbol{p}_R){}^{O_3}\boldsymbol{R}_A\boldsymbol{J}_{\omega A}\dot{\boldsymbol{q}}_A + {}^{O_3}\boldsymbol{R}_B\boldsymbol{J}_{PB}\dot{\boldsymbol{q}}_B \\ -{}^{O_3}\boldsymbol{R}_A\boldsymbol{J}_{\omega A}\dot{\boldsymbol{q}}_A + {}^{O_3}\boldsymbol{R}_B\boldsymbol{J}_{\omega B}\dot{\boldsymbol{q}}_B \end{bmatrix} \\
&= \left[\begin{bmatrix} \boldsymbol{I} & -\boldsymbol{S}(\boldsymbol{p}_R) \\ \boldsymbol{0} & \boldsymbol{I} \end{bmatrix}\begin{bmatrix} -{}^{O_3}\boldsymbol{R}_A & \boldsymbol{0} \\ \boldsymbol{0} & -{}^{O_3}\boldsymbol{R}_A \end{bmatrix}\begin{bmatrix} \boldsymbol{J}_{PA} \\ \boldsymbol{J}_{\omega A} \end{bmatrix}\begin{bmatrix} {}^{O_3}\boldsymbol{R}_B & \boldsymbol{0} \\ \boldsymbol{0} & {}^{O_3}\boldsymbol{R}_B \end{bmatrix}\begin{bmatrix} \boldsymbol{J}_{PB} \\ \boldsymbol{J}_{\omega B} \end{bmatrix}\right]\begin{bmatrix} \dot{\boldsymbol{q}}_A \\ \dot{\boldsymbol{q}}_B \end{bmatrix}
\end{aligned} \tag{6.40}$$

式中，$\dot{\boldsymbol{p}}_R=[\dot{x}_R \quad \dot{y}_R \quad \dot{z}_R]^{\mathrm{T}}$，为$O_6$相对$O_3$点的速度；$\boldsymbol{\omega}_R=[\dot{\alpha}_R \quad \dot{\beta}_R \quad \dot{\gamma}_R]^{\mathrm{T}}$，为$O_6$相对$O_3$点的角速度；$I$ 为 3 阶单位矩阵；$\boldsymbol{S}(\boldsymbol{p}_R)=\begin{bmatrix} 0 & -z_R & y_R \\ z_R & 0 & -x_R \\ -y_R & x_R & 0 \end{bmatrix}$，为$\boldsymbol{p}_R$的斜对称矩阵；${}^{O_3}\boldsymbol{R}_A={}^{O_3}\boldsymbol{R}_{O_2}{}^{O_2}\boldsymbol{R}_{O_1}{}^{O_1}\boldsymbol{R}_A$，为坐标系$\{A\}$相对连杆 3 坐标系的旋转矩阵变换；${}^{O_3}\boldsymbol{R}_B={}^{O_3}\boldsymbol{R}_{O_2}{}^{O_2}\boldsymbol{R}_{O_1}{}^{O_1}\boldsymbol{R}_A{}^{A}\boldsymbol{R}_B$，为坐标系$\{B\}$相对连杆 3 坐标系的旋转矩阵变换。

${}^{i}R_j$为j坐标系相对i坐标系的旋转矩阵变换，因为坐标系$\{A\}$相对坐标系$\{B\}$没有旋转变换，所以${}^{A}\boldsymbol{R}_B=\boldsymbol{I}$，${}^{O_3}\boldsymbol{R}_A={}^{O_3}\boldsymbol{R}_B$。$\boldsymbol{J}_A=[\boldsymbol{J}_{PA} \quad \boldsymbol{J}_{\omega A}]^{\mathrm{T}}$，为左机械臂独立雅可比矩阵；$\boldsymbol{J}_B=[\boldsymbol{J}_{PB} \quad \boldsymbol{J}_{\omega B}]^{\mathrm{T}}$，为右机械臂独立雅可比矩阵。

$\boldsymbol{S}(\boldsymbol{p}_R)$中各元素的具体表达式为

$$x_R=[l_5\cos q_5+l_6\cos(q_5+q_6)]\cos q_4-[l_2\cos q_2+l_3\cos(q_2+q_3)]\cos q_1$$

$$y_R=2l+[l_5\cos q_5+l_6\cos(q_5+q_6)]\sin q_4-[l_2\cos q_2+l_3\cos(q_2+q_3)]\sin q_1$$

$$z_R=[l_4+l_5\sin q_5+l_6\sin(q_5+q_6)]-[l_1+l_2\sin q_2+l_3\sin(q_2+q_3)]$$

${}^{O_3}\boldsymbol{R}_A$、${}^{O_3}\boldsymbol{R}_B$中各旋转矩阵展开式为

$${}^{O_3}\boldsymbol{R}_{O_2}=\begin{bmatrix} \cos q_3 & -\sin q_3 & 0 \\ \sin q_3 & \cos q_3 & 0 \\ 0 & 0 & 1 \end{bmatrix}^{\mathrm{T}}$$

$${}^{O_2}\boldsymbol{R}_{O_1}=\begin{bmatrix} \cos q_2 & -\sin q_2 & 0 \\ \sin q_2 & \cos q_2 & 0 \\ 0 & 0 & 1 \end{bmatrix}^{\mathrm{T}}$$

$${}^{O_1}\boldsymbol{R}_A=\begin{bmatrix} 1 & 0 & 0 \\ 0 & 0 & -1 \\ 0 & 1 & 0 \end{bmatrix}^{\mathrm{T}}\begin{bmatrix} \cos q_1 & -\sin q_1 & 0 \\ \sin q_1 & \cos q_1 & 0 \\ 0 & 0 & 1 \end{bmatrix}^{\mathrm{T}}$$

$\boldsymbol{J}_A$展开式为

$$\boldsymbol{J}_A=\begin{bmatrix} J_{A11} & J_{A12} & J_{A13} \\ J_{A21} & J_{A22} & J_{A23} \\ J_{A31} & J_{A32} & J_{A33} \\ 0 & \sin q_1 & \sin q_1 \\ 0 & -\cos q_1 & -\cos q_1 \\ 1 & 0 & 0 \end{bmatrix}$$

$\boldsymbol{J}_A$中各元素的具体表达式为

$$J_{A11}=-[l_2\cos q_2+l_3\cos(q_2+q_3)]\sin q_1$$
$$J_{A12}=-[l_2\sin q_2+l_3\sin(q_2+q_3)]\cos q_1$$
$$J_{A13}=-l_3\sin(q_2+q_3)\cos q_1$$
$$J_{A21}=[l_2\cos q_2+l_3\cos(q_2+q_3)]\cos q_1$$

$$J_{A22} = -[l_2 \sin q_2 + l_3 \sin(q_2 + q_3)]\sin q_1$$
$$J_{A23} = -l_3 \sin(q_2 + q_3)\sin q_1$$
$$J_{A31} = 0$$
$$J_{A32} = l_2 \cos q_2 + l_3 \cos(q_2 + q_3)$$
$$J_{A33} = l_3 \cos(q_2 + q_3)$$

$\boldsymbol{J}_B$展开式为

$$\boldsymbol{J}_B = \begin{bmatrix} J_{B11} & J_{B12} & J_{B13} \\ J_{B21} & J_{B22} & J_{B23} \\ J_{B31} & J_{B32} & J_{B33} \\ 0 & \sin q_4 & \sin q_4 \\ 0 & -\cos q_4 & -\cos q_4 \\ 1 & 0 & 0 \end{bmatrix}$$

$\boldsymbol{J}_B$中各元素的具体表达式为

$$J_{B11} = -[l_5 \cos q_5 + l_6 \cos(q_5 + q_6)]\sin q_4$$
$$J_{B12} = -[l_5 \sin q_5 + l_6 \sin(q_5 + q_6)]\cos q_4$$
$$J_{B13} = -l_6 \sin(q_5 + q_6)\cos q_4$$
$$J_{B21} = [l_5 \cos q_5 + l_6 \cos(q_5 + q_6)]\cos q_4$$
$$J_{B22} = -[l_5 \sin q_5 + l_6 \sin(q_5 + q_6)]\sin q_4$$
$$J_{B23} = -l_6 \sin(q_5 + q_6)\sin q_4$$
$$J_{B31} = 0$$
$$J_{B32} = l_5 \cos q_5 + l_6 \cos(q_5 + q_6)$$
$$J_{B33} = l_6 \cos(q_5 + q_6)$$

相对雅可比矩阵为

$$\boldsymbol{J}_R = \begin{bmatrix} -\boldsymbol{\Psi}_R \, {}^{O_3}\boldsymbol{\Omega}_A \boldsymbol{J}_A & {}^{O_3}\boldsymbol{\Omega}_B \boldsymbol{J}_B \end{bmatrix} \tag{6.41}$$

式中，$\boldsymbol{\psi}_R = \begin{bmatrix} \boldsymbol{I} & -\boldsymbol{S}(\boldsymbol{p}_R) \\ \boldsymbol{0} & \boldsymbol{I} \end{bmatrix}$；${}^j\boldsymbol{\Omega}_i = \begin{bmatrix} {}^j\boldsymbol{R}_i & \boldsymbol{0} \\ \boldsymbol{0} & {}^j\boldsymbol{R}_i \end{bmatrix}$。

由式（6.41）可以清楚地看到，使用上述方法导出相对雅可比矩阵$\boldsymbol{J}_R$，只需要导出变换矩阵$\boldsymbol{\psi}_R$和旋转矩阵${}^j\boldsymbol{\Omega}_i$，然后结合两独立机械臂的雅可比矩阵$\boldsymbol{J}_A$和$\boldsymbol{J}_B$即可组成相对雅可比矩阵$\boldsymbol{J}_R$。这样，当单机械臂雅可比矩阵被给出时，没有必要从早期的研究中从头开始求解相对雅可比矩阵，或计算一些未简化的矩阵方程[15-18]。此外，由于相对雅可比行列式的组成是有效模块化的，因此可以移除一个或两个机器人并替换其他机器人及其相应的雅可比行列式，或者当机器人基座的位置改变时，仅需要修改变换矩阵。上述方法直观、具体，明确地显示了独立的雅可比矩阵，使得每个机械臂对相对雅可比矩阵$\boldsymbol{J}_R$的贡献非常清楚。因此，其仍然可以执行每个机械臂的单独控制，但是现在为双臂整体控制器的组件。另外，相应的旋转矩阵${}^j\boldsymbol{\Omega}_i$将每个机械臂的雅可比矩阵从其基坐标系变换到运动惯性坐标系，然而只有$\boldsymbol{J}_A$乘以变换矩阵$\boldsymbol{\psi}_R$，因为左机械臂末端是连接移动的运动惯性坐标系的位置。这类似于雅可比矩阵[19-21]中带有变换矩阵的并联机构，其中运动惯性坐标系附着在移动平台上，如果这些矩阵没有明确分组，那么单个雅可比矩阵及其相应的变换是不可能实现的。

式（6.41）中的变换矩阵$\boldsymbol{\psi}_R$没有出现在并联机械臂雅可比矩阵的先前表达式中。在双臂协作机器人是一种并联机构的情况下，${}^{O_3}\boldsymbol{p}_{O_6}$被认为是恒定的，并围绕左机械臂端部旋转。当左机械臂终端的旋转速度接近0时，该项在相对平移速度中可以忽略不计。

相对雅可比矩阵建立了两机械臂之间的联系，描述了两机械臂末端的相对关系。在研究双臂运动的轨迹规划时，不需要分析两个单独机械臂的运动，计算合成两机械臂的协调运动，可以借助相对雅可比矩阵，直接研究两机械臂的相对运动。将相对雅可比矩阵引入建立的动力学模型表达式中，两机械臂的动力学模型就不再是独立的，然而一般动力学模型中是没有雅可比矩阵的。雅可比矩阵不仅表示操作空间与关节空间的速度映射关系，也表示二者之间的力传递关系。利用虚功原理，可以通过雅可比矩阵建立机器人关节力矩与末端力之间的关系，同时为下面相对动力学建模提供理论支持。

6.4 双臂协作机器人动力学建模

根据图6.1所示的空间六自由度双臂协作机器人模型，利用拉格朗日方程建立双臂协作机器人动力学模型：

$$\frac{\mathrm{d}}{\mathrm{d}t}\left(\frac{\partial L}{\partial \dot{q}_i}\right)-\frac{\partial L}{\partial q_i}=\tau_i \tag{6.42}$$

式中，L为系统动能与位能差，$L=K-P$，K为系统动能，P为系统位能；$\boldsymbol{q}=\left[q_1 q_2 \cdots q_i\right]^{\mathrm{T}}$，为系统广义坐标，机器人各关节转动角度$q_i$即为广义坐标，不需要重新求解；$\boldsymbol{\tau}=[\tau_1\tau_2\cdots\tau_i]^T$，为机器人各关节力矩。

6.4.1 匀质连杆动能求解方法

简化机器人模型是求解系统动能的关键，简化的方法不同直接影响模型的求解精度。现有工业机器人多为六自由度或七自由度，其中六自由度为现阶段实际生活中的工业机器人或模块化机器人，如UR协作机器人等；而七自由度是冗余度机器人，大多是针对特殊作业任务。冗余度机器人具有冗余自由度，当机器人末端沿着一定轨迹运动时，机器人的关节运动有无数组解，即机器人有无数种位姿状态完成目标任务。无论六自由度还是七自由度机器人，在求解其系统动能时都是非常烦琐的，因为其自由度数较多，即关节和连杆较多，耦合度很高，越靠近机器人末端的关节和连杆，其系统动能的表达式越烦琐。为了简化求解系统动能的表达式，减少计算量，常用的方法是将机器人连杆的质量集中到连杆质心，把机器人的关节简化成质点。因为实际上连杆的动能可以拆分为平动动能和自身转动动能，但是多关节的转动都对连杆的动能产生影响，所以传统的物理计算方法并不适用。将机器人连杆的质量集中到连杆质心后，可以认为其自身转动没有动能产生，所以大大简化了计算。但是，为了建模更接近实际，应将关节连杆看作匀质杆，不能忽视其自身转动；而关节也应该有体积，并看作是匀质的。

这里以一个平面二连杆为例给出一种求匀质杆动能的方法，此方法用到了运动学的求导法和积分法。平面二连杆机构由 2 个关节和 2 个连杆构成，2 个关节各具有 1 个旋转自由度，将关节简化为质点，将连杆简化为匀质杆，如图 6.3 所示。

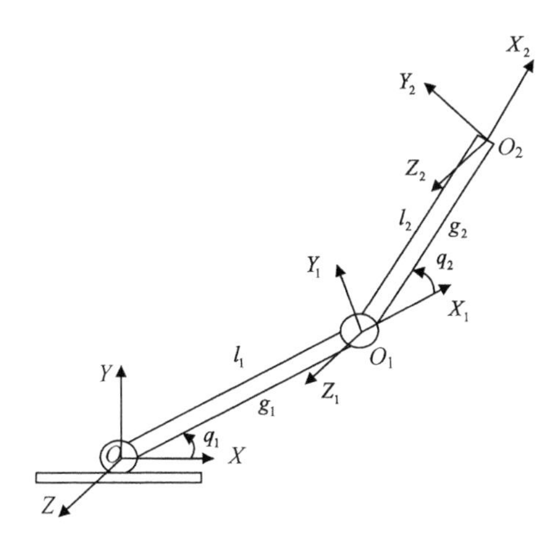

$O-XYZ$ —运动惯性坐标系；$O_i-X_iY_iZ_i(i=1,2)$ —各连杆坐标系；$l_i(i=1,2)$ —各连杆长度；$g_i(i=1,2)$ —各连杆质量；$q_i(i=1,2)$ —各关节转动角度。

图 6.3　平面二连杆模型

如图 6.3 所示，连杆 1 的动能为

$$K_{l_1}=\frac{1}{6}g_1l_1^2\dot{q}_1^2 \tag{6.43}$$

连杆 2 不能像连杆 1 一样简单得到其绕转动中心转动的角速度，因为连杆 2 不只是绕关节 2 转动，还绕关节 1 转动，要通过确定连杆 2 的转动中心，再计算其动能，过程极其繁杂，所以考虑通过其他方法求解。定义连杆 2 上一小段长度为 dl，此小段到连杆旋转关节的距离为 l，连杆密度为 ρ，则可以用一个二维坐标表示此点位置：

$$\begin{cases}x=l_1\cos q_1+l_2\cos(q_1+q_2)\\ y=l_1\sin q_1+l_2\sin(q_1+q_2)\end{cases} \tag{6.44}$$

式（6.44）两边对时间求导，得到连杆此处的速度表达式为

$$\begin{cases}\dot{x}=-l_1\dot{q}_1\sin q_1-l_2(\dot{q}_1+\dot{q}_2)\sin(q_1+q_2)\\ \dot{y}=l_1\dot{q}_1\cos q_1+l_2(\dot{q}_1+\dot{q}_2)\cos(q_1+q_2)\end{cases} \tag{6.45}$$

再对连杆 2 进行积分运算，得到连杆 2 的动能表达式：

$$\begin{aligned}K_{l_2}&=\int_0^{l_2}\frac{1}{2}\rho(\dot{x}^2+\dot{y}^2)\mathrm{d}l\\&=\frac{1}{2}g_2\left(l_1^2+\frac{1}{3}l_2^2+l_1l_2\cos q_2\right)\dot{q}_1^2+\frac{1}{6}g_2l_2^2\dot{q}_2^2+\left(\frac{1}{3}l_2^2+\frac{1}{2}l_1l_2\cos q_2\right)g_2\dot{q}_1\dot{q}_2\end{aligned} \tag{6.46}$$

6.4.2　双臂协作机器人系统动能与位能

利用上述方法，计算图 6.1 中左机械臂的系统动能和位能。

关节 1 的动能和位能为

$$K_{G_1} = P_{G_1} = 0 \tag{6.47}$$

关节 2 的动能为

$$K_{G_2} = 0 \tag{6.48}$$

关节 2 的位能为

$$P_{G_2} = l_1 G_2 g \tag{6.49}$$

式中， g 为重力加速度。

连杆 1 的动能为

$$K_{l_1} = 0 \tag{6.50}$$

连杆 1 的位能为

$$P_{l_1} = \frac{1}{2} l_1 g_1 g \tag{6.51}$$

关节 3 的动能为

$$K_{G_3} = \frac{1}{2} G_3 l_2^2 \dot{q}_2^2 + \frac{1}{2} G_3 l_2^2 \dot{q}_1^2 \cos^2 q_2 \tag{6.52}$$

关节 3 的位能为

$$P_{G_3} = G_3 g (l_2 \sin q_2 + l_1) \tag{6.53}$$

连杆 2 的动能为

$$K_{l_2} = \frac{1}{6} g_2 (l_2^2 \dot{q}_2^2 + l_2^2 \dot{q}_1^2 \cos^2 q_2) \tag{6.54}$$

连杆 2 的位能为

$$P_{l_2} = g_2 g \left(\frac{1}{2} l_2 \sin q_2 + l_1 \right) \tag{6.55}$$

机器人末端执行器和夹持物体的动能为

$$\begin{aligned} K_{G_{W_1}} = & \frac{1}{2} G_{W_1} [l_2^2 \dot{q}_2^2 + l_3^2 (\dot{q}_2 + \dot{q}_3)^2 + 2 l_2 l_3 \dot{q}_2 (\dot{q}_2 + \dot{q}_3) \cos q_3] \\ & + \frac{1}{2} G_{W_1} [l_3 \cos(q_2 + q_3) + l_2 \cos q_2]^2 \dot{q}_1^2 \end{aligned} \tag{6.56}$$

机器人末端执行器和夹持物体的位能为

$$P_{G_{W_1}} = G_{W_1} g [l_3 \sin(q_2 + q_3) + l_2 \sin q_2 + l_1] \tag{6.57}$$

连杆 3 的动能为

$$\begin{aligned} K_{l_3} = & \int_0^{l_3} \frac{1}{2} \rho [l_2^2 \dot{q}_2^2 + l^2 (\dot{q}_2 + \dot{q}_3)^2 + 2 l_2 l \dot{q}_2 (\dot{q}_2 + \dot{q}_3) \cos q_3] \mathrm{d}l \\ & + \frac{1}{6} g_3 l_3^2 \cos^2 (q_2 + q_3) \dot{q}_1^2 + \frac{1}{2} g_3 l_2^2 \dot{q}_1^2 \cos^2 q_2 \end{aligned} \tag{6.58}$$

连杆 3 的位能为

$$P_{l_3} = g_3 g \left[\frac{1}{2} l_3 \sin(q_2 + q_3) + l_2 \sin q_2 + l_1 \right] \tag{6.59}$$

系统的总动能为

$$K = K_{G_1} + K_{G_2} + K_{G_3} + K_{G_{W_1}} + K_{l_1} + K_{l_2} + K_{l_3} \tag{6.60}$$

系统的总位能为

$$P = P_{G_1} + P_{G_2} + P_{G_3} + P_{G_{W_1}} + P_{l_1} + P_{l_2} + P_{l_3} \tag{6.61}$$

因为不考虑机器人各关节的体积和自身的旋转动能，所以关节 1 相当于固定在地面不动，其动能和位能都为 0。将机器人各连杆简化成匀质杆，忽略其体积，不考虑连杆绕自身轴线旋转的动能，所以连杆 1 的动能为 0。

式（6.60）和式（6.61）分别为图 6.1 中左机械臂的系统总动能与总位能，右机械臂与左机械臂的结构相同，系统总动能与总位能的计算过程与方法也与此相同，计算结果相似，所以这里不再推导和罗列计算结果。

6.4.3 双臂机器人动力学模型的建立

将求得的两机械臂系统总动能和总位能代入式（6.42），经过求导计算并简化，得到双臂动力学模型：

$$\boldsymbol{M}(\boldsymbol{q})\ddot{\boldsymbol{q}} + \boldsymbol{H}(\boldsymbol{q},\dot{\boldsymbol{q}}) + \boldsymbol{G}(\boldsymbol{q}) = \boldsymbol{\tau} \tag{6.62}$$

式中，

$$\boldsymbol{M}(\boldsymbol{q}) = \begin{bmatrix} M_{11} & \cdots & M_{16} \\ \vdots & & \vdots \\ M_{61} & \cdots & M_{66} \end{bmatrix}$$

为对称、正定的质量矩阵；

$$\boldsymbol{H}(\boldsymbol{q},\dot{\boldsymbol{q}}) = \begin{bmatrix} H_{11} & \cdots & H_{16} \\ \vdots & & \vdots \\ H_{61} & \cdots & H_{66} \end{bmatrix} \begin{bmatrix} \dot{q}_1^2 \\ \vdots \\ \dot{q}_6^2 \end{bmatrix} + \begin{bmatrix} h_{11} & \cdots & h_{16} \\ \vdots & & \vdots \\ h_{61} & \cdots & h_{66} \end{bmatrix} \begin{bmatrix} \dot{q}_1\dot{q}_2 \\ \dot{q}_1\dot{q}_3 \\ \dot{q}_2\dot{q}_3 \\ \dot{q}_4\dot{q}_5 \\ \dot{q}_4\dot{q}_6 \\ \dot{q}_5\dot{q}_6 \end{bmatrix}$$

为包括哥氏力、离心力的广义力矢量；$\boldsymbol{G}(\boldsymbol{q}) = [P_1 \quad P_2 \quad P_3 \quad P_4 \quad P_5 \quad P_6]^{\mathrm{T}}$，为双臂重力项；$\boldsymbol{\tau} = [\tau_1 \quad \tau_2 \quad \tau_3 \quad \tau_4 \quad \tau_5 \quad \tau_6]^{\mathrm{T}}$，为两机械臂关节力矩；$\boldsymbol{q} = [q_1 \quad q_2 \quad q_3 \quad q_4 \quad q_5 \quad q_6]^{\mathrm{T}}$，为两机械臂关节转动角。

其中，$\boldsymbol{M}(\boldsymbol{q})$ 中各元素的具体表达式为

$$\begin{aligned} M_{11} = {} & \left(G_3 + \frac{1}{3}g_2\right) l_2^2 \cos^2 q_2 + G_{W_1}[l_3 \cos(q_2+q_3) + l_2 \cos q_2]^2 \\ & + g_3 \left[\frac{1}{3} l_3^2 \cos^2(q_2+q_3) + l_2^2 \cos^2 q_2\right] \end{aligned}$$

$$\begin{aligned} M_{22} = {} & G_3 l_2^2 + \frac{1}{3} g_2 l_2^2 + G_{W_1}(l_2^2 + l_3^2 + 2l_2 l_3 \cos q_3) \\ & + g_3 \left(l_2^2 + \frac{1}{3} l_3^2 + l_2 l_3 \cos q_3\right) \end{aligned}$$

$$M_{23}=G_{W_1}(l_3^2+l_2l_3\cos q_3)+g_3\left(\frac{1}{3}l_3^2+\frac{1}{2}l_2l_3\cos q_3\right)$$

$$M_{32}=G_{W_1}(l_3^2+l_2l_3\cos q_3)+g_3\left(\frac{1}{3}l_3^2+\frac{1}{2}l_2l_3\cos q_3\right)$$

$$M_{33}=G_{W_1}l_3^2+\frac{1}{3}g_3l_3^2$$

$$M_{44}=\left(G_6+\frac{1}{3}g_5\right)l_5^2\cos^2 q_5+G_{W_2}[l_6\cos(q_5+q_6)+l_5\cos q_5]^2$$
$$+g_6\left[\frac{1}{3}l_6^2\cos^2(q_5+q_6)+l_5^2\cos^2 q_5\right]$$

$$M_{55}=G_6l_5^2+\frac{1}{3}g_5l_5^2+G_{W_2}(l_5^2+l_6^2+2l_5l_6\cos q_6)$$
$$+g_6\left(l_5^2+\frac{1}{3}l_6^2+l_5l_6\cos q_6\right)$$

$$M_{56}=G_{W_2}(l_6^2+l_5l_6\cos q_6)+g_6\left(\frac{1}{3}l_6^2+\frac{1}{2}l_5l_6\cos q_6\right)$$

$$M_{65}=G_{W_2}(l_6^2+l_5l_6\cos q_6)+g_6\left(\frac{1}{3}l_6^2+\frac{1}{2}l_5l_6\cos q_6\right)$$

$$M_{66}=G_{W_2}l_6^2+\frac{1}{3}g_6l_6^2$$

$\boldsymbol{H}(\boldsymbol{q},\dot{\boldsymbol{q}})$ 中各元素的具体表达式为

$$H_{21}=\left(G_3+\frac{1}{3}g_2\right)l_2^2\cos q_2\sin q_2$$
$$+G_{W_1}[l_3\cos(q_2+q_3)+l_2\cos q_2]\times[l_3\sin(q_2+q_3)+l_2\sin q_2]$$
$$+g_3\left[\frac{1}{3}l_3^2\cos(q_2+q_3)\sin(q_2+q_3)+l_2^2\cos q_2\sin q_2\right]$$

$$H_{23}=-G_{W_1}l_2l_3\sin q_3-\frac{1}{2}g_3l_2l_3\sin q_3$$

$$H_{31}=G_{W_1}l_3\sin(q_2+q_3)[l_3\cos(q_2+q_3)+l_2\cos q_2]$$
$$+\frac{1}{3}g_3l_3^2\cos(q_2+q_3)\sin(q_2+q_3)$$

$$H_{32}=G_{W_1}l_2l_3\sin q_3+\frac{1}{2}g_3l_2l_3\sin q_3$$

$$H_{54}=\left(G_6+\frac{1}{3}g_5\right)l_5^2\cos q_5\sin q_5$$
$$+G_{W_2}[l_6\cos(q_5+q_6)+l_5\cos q_5]\times[l_6\sin(q_5+q_6)+l_5\sin q_5]$$
$$+g_6\left[\frac{1}{3}l_6^2\cos(q_5+q_6)\sin(q_5+q_6)+l_5^2\cos q_5\sin q_5\right]$$

$$H_{56}=-G_{W_2}l_5l_6\sin q_6-\frac{1}{2}g_6l_5l_6\sin q_6$$

$$H_{64} = G_{W_2} l_6 \sin(q_5 + q_6)[l_6 \cos(q_5 + q_6) + l_5 \cos q_5] + \frac{1}{3} g_6 l_6^2 \cos(q_5 + q_6)\sin(q_5 + q_6)$$

$$H_{65} = G_{W_2} l_5 l_6 \sin q_6 + \frac{1}{2} g_6 l_5 l_6 \sin q_6$$

$$h_{11} = -\left(2G_3 + \frac{2}{3} g_2\right) l_2^2 \cos q_2 \sin q_2 - 2G_{W_1}[l_3 \cos(q_2 + q_3) + l_2 \cos q_2] \times [l_3 \sin(q_2 + q_3) + l_2 \sin q_2] - g_3 \left[\frac{2}{3} l_3^2 \cos(q_2 + q_3)\sin(q_2 + q_3) + 2l_2^2 \cos q_2 \sin q_2\right]$$

$$h_{12} = -2G_{W_1} l_3 \sin(q_2 + q_2)[l_3 \cos(q_2 + q_3) + l_2 \cos q_2] - \frac{2}{3} g_3 l_3^2 \cos(q_2 + q_3)\sin(q_2 + q_3)$$

$$h_{23} = -2G_{W_1} l_2 l_3 \sin q_3 - g_3 l_2 l_3 \sin q_3$$

$$h_{44} = -\left(2G_6 + \frac{2}{3} g_5\right) l_5^2 \cos q_5 \sin q_5 - 2G_{W_2}[l_6 \cos(q_5 + q_6) + l_5 \cos q_5] \times [l_6 \sin(q_5 + q_6) + l_5 \sin q_5] - g_6 \left[\frac{2}{3} l_6^2 \cos(q_5 + q_6)\sin(q_5 + q_6) + 2l_5^2 \cos q_5 \sin q_5\right]$$

$$h_{45} = -2G_{W_5} l_6 \sin(q_5 + q_5)[l_6 \cos(q_5 + q_6) + l_5 \cos q_5] - \frac{2}{3} g_6 l_6^2 \cos(q_5 + q_6)\sin(q_5 + q_6)$$

$$h_{56} = -2G_{W_2} l_5 l_6 \sin q_6 - g_6 l_5 l_6 \sin q_6$$

$\boldsymbol{G}(\boldsymbol{q})$ 中各元素的具体表达式为

$$P_2 = G_3 l_2 g \cos q_2 + \frac{1}{2} g_2 l_2 g \cos q_2 + G_{W_1} g[l_3 \cos(q_2 + q_3) + l_2 \cos q_2] + g_3 g\left[\frac{1}{2} l_3 \cos(q_2 + q_3) + l_2 \cos q_2\right]$$

$$P_3 = G_{W_1} g l_3 \cos(q_2 + q_3) + \frac{1}{2} g_3 g l_3 \cos(q_2 + q_3)$$

$$P_5 = G_6 l_5 g \cos q_5 + \frac{1}{2} g_5 l_5 g \cos q_5 + G_{W_2} g[l_6 \cos(q_5 + q_6) + l_5 \cos q_5] + g_6 g\left[\frac{1}{2} l_6 \cos(q_5 + q_6) + l_5 \cos q_5\right]$$

$$P_6 = G_{W_2} g l_6 \cos(q_5 + q_6) + \frac{1}{2} g_6 g l_6 \cos(q_5 + q_6)$$

$\boldsymbol{M}(\boldsymbol{q})$ 、 $\boldsymbol{H}(\boldsymbol{q},\dot{\boldsymbol{q}})$ 和 $\boldsymbol{G}(\boldsymbol{q})$ 中未写出的元素具体表达式为 0。

机器人动力学建模时，基于拉格朗日方程或牛顿-欧拉方程建立了关节运动参数与关节力矩之间的关系，为机器人的精确控制提供了模型基础。双臂动力学建模也是基于拉格朗日方程或牛顿-欧拉方程建立了双臂关节运动参数与力矩之间的关系，然而这样建立的动力学方程本质上只是将两个单臂的动力学模型叠加在一起，用一个矩阵方程表示，其与单臂的动力学模型形式相同，缺少构建双臂运动关系的参数项，并没有建立两机械臂之间的联系。利用这样的双臂模型进行协调控制，与对两机械臂进行单独控制是一样的，没有本质区别。所以，要通过相对雅可比矩阵建立两机械臂之间的联系，利用虚位移原理建立两臂关节力矩与末端相对力的关系，从而得到双臂协调相对动力学模型。下面将利用相对雅可比矩阵构建两机械臂之间的联系。

6.5　双臂协作机器人相对动力学建模

相对动力学模型区别于一般动力学模型，该模型是为了在同一系统中建立两机械臂之间的联系，建立其共同的动力学关系，为之后的双臂协调控制研究奠定基础。建立的双臂动力学模型之所以是相对动力学模型，主要有两点原因。第一，现在关于双臂的动力学模型缺少一般性，多为针对特殊的工作环境或任务开发，如太空空间抓取目标物体；或者作业任务的约束性强，如码垛机器人。所以，为了能更好地研究双臂协调控制，需要建立两机械臂相对动力学模型。第二，为了建立两臂之间的联系。相对雅可比矩阵可以描述两机械臂末端相对速度和角速度与关节速度之间的关系，应用相对雅可比矩阵可以建立两机械臂末端相对力与关节参数之间的关系，进行双臂的相对动力学建模。

两机械臂末端相对力与相对速度在相对概念上是一样的，相对速度中的相对是指两物体运动时其速度矢量的差值，没有限定两物体必须是相对运动，所以相对力是两机械臂末端力的差值。当两机械臂相对运动时，相对力的大小就是两机械臂末端力矢量的和。在工业应用中，如果两机械臂进行装配或加工，其末端接触时的接触力大小就是两机械臂的末端相对力；而当两机械臂同向运动并且末端力大小相同时，相对力为 0。例如，码垛机器人，当两机械臂夹持物体进行搬运动作时，按照相对动力学理论，物体受力应该为 0，因为两末端力大小相同，方向相反。但是实际上物体受到两个机械臂的末端力，以保证物体不掉落并随着两机械臂末端移动。

相对动力学模型对应相对雅可比矩阵，是利用相对雅可比矩阵对一般动力学模型的进一步推导。推导过程不仅是两个单臂动力学模型的普通结合，而是在同一个系统中将双臂看作单机械臂。

利用单臂雅可比矩阵构建两机械臂末端速度与各关节速度的联系，其表达式为

$$\dot{\boldsymbol{X}} = \boldsymbol{J}\dot{\boldsymbol{q}} \tag{6.63}$$

式中，$\dot{\boldsymbol{X}}$ 为两机械臂末端速度和角速度；$\boldsymbol{J} = \begin{bmatrix} \boldsymbol{J}_A & \boldsymbol{0} \\ \boldsymbol{0} & \boldsymbol{J}_B \end{bmatrix}$，为两机械臂的雅可比矩阵。

单臂机器人的动力学方程可以利用雅可比矩阵，并结合虚位移原理，构建机器人各关节力矩与末端作用力的矩阵方程。其中，虚位移原理将静力学问题变成动力学问题，其定义是：对于具有理想约束的质点系，其平衡的充分必要条件是，作用于质点系的所有主动力在任何虚位移上所做虚功的和等于 0。在机器人动力学方程中利用虚位移原理，

将机器人末端作用力作为主动力，关节力矩作为约束反力。在主动力，即机器人末端力的作用下，机器人末端和关节空间产生了约束允许范围内的微小位移，这时，机器人末端力在末端微小位移做的功与各关节力矩在关节空间微小位移做的功的总和为 0，这样就建立了机器人末端力与关节力矩之间的关系。再通过雅可比矩阵表示机器人末端与关节空间微小位移的关系，经过推导化简，改写动力学方程，从而利用新动力学方程进行机器人的进一步研究。

对式（6.63）两边微分得

$$\delta \boldsymbol{X} = \boldsymbol{J}\delta \boldsymbol{q} \tag{6.64}$$

式中，$\delta \boldsymbol{q}$ 为两机械臂各关节虚位移；$\delta \boldsymbol{X}$ 为两机械臂末端虚位移和虚角位移。

式（6.64）利用雅可比矩阵构建了两机械臂末端微小位移与关节空间的关系，为化简虚功方程奠定了基础。根据虚位移原理，两机械臂各关节所做虚功之和与末端所做虚功相等：

$$\boldsymbol{\tau}^{\mathrm{T}}\delta \boldsymbol{q} = \boldsymbol{F}^{\mathrm{T}}\delta \boldsymbol{X} \tag{6.65}$$

式中，$\boldsymbol{F}$ 为两机械臂末端力和力矩。

将雅可比矩阵引入虚功方程，代换两机械臂末端微小位移，将式（6.64）代入式（6.65）得

$$\boldsymbol{\tau}^{\mathrm{T}}\delta \boldsymbol{q} = \boldsymbol{F}^{\mathrm{T}}\boldsymbol{J}\delta \boldsymbol{q} \tag{6.66}$$

将式（6.66）两端化简得

$$\boldsymbol{\tau} = \boldsymbol{J}^{\mathrm{T}}\boldsymbol{F} \tag{6.67}$$

为了得到两机械臂的相对动力学模型，定义 $\boldsymbol{F}_R = [\boldsymbol{F}_{Ri} \quad \boldsymbol{\tau}_{Ri}]^{\mathrm{T}} (i = x, y, z)$ 为机器人末端相对力和力矩组成的列矢量，其中，$\boldsymbol{F}_{Ri} = \boldsymbol{F}_{Ai} - \boldsymbol{F}_{Bi}$，$\boldsymbol{\tau}_{Ri} = \boldsymbol{\tau}_{Ai} - \boldsymbol{\tau}_{Bi}$，则

$$\boldsymbol{F}_R = \boldsymbol{W}\boldsymbol{F} \tag{6.68}$$

式中，$\boldsymbol{W}=\left[\begin{array}{cccccc:cccccc} 1 & 0 & 0 & 0 & 0 & 0 & -1 & 0 & 0 & 0 & 0 & 0 \\ 0 & 1 & 0 & 0 & 0 & 0 & 0 & -1 & 0 & 0 & 0 & 0 \\ 0 & 0 & 1 & 0 & 0 & 0 & 0 & 0 & -1 & 0 & 0 & 0 \\ 0 & 0 & 0 & 1 & 0 & 0 & 0 & 0 & 0 & -1 & 0 & 0 \\ 0 & 0 & 0 & 0 & 1 & 0 & 0 & 0 & 0 & 0 & -1 & 0 \\ 0 & 0 & 0 & 0 & 0 & 1 & 0 & 0 & 0 & 0 & 0 & -1 \end{array}\right]$。

由矩阵运算公式 $\boldsymbol{A}\boldsymbol{A}^{-1} = \boldsymbol{A}\boldsymbol{A}^{+} = 1$，可设未知矩阵 $\boldsymbol{N}$ 满足上述运算公式，即

$$\boldsymbol{N}^{\mathrm{T}}(\boldsymbol{N}^{\mathrm{T}})^{+} = 1$$

因此，式（6.67）可以写为

$$\boldsymbol{\tau} = \boldsymbol{J}^{\mathrm{T}}\boldsymbol{F} = \boldsymbol{J}^{\mathrm{T}}\boldsymbol{N}^{\mathrm{T}}(\boldsymbol{N}^{\mathrm{T}})^{+}\boldsymbol{F} = \boldsymbol{J}^{\mathrm{T}}\boldsymbol{N}^{\mathrm{T}}(\boldsymbol{N}^{\mathrm{T}})^{+}\boldsymbol{W}^{+}\boldsymbol{W}\boldsymbol{F} = \boldsymbol{J}_Y^{\mathrm{T}}(\boldsymbol{N}^{\mathrm{T}})^{+}\boldsymbol{W}^{+}\boldsymbol{F}_R \tag{6.69}$$

其中，$\boldsymbol{J}_Y^{\mathrm{T}}$ 是 $\boldsymbol{J}_Y$ 的转置，$\boldsymbol{J}_Y = \boldsymbol{N}\boldsymbol{J}$。

设 $\boldsymbol{Y} = (\boldsymbol{N}^{\mathrm{T}})^{+}\boldsymbol{W}^{+}$, $\boldsymbol{J}_R^{\mathrm{T}} = (\boldsymbol{Y}^{\mathrm{T}}\boldsymbol{J}_Y)^{\mathrm{T}}$，则式（6.69）变为

$$\boldsymbol{\tau} = \boldsymbol{J}_R^{\mathrm{T}}\boldsymbol{F}_R \tag{6.70}$$

式(6.70)建立了两机械臂关节力矩与末端相对力的关系，将式(6.70)代入式(6.62)中，得

$$M(q)\ddot{q}+H(q,\dot{q})+G(q)=\tau=J_R^{\mathrm{T}}F_R \tag{6.71}$$

式（6.71）构建了两机械臂关节运动参数与末端相对力的联系。为进一步推导末端相对力的表达式，基于广义逆定理[22-24]，变换式（6.71），得

$$F_R=(J_R^{\mathrm{T}})^{+}[M(q)\ddot{q}+H(q,\dot{q})+G(q)]+[I-(J_R^{\mathrm{T}})^{+}J_R^{\mathrm{T}}]\delta \tag{6.72}$$

式中，$(J_R^{\mathrm{T}})^{+}$为J_R^{T}的广义逆矩阵；I为6×6阶单位阵。

式（6.72）为两机械臂末端相对力表达式，即双臂协作机器人相对动力学模型。利用此模型可以直接求解双臂运动时的末端相对力，不需要再分别求解两机械臂各自的末端力，再通过矢量合成得到。

式（6.72）中，J_R^{T}为6×6阶方阵，但是其行列式可能为0，所以J_R^{T}不一定有逆矩阵，需要利用广义逆变换。J_R的行列数不是固定不变的，其行数与双臂动力学模型考虑的因素有关。若模型是平面的，两机械臂末端相对速度矢量有3个元素，即2个方向速度和1个方向角速度，此时相对雅可比矩阵的行数为3。J_R的列数与双臂的关节数，即自由度数有关。例如，双臂模型总自由度数为6，则相对雅可比矩阵的列数为6。$(J_R^{\mathrm{T}})^{+}[M(q)\ddot{q}+H(q,\dot{q})+G(q)]$为操作力项，表示力或力矩在双臂运动时做功的部分；$[I-(J_R^{\mathrm{T}})^{+}J_R^{\mathrm{T}}]\delta$为动力学方程的内力项[25-28]，即该矩阵方程表示的力或力矩在双臂运动时是不做功的，并且$[I-(J_R^{\mathrm{T}})^{+}J_R^{\mathrm{T}}]\delta$定义在$J_R^{\mathrm{T}}$的零空间内[29-31]，存在关系$(J_R^{\mathrm{T}})^{+}[I-(J_R^{\mathrm{T}})^{+}J_R^{\mathrm{T}}]\delta=0$。

6.6 基于双臂相对动力学模型的仿真与实验

本节主要验证双臂相对动力学模型的正确性。首先选定实验对象——安川双臂协作机器人SDA10F，分析其结构特点，从而确定实验思路；然后确定实验时安川双臂协作机器人SDA10F的运动关节，设计运动轨迹路线，从而确定关节运动参数；再结合实际双臂的结构数据，在MATLAB软件环境中进行仿真，求得双臂相对动力学仿真曲线；最后将仿真结果与实验过程中双臂末端相对力的采集数据进行比较，验证双臂相对动力学模型的正确性。

6.6.1 仿真条件设定

要证明双臂相对动力学模型的正确性，需要设计双臂的运动实验，其运动状态要能体现双臂的协调运动，再根据双臂运动轨迹路线设计各关节运动参数。假设一个双臂的加工或装配作业任务，其运动状态一定有两机械臂末端的相对运动，不能保持两机械臂末端相对距离始终不变；而且两机械臂末端的相对运动不一定是其末端轴线方向的相对运动，相对力的方向也不一定沿运动方向。因此，需要将双臂相对动力学模型的末端相对力和力矩分解到运动惯性坐标系的三轴线方向，分别分析其变化特性，与实际采集的数据对比研究。安川双臂协作机器人SDA10F的结构数据要保证精确，尤其是质量参数，因为质量的微小变化会引起双臂末端相对力的较大变化。因为双臂动力学模型是理想的理论模型，与实验采集的末端力实际值差距较大，所以需要通过分析末端相对力的变化趋势和范围确定模型的正确性。

1. 双臂协作机器人关节运动参数

根据实验对象，使用安川双臂协作机器人 SDA10F 在 MATLAB 软件环境中进行仿真，因实验没有涉及零空间控制，即不考虑式（6.72）中的内力项，所以双臂末端相对力表达式中 δ 设置为 0。为更好地模拟两机械臂关节实际运动情况，设定了关节运动速度和加速度，使关节运动分为加速段、匀速段和减速段。两机械臂各关节运动情况如图 6.4～图 6.9 所示。

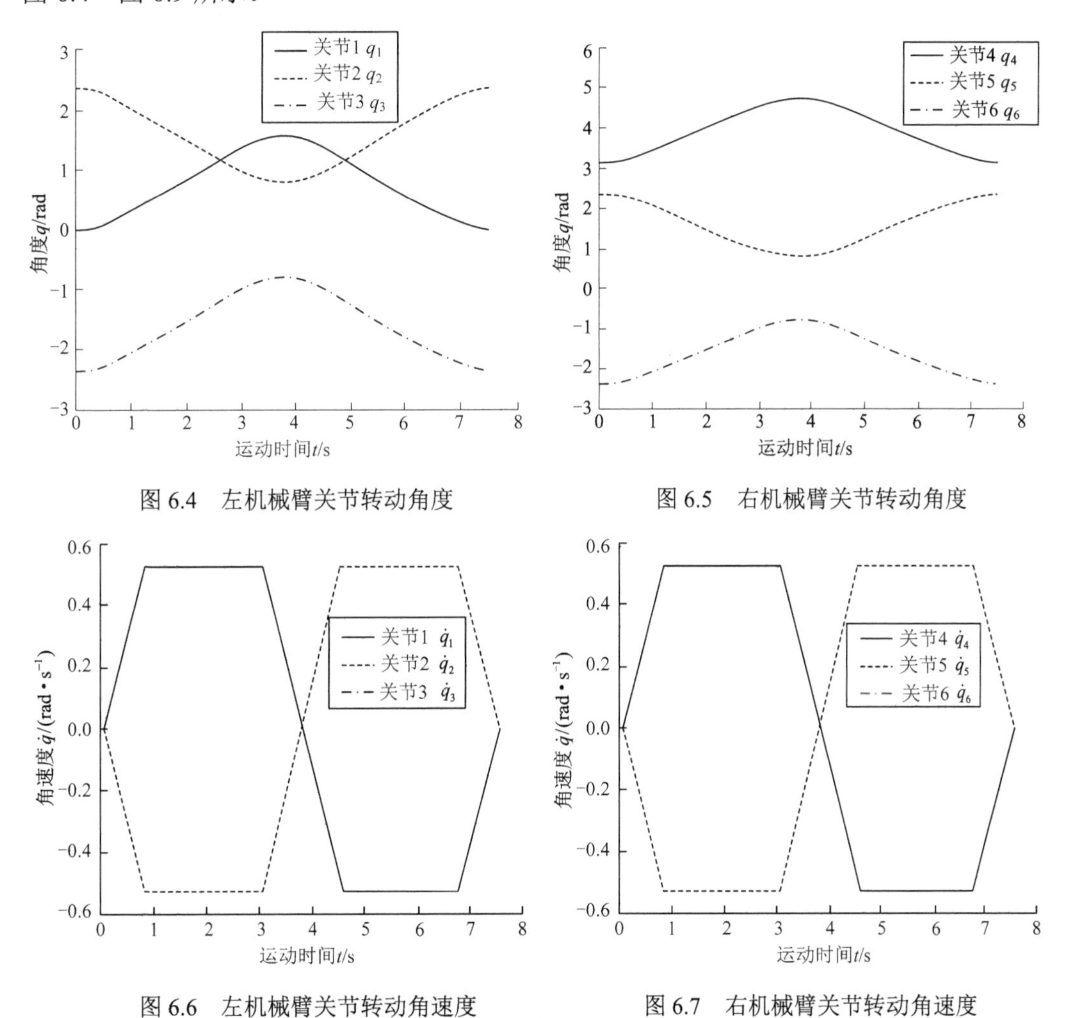

图 6.4　左机械臂关节转动角度

图 6.5　右机械臂关节转动角度

图 6.6　左机械臂关节转动角速度

图 6.7　右机械臂关节转动角速度

图 6.4 和图 6.5 所示为两机械臂关节转动角度。双臂协作机器人同样的运动状态，其各关节的转动角度可能不同。因为建立双臂运动学模型时，连杆坐标系的 X 轴方向是自己确定的，不同的人有不同的建立坐标系习惯，所以双臂运动的关节转动角度不同。同样的双臂运动状态，采用不同的运动学模型得到的各关节角度位置信息、求解的双臂相对动力学矩阵方程是相同的，也体现出了 D-H 参数法的普遍性。

图 6.6 和图 6.7 所示为两机械臂关节转动角速度。关节 1 和关节 3 的角速度相同，

关节 4 和关节 6 的角速度也相同，其角速度曲线重叠在一起。关节角速度值不能太大，应根据关节转动的角度和机器人的实际情况选取，使两机械臂运动平稳。

图 6.8 和图 6.9 为两机械臂关节转动角加速度。关节 1 和关节 3 的角加速度相同，关节 4 和关节 6 的角加速度也相同，其角加速度曲线重叠在一起。关节角加速度值大于角速度，要避免因路程太短，关节不能加速到设定速度；但也不能取太大的角加速度，因为两机械臂运动不止启动时有加速度，停止时也是速度减到 0 停止的，不是直接制动，所以要避免太大的加速度导致的冲击效应，令两机械臂启动、制动安全保护。

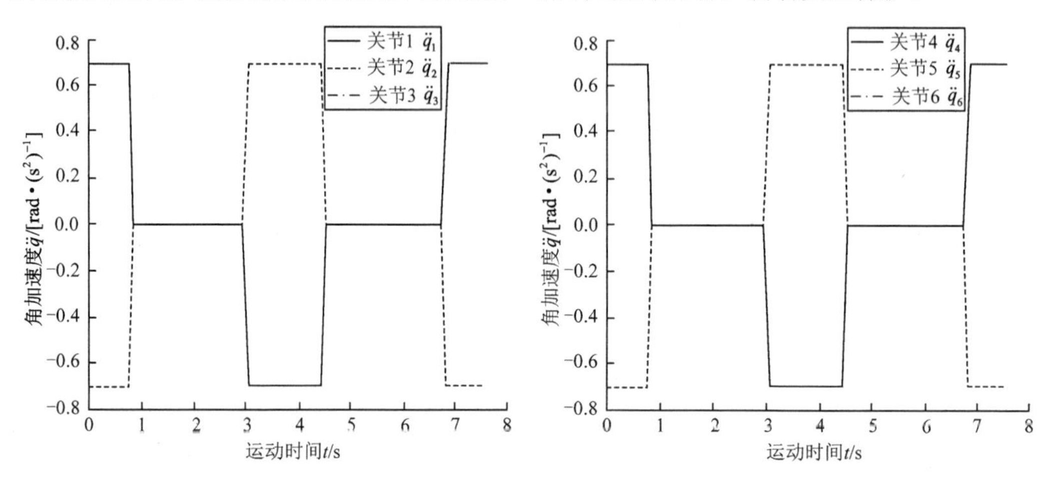

图 6.8　左机械臂关节转动角加速度　　　　图 6.9　右机械臂关节转动角加速度

2. 安川双臂协作机器人 SDA10F 参数

安川双臂协作机器人 SDA10F 每个机械臂都有七自由度，根据图 6.1 所示双臂机器人结构，实验时每个臂只利用 3 个自由度，即第 3、4、6 自由度，如图 6.10 所示。安川双臂协作机器人 SDA10F 没有具体的单关节参数，参考安川单臂机器人 SIA10F，其本体质量 60kg，垂直和水平伸长度分别为 1203mm 和 720mm，可认为 SDA10F 由两个 SIA10F 和底座构成。

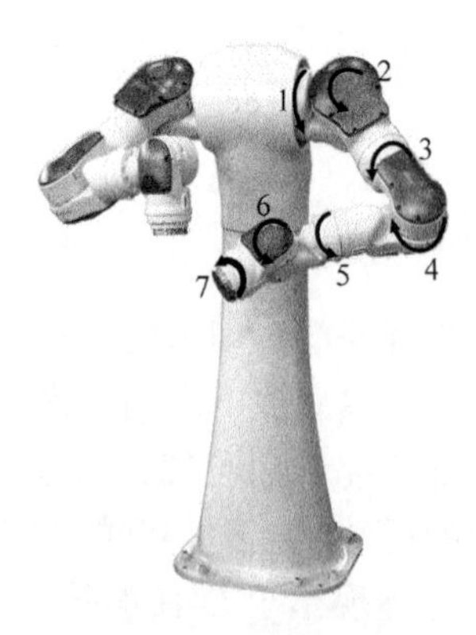

图 6.10　安川双臂协作机器人 SDA10F 参数

参考上述数据，估计图 6.1 中空间六自由度双臂协作机器人关节和连杆参数，各关节质量 $G_1 = G_4 = 4\text{kg}$，$G_2 = G_5 = 3\text{kg}$，$G_3 = G_6 = 3\text{kg}$。由于利用的 3 个自由度是不连续的，为了求得较准确的仿真数据，连杆 2、3、5、6 参数包括本体关节，与连杆 1、2 不同。各连杆质量分别为 $g_1 = g_4 = 1\text{kg}$，$g_2 = g_5 = 4\text{kg}$，$g_3 = g_6 = 4\text{kg}$，长度分别为 $l_1 = l_4 = 30\text{cm}$，$l_2 = l_5 = 50\text{cm}$，$l_3 = l_6 = 20\text{cm}$，两机械臂基座间距 $2l = 530\text{mm}$。由于没有安装机器人末端执行器，因此 G_{W_1}、G_{W_2} 忽略不计。

6.6.2 仿真与实验分析

一个循环周期实验截图如图 6.11 所示，安川双臂协作机器人 SDA10F 的实验运动过程为从左到右、从上到下。虽然各关节起始角度位置不同，但是两机械臂对应关节运动速度和加速度相同。为方便实验和分析，两机械臂运动状态始终关于底座竖直轴线中心对称，并循环运动。

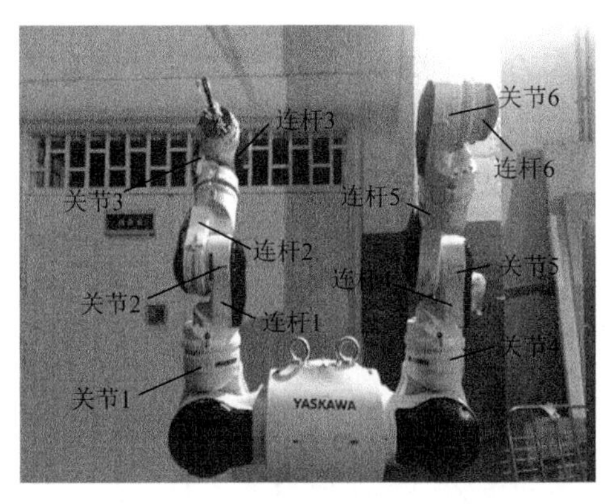

（a）初始状态

（b）1s 时状态　　（c）2s 时状态　　（d）3s 时状态

（e）3.75s 时状态　　（f）4s 时状态　　（g）5s 时状态

图 6.11 安川双臂机器人 SDA10F 一个循环周期实验截图

（h）6s 时状态　（i）7s 时状态　（j）7.5s 时状态

图 6.11（续）

在 MATLAB 中设定两机械臂关节和连杆参数，定义各矩阵及其中元素，再编辑相对动力学表达式（6.72），运行得到两机械臂末端相对力理论值曲线。安川双臂协作机器人 SDA10F 各关节运动参数根据图 6.4～图 6.9 中数据设定，运行过程中通过开放的数据端口连接计算机，采集两机械臂末端相对力实际值，并将数据导入 Excel 制成曲线，与理论值对比。

两机械臂末端相对作用力及力矩仿真和实验对比结果如图 6.12～图 6.15 所示。机器人关节转动分加速段、匀速段和减速段，到达目标点后停止，再重复上述动作回到起点，完成一周循环，时间为 7.5s。图 6.12～图 6.15 为 3 个周期的运动情况，总时间为 22.5s。

两机械臂末端 X 轴方向相对力 $\boldsymbol{F}_{RX}$ 如图 6.12 所示。

两机械臂末端 Y 轴方向相对力 $\boldsymbol{F}_{RY}$ 如图 6.13 所示。

两机械臂末端 X 轴方向相对力 $\boldsymbol{\tau}_{RX}$ 如图 6.14 所示。

两机械臂末端 Y 轴方向相对力 $\boldsymbol{\tau}_{RY}$ 如图 6.15 所示。

两机械臂末端相对力 $\boldsymbol{F}_R$ 由 6 个元素组成，分别为 X、Y、Z 方向的力和绕三轴转动的力矩，按照图 6.1 所示的运动惯性坐标系定义力和力矩的具体方向。分析相对动力学模型的两机械臂末端相对力时，直接分析末端合作用力比较片面，因为模型中的 $\boldsymbol{F}_R$ 为矢量形式，所以需要分别分析各个分力的正确性，来验证双臂相对动力学模型。

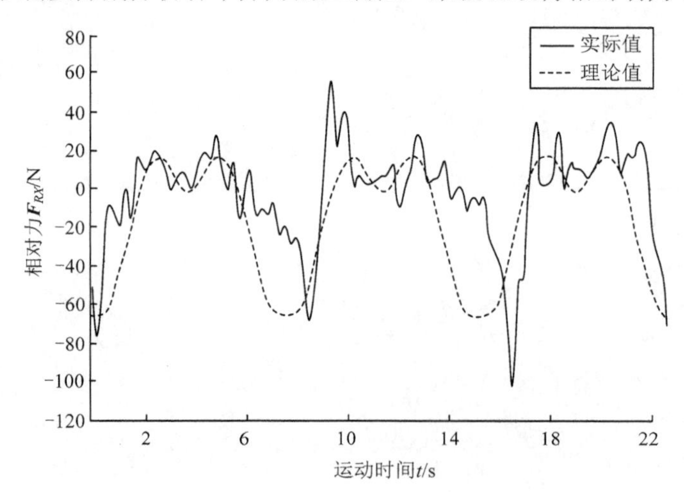

图 6.12　两机械臂末端 X 轴方向相对力 $\boldsymbol{F}_{RX}$

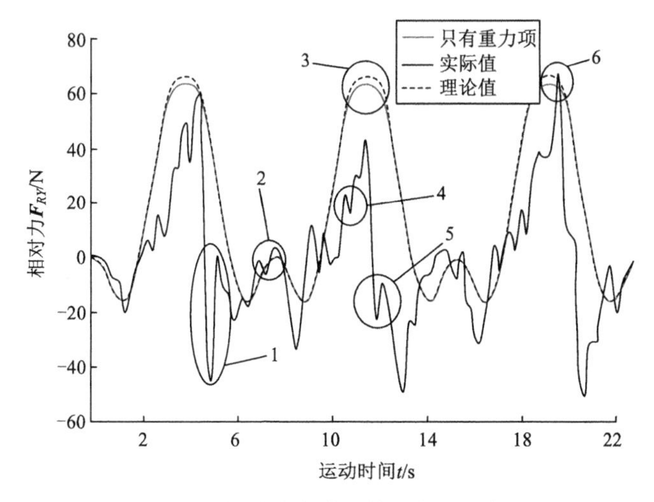

图 6.13　两机械臂末端 Y 轴方向相对力 $\boldsymbol{F}_{RY}$

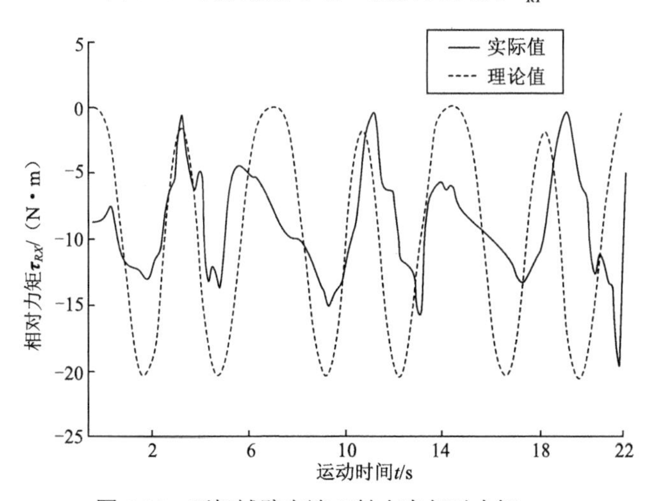

图 6.14　两机械臂末端 X 轴方向相对力矩 $\boldsymbol{\tau}_{RX}$

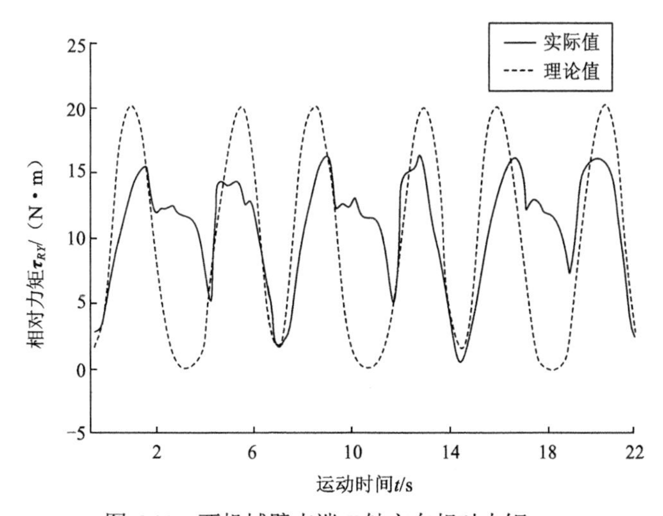

图 6.15　两机械臂末端 Y 轴方向相对力矩 $\boldsymbol{\tau}_{RY}$

以图 6.13 为例分析，如标记 3 所示，此时关节减速、停止再加速运动，相对力理论值趋势变化明显。实际值曲线上标记 4 和 5 对应标记 3 中关节减速和加速，标记 4 为关节减速导致相对力产生变小波动，对应标记 3 中趋势变化减缓，标记 5 为关节加速导致相对力产生变大波动，对应标记 3 中趋势变化增强。关节加速和减速时，相对力和力矩的实际值无法像理论值一样平滑，有明显波动，与理论值有一定误差。两机械臂到目标点停止再回到起点循环运动，实际上，到达目标点和回到起点时有短暂停止，和启动时情况相似，相对力实际值会有明显突变，如标记 6 所示，形成尖角。标记 1 时刻关节加速度消失，此时两机械臂末端各自运动轨迹都偏向惯性坐标系 Y 轴方向，末端作用力在 Y 轴上分量远大于 X 轴，相对力 $\boldsymbol{F}_{RY}$ 才会产生这么明显的突变。标记 2 时刻两机械臂末端各自运动轨迹都偏向惯性坐标系 X 轴方向，所以 Y 轴方向相对力波动不明显。

由整体仿真与实验分析可得：

1）实验中，两机械臂始终关于底座竖直轴线中心对称运动，其末端在惯性坐标系 Z 轴方向运动状态一致，各时刻位置、速度和加速度参数相同，所以两机械臂末端力和力矩大小和方向相同，求相对力 $\boldsymbol{F}_{RZ}$ 和相对力矩 $\boldsymbol{\tau}_{RZ}$ 时结果为 0。

2）通过仿真与实验数据对比发现，当两机械臂末端相对力 $\boldsymbol{F}_R$ 只保留重力项，变为 $\boldsymbol{F}_R = (\boldsymbol{J}_R^{\mathrm{T}})^{+}\boldsymbol{G}(\boldsymbol{q})$ 时，如图 6.13 中只有重力项所示，与相对力理论值曲线基本相同，而且与实际值变化趋势基本吻合。其原因是：两机械臂末端在竖直方向相对运动时，关节驱动力矩 $\boldsymbol{\tau}$ 需克服重力做功，对应末端相对力表达式中重力项部分 $\boldsymbol{G}(\boldsymbol{q})$。虽然关节速度和加速度对两机械臂末端相对力有一定作用，使力和力矩曲线有波动变化，但是无法明显改变力和力矩变化趋势，只有较小影响，起决定作用的是重力项，两机械臂末端主要是克服重力相对运动。

3）建立相对动力学模型时所用机器人关节和连杆参数与实际值有一定误差，且该模型在计算系统动能和位能时为计算方便有一定简化，无法与实际完全一致，而且模型中没有摩擦项，没有考虑摩擦等干扰因素的影响，所以仿真数据与实际数据有一定误差。但是通过图 6.12～图 6.15 实际值与理论值对比分析，无论 X 轴方向还是 Y 轴方向，力和力矩理论值与实际值都是对应波动变化，其产生原因也相同，依据相对动力学模型得到的理论值与实际采集的相对力与力矩变化趋势和范围是一致的，可以证明相对动力学模型的正确性。

本 章 小 结

双臂协作机器人的协调运动控制是机器人领域的研究热点，本章介绍的基于相对动力学建模方法的协调运动控制算法是一种经过初步验证的有益尝试。首先，利用相对雅可比矩阵建立了两机械臂末端相对速度与关节速度的关系，使双臂之间建立联系。利用相对雅可比矩阵，结合虚功原理，推导了两机械臂末端相对作用力与关节力矩的矩阵方程，为相对动力学建模奠定了基础。双臂协作机器人相对动力学模型能够建立两机械臂末端相对作用力与关节参数之间的联系，使双臂协调不局限于夹持目标物体，形成闭链系统；并利用安川双臂协作机器人 SDA10F 进行实验验证，仿真和实验结果验证了相对动力学模型的正确性，为分析双臂协调运动提供了理论依据。为进一步验证该理论的普适性和可靠性，在其他品牌双臂机器人平台上的验证工作已在策划当中，同时欢迎领域内的广大同行参与其中，交流成果。

参 考 文 献

[1] 付香雪，韩顺杰，张冬冬，等. 基于 D-H 法的包装分拣机械手运动学分析和轨迹规划[J]. 包装与食品机械，2018，36(5)：41，47-50.

[2] 高瑞翔，杨青，房鹤飞. 基于改良的 D-H 模型的机器人运动参数标定方法[J]. 上海计量测试，2018，45(z1)：48-50.

[3] CHEN C, TRIVEDI M M. Transformation relationships for two commonly utilized Euler angle representations[J]. Systems Man and Cybernetics IEEE Transactions on, 1992, 22(3): 555-559.

[4] 周辉，丁锐，曹浩峰，等. 六自由度混联机构雅可比矩阵求解及奇异位形分析[J]. 东华大学学报（自然科学版），2017，43(3)：416-424，449.

[5] 李悦，周利坤. 油罐清洗机器人雅可比矩阵求解及奇异位形分析[J]. 机械设计与制造，2013(12)：185-187，191.

[6] 焦恩璋，陈美宏. 6R 串联机器人雅可比矩阵求解和速度仿真[J]. 机床与液压，2010，38(9)：110-113.

[7] 蔡自兴. 机器人学基础[M]. 北京：机械工业出版社，2009.

[8] 贾军艳. 机构运动分析与求解雅可比矩阵的计算机模拟法及应用[D]. 秦皇岛：燕山大学，2006.

[9] XI W, WU H, LUO X, et al. Study of new analytic solution of robotic relative Jacobian matrix[J]. Journal of Southeast University, 2002, 32(4): 614-619.

[10] 叶平，孙汉旭，谭月胜，等. 旋量理论与矢量积法相结合求解雅可比矩阵[J]. 机械科学与技术，2005(3)：353-356.

[11] LEWIS C L. Trajectory generation for two robots cooperating to perform a task[C]// IEEE International Conference on Robotics and Automation. Monterey: IEEE, 1996: 1626-1631.

[12] LEWIS C L, MACIEJEWSKI A A. Trajectory generation for cooperating robots[C]// IEEE International Conference on Systems Engineering. Minnesota: IEEE, 2012: 300-303.

[13] JAMISOLA R S, ROBERTS R G. A more compact expression of relative Jacobian based on individual manipulator Jacobians[M]. Netherlands: North-Holland Publishing Company, 2015.

[14] SICILIANO B, SCIAVICCO L, VILLANI L, et al. Robotics: Modelling, planning and control[J]. Advanced Textbooks in Control and Signal Processing, 2009, 4(12): 76-82.

[15] CHOI J D, KANG S, KIM M, et al. Two-arm cooperative assembly using force-guided control with adaptive accommodation[C]// IEEE/RSJ International Conference on Intelligent Robots and Systems. Kyoto: IEEE, 2002: 1253-1258.

[16] RIBEIRO L P, GUENTHER R, MARTINS D. Screw-based relative jacobian for manipulators cooperating in a task using assur virtual chains[J]. ABCM Symposium, 2008(3): 276-285.

[17] OWEN W S, CROFT E A, BENHABIB B. A multi-arm robotic system for optimal sculpting[J]. Robotics and Computer Integrated Manufacturing, 2008, 24(1): 92-104.

[18] OWEN W S, CROFT E A, BENHABIB B. Minimally compliant trajectory resolution for robotic machining[C]// IEEE International Conference on Advanced Robotics. Taipei: IEEE, 2003: 702-707.

[19] SCIAVICCO L, SICILIANO B. Modeling and control of robot manipulators[J]. Industrial Robot An International Journal, 1996, 21(1): 99-100.

[20] TSAI L W. Robot Analysis and Design: The mechanics of serial and parallel manipulators[M]. New York: John Wiley and Sons, Inc, 1999.

[21] LIANG Q, ZHANG D, CHI Z, et al. Six-DOF micro-manipulator based on compliant parallel mechanism with integrated force sensor[J]. Robotics and Computer-Integrated Manufacturing, 2011, 27(1): 124-134.

[22] 曹海蕊，顾晓勤，梁瑞仕. 冗余机械臂的加权广义逆避障算法研究[J]. 机械科学与技术，2018，37(9)：1313-1318.

[23] 王頔，胡立坤. 六轴机械臂广义逆系统 SVM 辨识与控制[J]. 广西大学学报（自然科学版），2013，38(5)：1202-1207.

[24] 赵京，么学宾，张雷. 利用加权广义逆矩阵减小协调机械臂容错操作时的关节速度突变[J]. 机械科学与技术，2005(7)：

757-760.

[25] LIPKIN H. Hybrid twist and wrench control for a robotic manipulator[J]. Trans Asme, 1988, 110(2): 138-144.

[26] 陈安军．双臂机器人抓持工件的力分解[J]．机械科学与技术，2002(2)：258-260.

[27] WALKER I D, FREEMAN R A, MARCUS S I. Analysis of motion and internal loading of objects grasped by multiple cooperating manipulators[J]. The International Journal of Robotics Research, 1991, 10(4): 396-409.

[28] 黄亚楼，卢桂章．多机械臂抓取物的内力不变性[J]．机器人，1997(2)：7-12.

[29] MAEDA Y, AIYAMA Y, ARAI T, et al. Analysis of object-stability and internal force in robotic contact tasks[C]// IEEE/RSJ International Conference on Intelligent Robots and Systems. Osaka: IEEE, 1996: 751-756.

[30] LI J R, NI J L, XIE H L, et al. A novel force feedback model for virtual robot teaching of belt lapping[J]. The International Journal of Advanced Manufacturing Technology, 2017(93): 3637-3646.

[31] GABRIEL N, FENG X, SIEGWART R, et al. Optimal contact force prediction of redundant single and dual-arm manipulators[J]. Chinese Journal of Mechanical Engineering, 2013, 34(3): 251-258.